UNE BRÈVE HISTOIRE DU FUTUR

DERNIÈRE PARUTIONS DANS LA MÊME COLLECTION

Jean Abitbol, *L'Odyssée de la voix.*
Ronan Allain, *Histoire des dinosaures.*
Alex Bellos, *Alex au pays des chiffres.*
Albert Einstein, *Conceptions scientifiques.*
Thibault Damour, *Si Einstein m'était conté.*
Stephen Hawking, *Petite Histoire de l'Univers.*
Sam Kean, *Quand les atomes racontent l'histoire du monde.*
Étienne Klein, *Le Monde selon Étienne Klein.*
Manjit Kumar, *Le Grand Roman de la physique quantique.*
Pascal Picq, *Le Monde a-t-il été créé en sept jours ?*
Ian Stewart, *17 équations qui ont changé le monde.*
Ian Stewart, *Les Mathématiques du vivant.*

MICHIO KAKU

UNE BRÈVE HISTOIRE DU FUTUR

Comment la science va changer le monde

Traduit de l'anglais (États-Unis) par Olivier Courcelle

Champs sciences

L'ouvrage original a paru en 2011 sous le titre *Physics of the Future*
aux éditions Doubleday/Random House, Inc.

ISBN : 978-2-0813-9058-4

Pour ma femme bien-aimée, Shizue,
et mes filles, Michelle et Alyson

INTRODUCTION

Les empires du futur seront spirituels.
Winston Churchill

Ma personnalité et ma vie entière doivent beaucoup à deux grandes passions d'enfance, toutes deux conçues à la suite de circonstances bien précises.

Je me souviens d'abord de mes maîtres parlant avec animation d'un grand savant qui venait de mourir. La nuit suivante, les journaux reproduisirent une photo de son bureau, sur laquelle apparaissait un manuscrit inachevé. La légende précisait que le plus illustre scientifique de notre temps n'avait pu venir à bout de son œuvre la plus importante. Du haut de mes huit ans, je me demandais ce qui avait ainsi résisté à un chercheur aussi réputé. Qu'est-ce qui pouvait être si compliqué et si digne d'attention ? La question finit par m'intriguer plus que n'importe quelle enquête policière, me fasciner plus que toute autre aventure. Il fallait que je perce le secret de ce manuscrit inachevé.

J'ai découvert un peu plus tard que ce savant se nommait Albert Einstein et qu'il s'était essayé, par ce travail dont il espérait beaucoup, à bâtir une « théorie du tout », une équation qui révélerait les secrets de l'Univers et permettrait peut-être de « connaître la pensée de Dieu ».

Quant à l'autre expérience formatrice de ma jeunesse, je la dois à *Flash Gordon*, un film avec Buster Crabbe, dont je regardais les épisodes chaque samedi matin, le nez collé à l'écran de télévision. J'étais littéralement fasciné, transporté comme par magie vers un monde d'extraterrestres, de vaisseaux spatiaux, de batailles de rayons laser, de cités sous-marines et de monstres en tous genres. Ce fut ma première exposition au monde du futur, et je n'ai cessé depuis, lorsque je songe à l'avenir, de ressentir cet émerveillement enfantin.

Tout en ne ratant aucun épisode, je ne tardai pas à prendre conscience que si Flash Gordon recevait tous les honneurs de la foule, c'était en réalité sur un savant, le Dr Zarkov, que reposait le fonctionnement de la série. C'était lui qui avait inventé la fusée, le bouclier d'invisibilité, la source d'énergie alimentant la cité aérienne, etc. Sans ce scientifique, le futur n'existerait pas.

Plus tard, alors que j'étais au lycée, j'ai décidé de suivre les pas de ces grands chercheurs. Je devais, moi aussi, prendre part à cette révolution dont je savais qu'elle allait changer le monde. Et sans répugner à mettre la main à la pâte… Je suis même allé un jour jusqu'à demander à ma mère la permission de construire un accélérateur de particules à 2,3 millions d'électronvolts dans le garage. Elle a accepté sans trop broncher. Après un détour par la quincaillerie pour acheter près de 200 kilos de fer doux et 35 kilomètres de fil de cuivre, je me suis donc lancé dans la construction d'un accélérateur de type bêtatron.

J'avais auparavant bâti une chambre à brouillard et photographié, grâce à elle, des traces d'antimatière. Mais détecter de l'antimatière ne me suffisait pas : il fallait désormais que j'en produise. Les bobines magnétiques de mon accélérateur de particules ont produit un gigantesque champ magnétique de 10 000 gauss, soit environ 20 000 fois celui de la Terre, un champ capable en théorie de vous arracher un marteau des mains. L'engin engloutissait une puissance de 6 kilowatts, toute celle que je pouvais tirer de l'installation électrique de la maison. Inutile de préciser que les plombs sautaient souvent chez nous… (Ma pauvre mère se demandait sans doute ce qu'elle avait bien pu faire pour que son fils ne jouât pas tout simplement au football avec ses copains.)

Et c'est ainsi que deux passions ont guidé ma vie d'adulte : d'une part le désir de rassembler toutes les lois physiques de l'Univers en une unique théorie cohérente, et d'autre part celui de percer les mystères du futur. Je me suis finalement rendu compte que ces deux passions se complétaient. Après tout, c'est en appliquant les lois fondamentales de la nature aux inventions, aux machines et aux traitements médicaux d'aujourd'hui qu'on parvient à définir les contours de la civilisation de demain…

Je ne suis pas le premier, et de loin, à essayer de prédire l'avenir. Nombre de tentatives se sont d'ailleurs révélées riches et pertinentes, mais ce type d'exercice a souvent été pratiqué par des historiens, des sociologues, des écrivains de science-fiction ou des « futurologues », c'est-à-dire par des personnes qui, au fond, se sont efforcées de dessiner le futur technologique du monde sans une connaissance scientifique de première main. Les chercheurs et ingénieurs, de leur côté, se trouvent trop occupés à fabriquer le futur dans leurs laboratoires pour écrire sur le sujet des livres à destination du grand public.

C'est d'ailleurs ce point de vue d'initié qui fait à mon avis l'originalité de ce livre. J'espère que le lecteur y trouvera un regard sérieux et honnête sur les prodigieuses découvertes qui nous attendent d'ici à 2100.

Il est bien sûr impossible de prédire l'avenir avec une précision absolue. Le mieux que l'on puisse faire, selon moi, consiste à extirper du cerveau des chercheurs le futur qu'ils sont justement en train de créer. Ce sont eux les inventeurs et les concepteurs des appareils et des traitements médicaux qui transformeront la civilisation. Ce livre est au fond leur histoire. Grâce à des émissions de radio et de télévision au cours desquelles j'ai eu la chance d'interviewer plus de 300 des plus grands savants, penseurs et rêveurs du monde entier, j'ai pu figurer au premier rang de la révolution en cours. Et j'ai aussi bénéficié d'équipes de reportage afin de filmer au cœur même des laboratoires les prototypes des étonnants objets qui bouleverseront notre quotidien. Ce fut d'ailleurs un honneur des plus rares que d'avoir présenté de nombreuses émissions scientifiques pour la BBC-TV, Discovery Channel et Science Channel. La liberté de poursuivre mes propres travaux en théorie des cordes, tout en jetant un regard indiscret sur les autres domaines de la recherche qui révolutionneront notre siècle, me procure le sentiment d'occuper le plus enviable des emplois scientifiques. Mon rêve d'enfant est devenu réalité.

On aura compris que ce livre n'est pas un ouvrage de fiction, le produit de l'imagination surchauffée de quelque scénariste hollywoodien, et qu'il est fermement fondé sur la science actuellement développée dans les plus grands laboratoires du monde.

Les prototypes de toute une technologie future existent déjà. Comme l'a dit un jour William Gibson, l'auteur du *Neuromancien* et le créateur du terme *cyberspace*, « le futur est déjà là, c'est simplement qu'il est inégalement réparti ».

Dans cent ans...

Prédire l'avenir d'ici à 2100 se révèle d'autant plus intimidant que nous vivons une période de bouleversements scientifiques sans précédent et que le rythme des découvertes s'accélère sans cesse. Ces dernières décennies, nous avons accumulé une quantité de savoir plus importante que durant tout le reste de l'histoire de l'humanité. Et d'ici à 2100, ces connaissances scientifiques doubleront encore plusieurs fois.

La meilleure façon de prendre la mesure du problème consiste peut-être à se souvenir du monde de 1900 et du mode de vie de nos grands-parents. Comme l'a fait un jour remarquer le journaliste Mark Sullivan :

« Dans un journal du 1er janvier 1900, un Américain ne lisait pas le mot "radio" puisqu'il n'apparaîtrait que vingt ans plus tard, pas plus que le mot "cinéma" dont l'usage relevait aussi du futur. Pas de chauffeur, car l'automobile naissait à peine et se nommait un "fiacre sans chevaux"... Pas d'avions... Les fermiers n'avaient jamais entendu parler de tracteurs, ni les banquiers de la Fed. Les commerçants ne connaissaient ni les chaînes de magasins ni le libre-service. Les moteurs des bateaux ne fonctionnaient pas encore au pétrole... Les attelages de bœufs parcouraient encore certaines routes de campagne... Les remorques étaient encore presque toujours tractées par des chevaux ou des mules[1]... »

On peut aussi appréhender la difficulté à prédire les évolutions à venir au cours des cent prochaines années en se souvenant de la

1. Rhodes, Richard, éd. *Visions of Technology: A Century of Vital Debate About Machines, Systems, and the Human World.* New York: Simon & Schuster, 1999, pp. 29-30.

manière dont on imaginait le monde de l'an 2000 en 1900. Il se trouve que 74 personnalités avaient été interrogées sur la question, en 1893, lors de l'Exposition universelle qui se tenait à Chicago. Toutes avaient sous-estimé la marche du progrès scientifique. Nombre d'entre elles, par exemple, avaient correctement deviné que nous pourrions un jour traverser les océans par la voie des airs à un coût abordable, mais sans imaginer que le voyage puisse se faire autrement qu'en ballon dirigeable. Le témoignage du sénateur John J. Ingalls est éloquent à cet égard : « Un citoyen appellera un ballon comme il appelle aujourd'hui un fiacre ou un cireur de chaussures[1]. » Ces personnalités sont également toutes passées à côté de l'automobile : le ministre des Postes John Wanamaker voyait encore dans cent ans le courrier américain distribué à cheval ou en en diligence.

Des esprits en principe avertis ne se sont pas moins lourdement trompés sur l'avenir de l'innovation scientifique et technologique. C'est ainsi que Charles H. Duell, un commissaire au Bureau américain des brevets, n'a pas hésité à déclarer en 1899 : « Tout ce qui peut être inventé l'a déjà été[2]. »

Même des experts en leur domaine se montrent parfois incapables d'évaluer l'importance de ce qui se produit juste sous leur nez. En 1927, par exemple, alors que le cinéma muet vivait ses derniers jours, Harry M. Warner, l'un des fondateurs de la Warner Brothers, est resté fameux pour avoir lancé : « Mais qui diable voudrait entendre les acteurs parler[3] ? »

Et ne parlons pas de Thomas Watson, à la tête d'IBM, qui, en 1943, affirmait : « J'évalue à cinq unités le marché mondial des ordinateurs[4]. »

Ces précédents et beaucoup d'autres nous enseignent qu'il est risqué de parier sur la lenteur en matière de progression technologique. L'histoire, comme on le dit souvent, est écrite par les optimistes.

---

1. www.learner.org/workshops/primarysources/corporations/docs/ingalls.html.

2. Cité dans Canton, James. *The Extreme Future: The Top Trends That Will Reshape the World for the Next 5, 10, and 20 Years*. New York: Dutton, 2006, p. 247.

3. *Ibid.*

4. *Ibid.*

La science-fiction sous-estime elle aussi très souvent le rythme de l'évolution scientifique. En regardant aujourd'hui les épisodes des années 1960 de la série *Star Trek*, on remarque que l'essentiel de la « technologie du XXIIIe siècle » existe déjà aujourd'hui. Le public de l'époque s'émerveillait des téléphones mobiles, des ordinateurs portables, des voix artificielles et des machines qui écrivaient sous la dictée. Mais qui s'en étonnerait de nos jours ? Et nous disposerons bientôt du traducteur universel, cet instrument qui transcrit automatiquement nos propos dans n'importe quelle autre langue, ainsi que du « tricordeur » de la série, un engin capable de diagnostiquer les maladies à distance – il n'y a guère que le « moteur à distorsion » et le « téléporteur » qui nous fassent encore défaut aujourd'hui.

Cette tendance à la sous-estimation de la marche du futur est un fait indéniable, mais peut-on la surmonter et tenter de proposer un fondement scientifique plus solide à ce type de conjectures ?

Les lois de la nature

Même s'il est dans la nature des prédictions de ne jamais tomber tout à fait juste, on peut au moins essayer de les rendre aussi autorisées que possible, et cela par la prise en compte des quatre forces fondamentales qui régissent tous les phénomènes de l'Univers. À chaque fois que l'une de ces forces a été reconnue et comprise, l'histoire de l'humanité s'en est trouvée bouleversée.

La première à avoir été décrite est la force de gravitation. Isaac Newton nous a légué une mécanique capable de déterminer le mouvement des objets par les forces qu'ils subissent, nous affranchissant ainsi des vagues principes mystiques et métaphysiques qui avaient cours jusqu'alors. Sa théorie contribua à l'avènement de la Révolution industrielle et à l'usage de la vapeur, toute-puissante dans les locomotives, par exemple.

La deuxième est la force électromagnétique, qui illumine nos villes et anime nos appareils. Les travaux de Thomas Edison, Michael Faraday, James Clerk Maxwell et quelques autres sur l'électricité et le magnétisme ont semé les germes de la révolution électronique à laquelle nous devons aujourd'hui tant de merveilles. Nous nous rendons compte de l'importance de cet apport à chaque panne d'électricité, quand la société se trouve tout à coup ramenée cent ans en arrière.

La troisième et la quatrième sont les deux forces nucléaires, la force forte et la force faible. Avec l'équation $E = mc^2$ posée par Einstein et la fission de l'atome dans les années 1930, les scientifiques ont commencé à comprendre l'illumination des cieux, à percer le secret des étoiles. Ce savoir a donné accès au redoutable pouvoir de l'armement atomique, mais aussi à l'exploitation potentielle de cette formidable puissance au service du bien commun.

Ces forces sont désormais bien cernées. La force de gravitation se décrit aujourd'hui dans le cadre de la théorie de la relativité générale d'Einstein, et les trois autres dans celui de la physique quantique, cette théorie grâce à laquelle se révèlent les mystères du monde subatomique.

C'est à la physique quantique que nous devons le transistor, le laser et toute la révolution numérique qui sous-tend la société moderne. Sans elle, les percées en cours sur l'ADN n'auraient jamais vu le jour. Le développement fulgurant des biotechnologies, qui tient pour une large part à l'automatisation des opérations de séquençage, est une conséquence directe de l'explosion informatique.

Comprendre ces forces nous aide à mieux discerner la direction que prendront la science et la technologie au cours de ce siècle. Bien sûr il restera toujours une place pour l'inconnu, et même pour de formidables surprises, mais la physique moderne, la chimie et la biologie reposent principalement sur un savoir fondamental qui ne devrait pas connaître de sérieuses révisions, du moins sur une durée raisonnable. Pour cette raison, l'avenir prédit dans ce livre relève moins d'une spéculation échevelée que d'une estimation sensée de l'évolution vers la maturité des technologies qui existent déjà à titre expérimental.

Pour conclure, voici quelques raisons qui me portent à croire que ce livre présente les grandes lignes du monde de 2100.

1. Il se fonde sur des entretiens que m'ont accordés plus de 300 chercheurs de pointe, ceux qui sont aux avant-postes de la découverte.

2. Chaque développement scientifique proposé est compatible avec la physique actuellement connue.
3. Les quatre forces et les lois fondamentales de la nature sont désormais bien comprises, et il n'y a guère de changements majeurs à attendre à leur sujet.
4. Toutes les technologies mentionnées existent déjà à un titre plus ou moins expérimental.
5. Je suis un scientifique de profession, un « homme de l'intérieur » qui dispose d'un regard direct sur les technologies de pointe.

Durant des millénaires, nous nous sommes contentés d'observer la danse de la nature. Aujourd'hui, nous sommes semblables à des chorégraphes capables de la faire jouer ici ou là. En 2100, nous en aurons acquis la maîtrise.

Le monde en 2100

Lançons-nous donc à la conquête du monde de 2100. Nous disposerons du pouvoir des mages et des enchanteurs que nous avons craints autrefois, mais sans potion ni baguette magique : nos outils seront l'informatique, les nanotechnologies, l'intelligence artificielle, les biotechnologies et, plus que tout, leur fondement qu'est la théorie quantique.

Nous manipulerons les objets par la simple force de la pensée, grâce à des ordinateurs qui liront silencieusement dans notre esprit. Nous vivrons bien plus longtemps, et dans des corps de rêve, par les progrès des biotechnologies. Nous pourrons même créer des formes de vie qui n'auront jamais existé sur Terre auparavant. Les nanotechnologies nous permettront de transformer un objet en un autre, de les faire surgir à partir d'un néant apparent. Nous nous déplacerons dans d'élégants véhicules qui se maintiendront en sustentation dans l'air et accéléreront sans consommer ou presque. Nos moteurs exploiteront l'énergie sans limites des étoiles, et nous serons d'ailleurs sur le point d'envoyer des vaisseaux spatiaux vers les plus proches d'entre elles.

Nous disposerons de ces pouvoirs quasi divins grâce à des technologies qui existent déjà en germe à l'heure où j'écris ces lignes. Car c'est bien à la science moderne que nous les devrons et non à des psalmodies ou des incantations.

Je suis un physicien quantique. Chaque jour, je bataille avec les équations qui régissent notre monde, lui-même composé de particules subatomiques. Je vis dans un univers d'hyperespaces à onze dimensions, de trous noirs et de passages dans le multivers. Et ces équations de la physique quantique, utilisées pour décrire tant l'explosion des étoiles que le Big Bang, nous aident aussi à déchiffrer les grandes lignes de l'avenir.

Vers quelle destinée nous mène toute cette évolution technologique ? Quel est le but ultime de ce long cheminement scientifique ?

Nous aboutirons à la formation d'une civilisation planétaire, ce que les physiciens appellent une civilisation de type I. La transition que nous vivons est sans doute la plus importante de l'histoire, celle qui nous démarque de toutes les civilisations passées. Les gros titres de nos journaux témoignent à leur façon des douleurs qui président à cet accouchement. Le commerce, la culture, le langage, les loisirs et même la guerre sont bouleversés par l'émergence de cette civilisation mondiale. Le calcul de la production d'énergie de la planète permet d'estimer que nous atteindrons le statut de type I d'ici à cent ans. Le passage à la civilisation planétaire, à moins que nous ne succombions aux forces du chaos et de la folie, est inévitable : les forces inexorables et colossales de l'histoire et de la technologie qui poussent à cet aboutissement sont absolument incontrôlables.

Des prédictions qui ne s'accomplissent pas

Diverses prédictions à propos de notre ère de l'information sont clairement passées à côté de la réalité. De nombreux futurologues, par exemple, avaient annoncé le « bureau sans papier », c'est-à-dire l'émergence d'un environnement informatique qui rendrait le papier obsolète. C'est en fait le contraire qui s'est produit. Un coup d'œil jeté dans n'importe quel bureau montre que la quantité de papier employée est aujourd'hui plus importante que jamais.

D'aucuns avaient également prophétisé l'avènement d'une « cité sans habitants ». Les téléconférences via Internet devaient rendre les déplacements professionnels inutiles, ce qui aurait transformé les quartiers d'affaires en villes fantômes, chacun travaillant chez soi.

Pour d'autres, il fallait s'attendre à une marée de « cybertouristes », des personnes affalées sur leur canapé et passant des journées entières à parcourir le monde pour admirer les plus belles villes et les plus beaux paysages depuis leur ordinateur connecté à Internet. Nous aurions aussi dû assister à la faillite des centres commerciaux, en raison du développement des « cybercourses », ou à la fermeture des universités, du fait que les « cyberétudiants » auraient préféré suivre leurs cours en ligne en buvant des bières et en jouant discrètement à des jeux vidéo.

Considérons encore le destin du visiophone. Pour l'Exposition universelle de 1964, AT&T avait dépensé près de 100 millions de dollars pour développer un téléphone couplé à un écran de télévision qui permettait à chaque interlocuteur de se voir durant un appel. Le système n'a jamais décollé. AT&T n'a vendu que cent appareils, soit un coût d'environ un million de dollars pour chaque unité écoulée. Un fiasco particulièrement coûteux.

On avait enfin conjecturé la disparition rapide des médias traditionnels et de toute l'industrie du divertissement. Certains futurologues voyaient en Internet le mastodonte qui avalerait le théâtre, le cinéma, la radio et la télé.

C'est en fait le contraire qui a eu lieu. Les embouteillages sont plus denses et nombreux que jamais – un élément inséparable de la vie urbaine. Les êtres humains se rendent en masse sur les plus beaux sites de la planète, ce qui fait du tourisme l'une des activités les plus florissantes qui soient. Les clients se ruent dans les centres commerciaux malgré les difficultés économiques, et en lieu de « cybercours », les universités enregistrent un nombre record d'inscriptions. Certains choisissent sans doute le télétravail mais les quartiers d'affaires ne se vident pas pour autant : ils ont plutôt tendance à se développer, quand ce n'est pas à s'étendre en villes entières. Il est aujourd'hui très facile d'utiliser la vidéo pour communiquer, mais la plupart des gens n'aiment guère être filmés et préfèrent les rencontres réelles. Et si, bien sûr, Internet a chamboulé le paysage médiatique, il n'est pas près d'anéantir la télévision, la radio et les théâtres. Les lumières brillent sur Broadway avec autant d'éclat que jadis.

Le Principe de l'Homme des cavernes

Pourquoi la réalité a-t-elle à ce point contredit les prévisions ? Je subodore que les gens ont largement refusé ces utilisations possibles de la technologie en raison de ce que je nomme le Principe de l'Homme des cavernes. Diverses indications d'origine fossile et génétique montrent que les hommes modernes, d'apparence semblable à la nôtre, ont émergé d'Afrique il y a plus de cent mille ans, mais rien ne laisse penser que nos cerveaux ou nos personnalités aient beaucoup changé depuis lors. Anatomiquement, un homme surgi de cette époque serait très semblable à nous : lâché dans Wall Street en costume trois pièces, rasé de près après un bon bain, il passerait inaperçu. Nos personnalités, nos besoins, nos désirs et nos rêves profonds n'ont probablement guère évolué en cent mille ans. Nous pensons sans doute encore de la même manière que nos ancêtres du temps des cavernes.

Le Principe de l'Homme des cavernes pourrait s'énoncer ainsi : les désirs primitifs l'emportent toujours sur la technologie moderne quand celle-ci s'oppose à ceux-là. Un homme préhistorique, par exemple, demandera toujours à voir le butin de la chasse. Pour lui, il était toujours préférable de montrer le gibier fraîchement attrapé que de se glorifier d'avoir vu une grosse proie s'échapper. De la même façon, nous préférons le dur au numérique. Nous n'accordons pas une confiance instinctive au ballet des électrons sur nos écrans d'ordinateurs, ce qui explique que nous imprimions courriels et rapports quand bien même cela n'apparaît pas nécessaire. Et c'est pourquoi le bureau sans papier n'a jamais vu le jour.

De même, nos ancêtres privilégiaient toujours le tête-à-tête, qui les aidait à décrypter les émotions cachées de leur interlocuteur afin de se fier ou non à lui. Pour cette raison, les quartiers d'affaires ne se videront jamais de leurs occupants. Un manager, par exemple, voudra toujours jauger les membres de son équipe, et la confrontation physique lui permet plus facilement qu'en ligne d'obtenir ces informations importantes et inconscientes que trahissent les mouvements subtils du corps. Regarder une personne de près, c'est s'unir à elle pour déterminer les pensées qui l'agitent. Et cela parce que de lointains ancêtres utilisaient le langage corporel avant que le discours verbal ne se soit développé.

Le Principe de l'Homme des cavernes explique aussi pourquoi le cybertourisme n'a jamais décollé. Une chose est de voir la photo du Taj Mahal, une autre est de l'avoir visité en vrai. Une chose est d'écouter un fichier numérique de notre musicien préféré, une autre est de le voir dans la sueur et l'énergie d'un concert. Et même si nous avons la possibilité de télécharger de bonnes images de notre pièce favorite ou de notre comédien préféré, le plaisir ressenti ne vaudra pas celui d'assister en chair et en os à une représentation. Les fans font de longues queues pour une affiche ou un ticket dédicacés par leur star préférée, alors que la même image est gratuitement téléchargeable.

Voilà pourquoi Internet n'a tué ni la radio ni la télévision. Quand ces deux derniers médias étaient apparus, on avait pensé d'ailleurs qu'ils allaient signer l'arrêt de mort du théâtre. On avait aussi prédit que la télévision ferait disparaître les cinémas et les radios. Mais ces modes de diffusion existent toujours : cet exemple nous enseigne qu'un média ne détruit jamais le précédent mais qu'il coexiste avec lui. C'est la combinaison et les relations entre ces médias qui varient sans cesse, et celui qui saurait prédire avec précision leur évolution ferait sans doute fortune.

C'est parce que nous avons hérité du passé de nos lointains ancêtres que, dans cent ans, nous irons encore au spectacle et continuerons à traquer les célébrités. Nous descendons en outre de prédateurs qui chassaient. Et si nous adorons observer autrui et même nous asseoir des heures durant devant la télé pour nous réjouir des gesticulations de nos semblables, nous devenons rapidement nerveux quand nous nous sentons nous-mêmes regardés. Les chercheurs ont calculé que le malaise gagne dès qu'un étranger nous fixe pendant quatre secondes. Après dix secondes environ surviennent l'hostilité et la colère. Pas étonnant que le visiophone ait fait un flop... D'ailleurs, qui aurait envie d'aller se donner un coup de peigne avant de décrocher ? (Aujourd'hui, après des années de progrès laborieux, la téléconférence semble enfin commencer à prendre.)

Et même s'il est désormais possible de suivre des cours en ligne, les universités débordent d'étudiants. Ils préfèrent la rencontre physique avec le professeur, pour l'attention individuelle qu'il peut leur apporter et les questions personnelles auxquelles il peut répondre. Reste aussi qu'un diplôme universitaire, quand on postule à un emploi, est toujours mieux considéré qu'un simple certificat de cours en ligne…

Il existe donc une compétition perpétuelle entre la High Tech et la High Touch, entre le fait de s'asseoir devant un écran et celui de se trouver sur place et de manipuler les choses. Nous souhaiterons toujours disposer des deux possibilités. C'est pourquoi, à l'âge du cyberespace et de la réalité virtuelle, nous continuons d'assister à des pièces de théâtre ou à des concerts de rock, d'utiliser du papier et de voyager. Que l'on nous offre au choix et gratuitement une image de notre musicien favori ou un vrai ticket pour son concert, nous choisirons le ticket sans hésiter…

Tel est le Principe de l'Homme des cavernes : nous voulons la High Tech et la High Touch, mais à choisir entre les deux, nous prendrons la High Touch, fidèles en cela à l'héritage de nos lointains ancêtres.

Une épée à double tranchant

J'ai vu un jour un film qui a bouleversé mon attitude envers le futur. Il s'agit de *Planète interdite*, dont le scénario est inspiré de *La Tempête* de Shakespeare. Des astronautes en mission tombent sur les vestiges d'une civilisation disparue qui, à son apogée, était en avance sur la nôtre de plusieurs millions d'années. Elle avait atteint son but technologique ultime : une puissance infinie sans instrumentalité, c'est-à-dire le pouvoir de tout exécuter par la force de l'esprit. De puissants générateurs thermonucléaires profondément enfouis sous le sol de la planète permettaient à chacun de convertir ses désirs en réalité. Pour dire les choses autrement, les habitants de cette planète avaient acquis le pouvoir des dieux.

Nous disposerons un jour d'un pouvoir similaire, et cela sans attendre des millions d'années, mais dans un siècle seulement. Les germes de cette technologie future existent déjà aujourd'hui. Mais le film portait aussi une part de moralité dans la mesure où ce pouvoir divin avait anéanti la civilisation.

La science, qui lève autant de problèmes qu'elle en résout, mais à un niveau toujours supérieur, agit bien sûr comme une épée à double tranchant. Notre monde voit aujourd'hui s'affronter deux grandes tendances : l'une qui s'efforce de construire une civilisation planétaire tolérante, scientifique et prospère ; l'autre qui glorifie l'anarchie et l'ignorance, et qui pourrait anéantir les structures de la société. Nous sommes toujours la proie des mêmes passions sectaires et irrationnelles que nos ancêtres, avec cette différence toutefois que nous disposons désormais d'armes nucléaires, chimiques et biologiques.

Quittant l'état d'observateur de la nature, il va nous falloir passer à celui de chorégraphe, puis de maître et enfin de conservateur. Espérons alors que nous saurons manier l'épée de la science avec sagesse et sérénité, et laisser derrière nous le barbarisme primitif des temps passés.

Mais il est de temps de nous embarquer pour un voyage conjectural à travers les cent prochaines années de découvertes et d'innovations en matière d'informatique, de télécommunications, de biotechnologies, d'intelligence artificielle et de nanotechnologies. Aucun doute que ces avancées ne changeront rien de moins que l'avenir de notre civilisation…

1

L'AVENIR DE L'ORDINATEUR
Le triomphe de l'esprit sur la matière

Chacun prend les limites de sa vision pour les limites du monde.

Arthur Schopenhauer

Aucun pessimiste n'a jamais découvert le secret des étoiles, navigué jusqu'à des terres inconnues ou ouvert un nouveau chemin pour l'esprit humain.

Helen Keller

Je me souviens encore très bien de Mark Weiser me présentant sa vision du futur, il y a près de vingt ans, dans son bureau situé au cœur de la Silicon Valley. Force gestes à l'appui, il me décrivait avec enthousiasme l'avènement d'une révolution qui allait changer le monde. Weiser faisait partie de l'élite de l'informatique et travaillait au Xerox PARC (le Palo Alto Research Center, un centre de recherches pionnier en matière d'ordinateur personnel, d'imprimante laser ou d'interfaces graphiques de type fenêtre). C'était aussi un non-conformiste, un iconoclaste démolisseur de consensus, et, ce qui ne gâtait rien, le membre d'un groupe de rock dément.

Weiser avait alors forgé l'expression « informatique ubiquitaire ». Voyant très au-delà du modèle de l'ordinateur personnel qui dominait à l'époque, il prédisait que, baisse des coûts et abondance aidant, les puces envahiraient un jour l'environnement. On en trouverait dans nos habits, nos meubles, sur les murs et même à l'intérieur de notre corps. Communiquant entre elles par Internet, discrètement postées à l'affût de nos désirs, elles nous faciliteraient la vie. Les puces nous serviraient partout où nous nous trouverions. L'environnement aurait pris vie.

Dans le contexte de l'époque, la vision de Weiser frisait le ridicule. Les ordinateurs personnels restaient encore très chers et la plupart d'entre eux n'étaient pas connectés au réseau. L'idée que des milliards de puces microscopiques puissent coûter moins cher que l'eau courante relevait de l'hérésie.

Je lui ai donc demandé pourquoi cette révolution lui paraissait aussi inéluctable. Retrouvant soudain son calme, il m'expliqua que la puissance informatique augmentait de façon exponentielle, sans aucun signe de ralentissement en perspective. Faites le calcul, me suggéra-t-il, et vous trouverez que cette ubiquité de l'informatique n'est qu'une simple question de temps. (Décédé d'un cancer en 1999, Weiser n'a malheureusement pas vécu assez longtemps pour voir sa prédiction devenir réalité.)

Les rêveries prophétiques de Weiser se fondaient sur la « loi de Moore », une règle générale que vérifie l'industrie l'informatique depuis plus de cinquante ans et qui rythme l'évolution de la civilisation avec la régularité ou presque d'un métronome. Cette loi stipule simplement que la puissance informatique double tous les dix-huit mois. Énoncée pour la première fois en 1965 par Gordon Moore, l'un des fondateurs de la société Intel, cette loi d'apparence anodine a contribué à révolutionner l'économie mondiale, à engendrer de fabuleuses richesses et à bouleverser de manière irréversible notre façon de vivre. C'est en vertu de la loi de Moore, par exemple, que les jeux informatiques sont presque deux fois plus puissants d'un Noël sur l'autre (en termes de nombre de transistors mobilisés).

Avec les années, les gains de cette loi exponentielle s'accumulent de façon monumentale. On reçoit parfois une carte d'anniversaire qui se met à chanter « Happy birthday » quand on l'ouvre. Croyez-le ou non, mais la puce qu'elle contient dépasse en puissance informatique toute celle dont disposaient les forces alliées en 1945. Hitler, Churchill ou Roosevelt auraient sans aucun doute tué pour la posséder. Et nous, qu'en faisons-nous ? L'anniversaire passé, la carte est jetée et la puce avec… La puissance informatique d'un smartphone actuel dépasse celle que la NASA a mise en œuvre pour envoyer les premiers hommes sur la Lune en 1969. Les jeux vidéo, rendus gourmands par la simulation 3D, consomment plus de ressources que les ordinateurs centraux d'il y a dix ans. La dernière PlayStation de Sony à 300 dollars vaut, informatiquement parlant, un supercalculateur militaire de 1997 à plusieurs millions de dollars.

Et ce n'est pas seulement la puissance informatique qui a évolué, mais aussi la façon dont elle est délivrée, avec des impacts énormes sur l'économie du secteur. Décennie après décennie, la situation se laisse ainsi résumer.

- Années 1950 : exploitant des tubes à vide, les ordinateurs remplissent des pièces entières. Ils sont constitués d'un capharnaüm de câbles, de bobines et d'acier, et seuls les militaires ont suffisamment d'argent pour financer ces monstruosités.
- Années 1960 : les transistors remplacent les tubes à vide et les ordinateurs centraux entrent progressivement sur le marché.
- Années 1970 : les circuits intégrés contenant des centaines de transistors permettent de créer des mini-ordinateurs de la taille d'un grand bureau.
- Années 1980 : des puces dotées de dizaines de millions de transistors rendent possible la construction d'ordinateurs personnels qui tiennent dans un attaché-case.
- Années 1990 : Internet relie des centaines de millions d'ordinateurs en un seul réseau informatique global.
- Années 2000 : l'informatique ubiquitaire libère la puce de l'ordinateur, et les puces envahissent notre environnement.

Un ancien paradigme – une unique puce dans un ordinateur de bureau ou un ordinateur portable – cède aujourd'hui la place à un nouveau – des milliers de puces, connectées et communicantes, disséminées dans les objets les plus divers.

Et quand une puce intègre un appareil, celui-ci s'en trouve miraculeusement transformé. Les puces métamorphosent les machines à écrire en traitements de texte, les téléphones en téléphones mobiles, les appareils photos et caméras en appareils photos et caméras numériques, les flippers en jeux vidéo, les chaînes hi-fi en baladeurs, les avions en drones… Avec à chaque fois une révolution et une renaissance pour l'industrie concernée. À terme, tout ou presque deviendra intelligent autour de nous. Le coût des puces baissera jusqu'à passer au-dessous de celui des emballages en plastique. Elles finiront par remplacer les codes-barres. En fait, les sociétés qui ne joueront pas cette course à l'intelligence prendront le risque de se faire éjecter du marché par leurs concurrents plus réactifs.

Nous serons encore, bien sûr, environnés d'écrans d'ordinateurs, mais sous forme de papier peint, de tableaux ou de photos de famille. Le destin des ordinateurs, à l'instar de toutes les technologies de masse comme l'électricité, le papier ou l'eau courante, est de devenir invisibles, c'est-à-dire de se fondre dans nos existences, d'être omniprésents et nulle part, de se tenir silencieusement à notre disposition.

Quand nous entrons dans une pièce aujourd'hui, nous cherchons sans y penser l'interrupteur qui commande la lumière, car nous savons ou présumons que des fils électriques parcourent les murs. À l'avenir, nous chercherons de même le portail Internet, dans des bâtiments supposés intelligents. Comme le romancier Max Frisch l'a un jour énoncé, « la technologie est l'art d'arranger le monde pour ne pas être obligé de le subir[1] ».

Grâce à la loi de Moore, il est possible de prédire l'évolution de l'informatique à court terme. Durant la décennie à venir, les puces associées à des capteurs très sensibles permettront de détecter les maladies, les accidents et autres situations urgentes, et de nous alerter avant qu'il ne soit trop tard. Jusqu'à un certain point, elles sauront reconnaître la voix et les visages et communiquer dans notre langue. Elles bâtiront des mondes virtuels entiers à peine imaginables aujourd'hui. Vers 2020, le prix d'une puce aura sans doute plongé sous la barre du centime, le prix d'un bout de papier. À terme, le mot « ordinateur » finira par disparaître de notre vocabulaire.

Afin de mieux représenter la marche des progrès futurs de la science et de la technologie, j'ai divisé chaque chapitre en trois parties : futur proche (aujourd'hui à 2030), milieu du siècle (2030 à 2070) et futur plus éloigné (2070 à 2100). Ces bornes ne sont

1. Rhodes, *op. cit.*, p. 206.

qu'approximatives, mais elles permettent d'associer une échelle temporelle aux diverses tendances évolutives présentées dans ce livre.

Futur proche (aujourd'hui à 2030)

Optique connectée

Nous accédons aujourd'hui à Internet par l'intermédiaire de nos ordinateurs et de nos téléphones portables. Mais à l'avenir, quand tout sera connecté, y compris nos lunettes et nos lentilles de contact, il suffira littéralement de cligner de l'œil pour être en ligne.

Google a déjà annoncé la commercialisation de lunettes connectées. Elles sont équipées d'une petite extension qui les fait ressembler à certaines loupes de bijoutiers. Une fois placées sur le nez, Internet nous apparaît comme sur un écran de cinéma. Un petit dispositif manuel permet de naviguer via une connexion sans fil. On pourrait aussi se contenter de bouger les doigts dans le vide, laissant à l'informatique le soin de se charger du reste.

En 2010, dans le cadre d'une émission spéciale que j'animais sur Science Channel, je me suis rendu à Fort Benning, en Géorgie, pour y essayer le Land Warrior, la dernière innovation de l'armée américaine quant à l'utilisation d'Internet en zone de combat. J'ai enfilé un casque spécial sur un côté duquel était monté un petit écran. Une fois ce dispositif rabattu devant mes yeux, le champ de bataille m'est apparu avec des X marquant la position des troupes alliées et ennemies. Des capteurs GPS localisaient précisément la position de toutes les troupes, de tous les chars et de tous les bâtiments. Un clic faisait changer d'image. J'avais Internet à disposition sur le champ de bataille, et, par ce biais, des informations sur la météo, la disposition des forces ennemies et alliées, la stratégie et la tactique.

Une évolution naturelle de ce type de technologie consiste à insérer une puce et un système d'affichage dans le plastique d'une lentille de contact. Babak A. Parviz et ses collaborateurs de l'université du Washington à Seattle travaillent en ce sens. Les prototypes de lentilles connectées qu'ils conçoivent actuellement finiront peut-être par transformer notre manière d'accéder à Internet.

Dans un premier temps, Parviz imagine que cette technologie pourrait aider les diabétiques à réguler leur taux de glucose en affichant sa mesure en temps réel. Mais ce ne serait là qu'un début… Ce chercheur envisage déjà le jour où nous téléchargerons des films, des musiques, parcourrons des sites et aurons accès à la totalité du réseau. Nous bénéficierons ainsi d'un home cinéma dès qu'il nous prendra l'envie de nous allonger et de regarder un film. Ces lentilles nous permettront également de nous connecter à notre ordinateur de bureau pour travailler sur nos fichiers – ou plutôt sur l'image qui s'en formera devant nous. Allongés confortablement sur une serviette de plage, il nous suffira aussi de cligner des yeux pour participer à des téléconférences professionnelles.

Par l'intégration de logiciels de reconnaissance de formes, l'optique connectée nous aidera à identifier des objets ou des visages. La précision aujourd'hui atteinte en ce domaine dépasse les 90 pour 100 sur des visages préenregistrés. Avant même que la conversation ne soit entamée, nous disposerons non seulement du nom de notre interlocuteur, mais aussi de sa biographie complète. Plus jamais, lors d'une réunion, nous ne connaîtrons l'embarras de faire face à une personne dont nous aurons oublié le nom. On imagine aussi l'intérêt d'un tel système dans les cocktails… Nous disposerons au fond d'un système de vision comparable à celui de Terminator.

L'enseignement devra probablement évoluer en conséquence. À l'avenir, les étudiants en examen pourront silencieusement surfer sur Internet à travers leurs lentilles de contact pour chercher des réponses aux exercices, ce qui posera un problème évident aux enseignants qui fondent leurs leçons sur la mémorisation. À eux de plutôt tester les capacités de réflexion et de raisonnement…

Grâce à de minuscules caméras vidéo, l'optique connectée permettra aussi de filmer notre environnement et d'en diffuser en direct les images sur la toile. Toute personne connectée quelque part sur la planète verra ce que nous voyons. Les parents sauront ce que font leurs enfants. Les amoureux ne seront plus jamais vraiment séparés. Un fan transmettra l'excitation d'un concert. Les contrôleurs visiteront de lointaines usines et diffuseront en direct les images pour leur patron. Un mari fera les courses sous les précieux conseils de sa femme…

Parviz parvient déjà à insérer une puce dans le film polymère d'une lentille de contact. Il sait également y placer une diode électroluminescente (DEL) et travaille actuellement à un prototype doté d'une grille de 8 × 8 diodes. Sa lentille de contact est contrôlable via une connexion sans fil. Selon lui, « ces composants intégreront ultérieurement des centaines de DEL qui formeront devant nos yeux des mots, des cartes, des images et des photographies. Le matériel utilisé est essentiellement transparent, de sorte que ceux qui le porteront ne seront pas désorientés et se dirigeront sans se heurter à l'environnement[1]. » Ce chercheur vise à terme une lentille de contact à 3 600 pixels, chacun de ces points ne dépassant pas 10 micromètres d'épaisseur. Atteindre cet objectif lui demandera encore plusieurs années de travail.

L'un des avantages des lentilles connectées tient à la faible puissance qu'elles requièrent, de l'ordre du millionième de watt seulement, ce qui en fait des instruments très efficaces sur le plan énergétique. Elles offrent aussi l'atout d'une connexion directe avec le cerveau, par l'œil et le nerf optique qui en forment, d'une certaine manière, un prolongement. Plus besoin d'électrodes… Et comme l'œil et le nerf optique transmettent l'information plus rapidement qu'une connexion Internet à haut débit, la lentille connectée servira peut-être de voie royale à l'accès au cerveau.

Projeter une image dans l'œil par une lentille de contact est un peu plus compliqué que de passer par des lunettes. Certes, une DEL produit un point ou un pixel de lumière, mais il faut encore une microlentille pour focaliser le faisceau résultant sur la rétine. Ainsi, l'image finale paraît flotter à une cinquantaine de centimètres devant les yeux. Une idée prometteuse sur laquelle se penche Parviz consiste à utiliser des microlasers pour former directement une image nette sur la rétine. La technologie employée en informatique pour graver des transistors sert aussi à produire des

1. Babak A. Parviz, « Augmented Reality in a Contact Lens », http://spectrum.ieee.org/biomedical/bionics/augmented-reality-in-a-contact-lens.

lasers microscopiques. En fait, les plus petits du monde… Une taille de 100 atomes est en principe envisageable. À l'instar des transistors, on peut imaginer caser des millions de ces lasers sur une puce de la taille d'un ongle.

Véhicules automatisés

Dans un proche avenir, nous surferons sur Internet en toute sécurité dans notre voiture, car cette dernière se pilotera toute seule. Des véhicules, comme la célèbre Google Car, parcourent déjà des centaines de kilomètres en toute autonomie. La DARPA, l'agence qui couvre les projets de recherche du Pentagone, organise de temps à autre une course entre voitures automatisées. La première édition, baptisée Grand Challenge, s'est déroulée en 2004 dans le désert Mojave. Aucune équipe n'a réussi à empocher le million de dollars de prix. Toutes les voitures automatisées se sont perdues ou sont tombées en panne avant la ligne d'arrivée. Les quelque 250 kilomètres de parcours comptaient certes une centaine de virages en épingle, trois étroits tunnels et des chemins flanqués de ravins.

Certains sceptiques prétendaient que les voitures robotisées rouleraient sans doute dans le désert, mais se montreraient à jamais incapables de circuler dans les embouteillages du centre-ville. En 2007, la DARPA a donc organisé un projet plus ambitieux, baptisé Urban Challenge, qui obligeait les véhicules sans chauffeur à réussir un parcours complexe d'une centaine de kilomètres dans un milieu urbain reconstitué, et ce en moins de six heures. Les voitures devaient respecter le code de la route et éviter les accidents. Six équipes ont réussi à relever le défi, remportant respectivement, pour les trois premières d'entre elles, des sommes de 2 millions, 1 million et 500 000 dollars.

Les véhicules automatisés doivent beaucoup au GPS, un système capable de les localiser à quelques centimètres près. Ce dispositif est en lui-même une petite merveille de technologie. Des satellites en orbite autour de la Terre émettent une onde radio spécifique que reçoit le GPS embarqué dans la voiture. Ces signaux varient légèrement en raison des différences de trajectoires des satellites, un phénomène connu sous le nom d'effet Doppler. (Les ondes radio sont compressées si le satellite s'approche et étirées s'il s'éloigne.) En analysant cette petite distorsion de fréquence pour trois ou quatre satellites, le GPS parvient à déterminer sa position avec précision.

Des radars installés sur les pare-chocs permettent également au véhicule de détecter les obstacles. À l'avenir, cet équipement sauvera des vies, puisque le véhicule pourra prendre des mesures d'urgence devant l'imminence d'un accident. De nos jours, plus de 40 000 personnes meurent sur la route chaque année aux États-Unis. Un triste chiffre qui disparaîtra bientôt des statistiques.

Les embouteillages relèveront eux aussi du mauvais souvenir. Un ordinateur communiquera individuellement avec toutes les voitures et centralisera leurs mouvements. Il repérera alors facilement les ralentissements et prendra les choses en main pour optimiser la fluidité du trafic.

Écrans muraux et téléprésence

Non content de soulager nos trajets quotidiens et de réduire le nombre des accidents de voiture, les ordinateurs nous aideront aussi à entretenir le contact avec nos amis et nos relations professionnelles. On a parfois prétendu que la révolution informatique nous avait isolés et déshumanisés. De fait, elle a permis d'étendre exponentiellement le cercle de nos relations. À l'avenir, pour combler les soirs de solitude et de désœuvrement, il suffira de demander à son écran mural d'organiser une partie de bridge avec d'autres personnes isolées à travers le monde. Il nous aidera aussi à organiser nos vacances ou à planifier nos rendez-vous en cas de besoin.

Un visage engageant, que nous aurons au préalable défini selon nos goûts, apparaîtra sur le mur. Quand nous lui demanderons d'organiser un voyage, par exemple, le système tiendra compte de nos préférences passées pour parcourir Internet à la recherche d'une liste des meilleures options et des meilleurs tarifs.

Les écrans muraux faciliteront également les réunions de famille. Les quatre murs du salon en seront équipés, si bien qu'il sera possible d'être entouré de proches qui se trouveront en réalité à des kilomètres de nous. Très utile si tel cousin ne peut se déplacer lors de telle occasion importante… Les retrouvailles se fêteront pour partie de manière réelle, pour partie de manière virtuelle. Via nos écrans muraux ou nos lentilles de contact, nous verrons nos êtres chers comme s'ils étaient physiquement présents.

La téléprésence remplacera la téléconférence, c'est-à-dire qu'une représentation tridimensionnelle complète de la personne apparaîtra dans nos lunettes ou nos lentilles de contact. Lors d'une réunion de travail, par exemple, tous les participants physiquement présents seront assis autour de la table, et les absents visibles grâce aux lentilles. Sans elles, nous ne verrions que des chaises vides. (Ce qui suppose que les participants absents soient filmés par une caméra spéciale, autour d'une table similaire, et que les images soient transmises par Internet.)

À la sortie du film *Star Wars*, le public s'émerveillait du fait que les héros puissent communiquer par représentations tridimensionnelles interposées. Mais la technologie informatique nous permettra bientôt de voir ce genre d'images 3D dans nos lunettes, nos lentilles de contact ou nos écrans muraux.

Au début, il pourra sembler étrange de parler dans une pièce vide. Lors de l'apparition du téléphone, certains avaient déploré le fait de parler à des voix désincarnées et regretté que l'instrument remplace petit à petit le contact de personne à personne. Ces détracteurs avaient raison, bien sûr, mais tout le monde se fiche aujourd'hui de parler à des voix désincarnées, parce que le téléphone augmente notre réseau de connaissances et enrichit nos vies.

Les écrans muraux ne resteront pas sans répercussions sur notre vie sentimentale. Par notre historique, l'ordinateur connaîtra les caractéristiques physiques et sociales que nous apprécions. En cas de solitude affective, il cherchera donc sur la toile un partenaire potentiel qui nous corresponde. Et comme il arrive que les gens mentent sur leur profil, notre ami enquêtera pour détecter les petites contradictions qui émailleraient les biographies ici ou là.

Écrans souples

Le prix des télévisions à écran plat a chuté d'un facteur 50 environ en une seule décennie, une baisse qui va se poursuivre alors même que les écrans gagneront en surface, en finesse et en souplesse. À terme, ils couvriront entièrement nos murs pour un coût très modique. Ces écrans muraux devront leurs principales qualités aux diodes électroluminescentes organiques (OLED), semblables aux DEL ordinaires, mais basées sur des composants organiques susceptibles d'être arrangés en polymères, assurant ainsi une grande flexibilité à l'ensemble.

Des chercheurs du Flexible Display Center (« Centre de l'écran souple ») de l'université de l'Arizona travaillent avec Hewlett-Packard et l'armée américaine au perfectionnement de cette technologie. La commercialisation aidant, son coût diminuera et la mettra à portée de bourse d'une large clientèle. À terme, les écrans muraux coûteront aussi peu cher que du papier peint, et le remplaceront. Pour changer de motif, il suffira d'appuyer sur un bouton : de quoi largement faciliter les changements de décoration !

La technologie de l'écran souple bouleversera aussi notre relation à l'ordinateur portable. Plus besoin de s'encombrer d'un lourd attirail quand il suffira d'une simple feuille OLED que nous plierons et glisserons dans nos portefeuilles. Et plutôt que de s'astreindre à taper sur le clavier minuscule d'un smartphone, nous déroulerons un écran souple aussi étendu que désiré.

Cette technologie servira également à fabriquer des écrans d'ordinateurs totalement transparents. Dans un avenir proche, il sera donc possible de regarder par la fenêtre, puis, d'un simple geste, de nous servir de la vitre comme d'un ordinateur. Ou de lui donner l'apparence que nous voudrons. Par cette fenêtre, notre regard pourra porter à des milliers de kilomètres.

Aujourd'hui, nous griffonnons sur des bouts de papier que nous jetons ensuite. À l'avenir, nous nous servirons de « bouts d'ordinateur » sans identité propre, dont nous nous débarrasserons ensuite. Aujourd'hui, la configuration de notre environnement professionnel est centrée sur un ordinateur fixe. À l'avenir, cet ordinateur de bureau disparaîtra et nos fichiers se déplaceront avec nous, du bureau à la maison, de pièce en pièce.

Notre information personnelle nous suivra en continu, partout, tout le temps. Aujourd'hui dans les aéroports, des centaines de voyageurs trimballent leur ordinateur portable. Dans le futur, les murs, les décorations, les meubles nous permettront de nous connecter à Internet, y compris en train ou en voiture. Le *cloud computing*, dont le coût facturé ne dépend pas des détails du matériel utilisé et qui de ce point de vue traite le calcul informatique comme l'eau ou l'électricité, est l'une des premières manifestations de ce nouvel environnement.

Mondes virtuels

Alors que l'informatique ubiquitaire vise à porter l'ordinateur dans notre monde par la prolifération de puces, le propos de la réalité virtuelle est exactement inverse : nous placer dans le monde des ordinateurs. La réalité virtuelle fut introduite par les militaires dans les années 1960 pour l'entraînement des hommes. Un simulateur comprenant un écran et un joystick a ainsi permis aux pilotes, par exemple, d'apprendre à se poser sur un porte-avions. En cas de guerre nucléaire, des généraux et responsables politiques physiquement éloignés auraient également pu se réunir à distance dans le cyberespace.

Aujourd'hui, en vertu de la croissance exponentielle de la puissance informatique, il est possible de vivre dans un monde entièrement simulé. Nous contrôlons un avatar (une image animée qui nous représente) qui rencontre d'autres avatars, explore des mondes imaginaires, et peut même tomber amoureux et se marier. Il est également envisageable d'acheter des objets virtuels avec de l'argent virtuel susceptible d'être converti en monnaie réelle. L'un des sites les plus populaires, Second Life, avait enregistré 16 millions de comptes en 2009. Cette année-là, plusieurs personnes avaient gagné grâce à lui plus de un million de dollars. (Des sommes soumises à l'impôt américain qui les considère comme un revenu bien réel.)

La réalité virtuelle fait déjà partie intégrante des jeux vidéo. La puissance informatique augmentant, nous utiliserons bientôt nos lunettes pour explorer des mondes immatériels. Avant d'aller faire du shopping ou de visiter un lieu exotique, nous effectuerons d'abord une reconnaissance virtuelle très réaliste. De la même manière, nous pourrons marcher sur la Lune, prendre des vacances sur Mars, visiter les plus riches musées ou admirer les plus belles vitrines des plus beaux magasins à l'étranger, et décider ensuite, en connaissance de cause, où nous rendre vraiment.

Jusqu'à un certain point, nous jouirons aussi de la sensation du toucher. La technologie dite « haptique » vise précisément à nous faire ressentir les objets informatiquement générés que nous saisirons dans le cyberespace. Elle fut d'abord développée par des scientifiques qui devaient manipuler des matériaux hautement radioactifs avec des bras robotisés téléguidés, ainsi que par des militaires qui souhaitaient que les pilotes en phase d'apprentissage dans les simulateurs de vol puissent sentir une résistance réaliste via le joystick.

Pour recréer le sens du toucher, les chercheurs ont conçu un dispositif composé de ressorts et d'engrenages qui réagit à l'appui d'un doigt par une poussée en sens inverse. Quand nous glissons un doigt sur une table virtuelle, par exemple, le dispositif nous fait ressentir sa surface de bois dur. Nous pourrons de cette façon toucher les objets que nous verrons dans le monde virtuel affiché par nos lunettes ou nos lentilles, ce qui complétera parfaitement l'illusion.

La sensation du toucher peut aussi être rendue par une surface hérissée de milliers de minuscules pointes, dont les hauteurs sont contrôlées par ordinateur. En réponse au glissement d'un doigt, il est alors possible de simuler la texture d'un bois lisse, du papier de verre ou de tissus soyeux. L'emploi de gants spéciaux permettra de toucher de façon réaliste une grande variété d'objets et de surfaces.

Cette technologie sera très utile pour les chirurgiens de demain, qui s'entraîneront sur des représentations tridimensionnelles de patients, et pour qui, lors d'une opération délicate, il est impératif de ressentir la pression des doigts. Elle nous rapproche également du fameux « holodeck », grâce auquel les héros de la série *Star Trek* se baladent dans des mondes virtuels en touchant ce qui s'y trouve. Nous vagabonderons dans une pièce vide en visualisant toutes sortes d'objets fantastiques à travers nos lunettes ou nos lentilles de contact. Quand nous les atteindrons et les saisirons, un dispositif haptique s'élèvera du sol et en simulera la texture.

Suivi médical

Une visite chez le médecin n'aura plus rien à voir avec ce qu'elle est aujourd'hui. Lors d'un examen de routine, par exemple, l'officiant sera plus probablement un logiciel automatisé qui affichera ses résultats sur notre écran mural et qui saura correctement diagnostiquer 95 pour 100 des affections les plus courantes. Le « docteur » aura peut-être forme humaine, mais il s'agira d'une animation programmée pour nous poser quelques questions simples. Le système disposera de l'ensemble complet de nos gènes et nous recommandera un traitement médical qui tiendra compte de nos prédispositions.

En guise d'auscultation, ce toubib nous passera une simple sonde sur le corps. Dans les premiers épisodes de la série *Star Trek*, le public était épaté par le « tricordeur », un dispositif capable d'analyser l'intérieur de notre corps et de détecter toute forme de maladie. Inutile pourtant d'attendre le XXIIIe siècle pour qu'apparaissent ces merveilles futuristes... Les appareillages d'IRM, qui pesaient plusieurs tonnes et remplissaient une pièce entière, ont déjà atteint les dimensions d'une boîte à chaussures et visent désormais celles du téléphone portable. Il suffira de les passer sur notre corps pour visualiser l'intérieur de nos organes. Les ordinateurs procéderont à la construction d'une image 3D et poseront un diagnostic. Cette sonde détectera en quelques minutes la présence d'une grande variété de dysfonctionnements, des cancers, notamment, et cela longtemps avant la formation de la moindre tumeur. Ces sondes porteront des puces à ADN, c'est-à-dire des puces de silicium dont les millions de petits capteurs détecteront l'ADN caractéristique de nombreuses maladies.

Beaucoup d'entre nous détestent aujourd'hui aller chez le médecin. À l'avenir, notre état de santé sera vérifié plusieurs fois par jour, silencieusement et sans contrainte, sans même que nous nous en rendions compte. Les puces à ADN de nos toilettes, de nos lavabos, de nos miroirs et de nos vêtements détecteront des colonies cancéreuses fortes de quelques centaines de cellules seulement. Notre salle de bain et nos habits abriteront plus de capteurs qu'un hôpital moderne d'aujourd'hui. Pour donner un exemple précis, il suffit de souffler sur un miroir pour détecter une protéine mutée, baptisée p53, impliquée dans plus de la moitié des cancers courants. À terme, le mot tumeur appartiendra au passé.

Aujourd'hui, en cas de grave accident de voiture sur une route peu fréquentée, il est parfaitement envisageable que nous nous vidions de notre sang des heures durant jusqu'à la mort. Mais à l'avenir, nos habits et la voiture agiront au premier signe de blessure : le système appellera une ambulance, localisera notre position et présentera notre dossier médical complet alors même que nous serons inconscients. Il deviendra difficile de mourir seul faute de secours. Nos habits décèleront la moindre irrégularité de notre rythme cardiaque, de notre respiration ou de nos ondes cérébrales par le moyen de minuscules puces tissées dans nos vêtements. Et dès lors que nous serons habillés, nous serons connectés.

Il est aujourd'hui possible de placer une puce équipée d'une caméra et d'un système radio dans un comprimé de la taille d'un cachet d'aspirine. Il suffira d'avaler une de ces pilules intelligentes pour disposer des images de notre œsophage ou de nos intestins. (De quoi donner un sens très littéral au slogan « *Intel inside* » !) Une technologie qui signera la fin de la côloscopie, un examen désagréable qui demande aujourd'hui l'introduction d'un tuyau de près de deux mètres dans notre gros intestin. Les dispositifs microscopiques de ce genre réduiront aussi petit à petit la nécessité des incisions chirurgicales.

Et ce n'est là qu'un échantillon de la manière dont la révolution informatique bouleversera le suivi médical. Nous reviendrons de façon plus détaillée sur les progrès à attendre de la médecine aux chapitres 3 et 4, en discutant notamment de la thérapie génique, du clonage et de l'allongement de la durée de vie.

Moyen terme (2030 à 2070)

La fin de la loi de Moore

Combien de temps la révolution informatique actuelle va-t-elle encore perdurer ? La question mérite d'être posée, car tout a une fin, y compris la loi de Moore, et avec elle l'augmentation spectaculaire de la puissance informatique qui, depuis le milieu du siècle précédent, soutient la croissance économique.

Il est naturel pour nous de bénéficier de produits informatiques toujours plus complexes. Si nous achetons chaque année de nouveaux modèles, c'est qu'ils sont en gros deux fois plus performants d'un coup sur l'autre. Mais avec la fin de la loi de Moore, chaque génération de matériel sera aussi puissante que la précédente, alors pourquoi en changerions-nous ?

Comme les puces se logeront alors dans une vaste gamme de produits, la faillite de la loi de Moore pourrait entraîner une véritable catastrophe économique. Le ralentissement puis l'arrêt d'une industrie entière provoqueraient la perte de millions d'emplois, avec des conséquences dans tous les autres secteurs d'activité.

L'augmentation de la puissance des ordinateurs doit beaucoup à la technologie de la puce, et à sa capacité d'intégrer des centaines de millions de transistors sur une surface de silicium de la taille d'un ongle. La loi de Moore résulte pour une large partie de la miniaturisation toujours croissante des transistors, elle-même due à la longueur d'onde de plus en plus petite du rayonnement ultraviolet utilisée pour les graver.

Mais le processus de miniaturisation ne pourra se poursuivre indéfiniment. À un certain stade, il deviendra physiquement impossible de graver des transistors plus petits. On peut même estimer en gros que l'effondrement ultime de la loi de Moore interviendra quand le transistor aura atteint les dimensions de l'atome.

Vers 2020 ou peu après, la loi de Moore va donc progressivement cesser de se vérifier. Avec des transistors plus petits, des effets quantiques entreraient en jeu et les électrons ne resteraient plus sagement dans leurs fils. L'élément le plus mince d'un ordinateur atteindra peut-être une épaisseur de cinq atomes. Le principe d'incertitude de Heisenberg indique qu'on ne peut pas connaître avec précision à la fois la position et la vitesse d'une particule. Même si cela va à l'encontre de l'intuition, à l'échelle atomique, il est tout bonnement impossible de savoir où se trouvent les électrons, et donc de les contraindre à se maintenir dans un fil ou dans un élément ultramince. Ils s'échapperont nécessairement, provoquant un court-circuit.

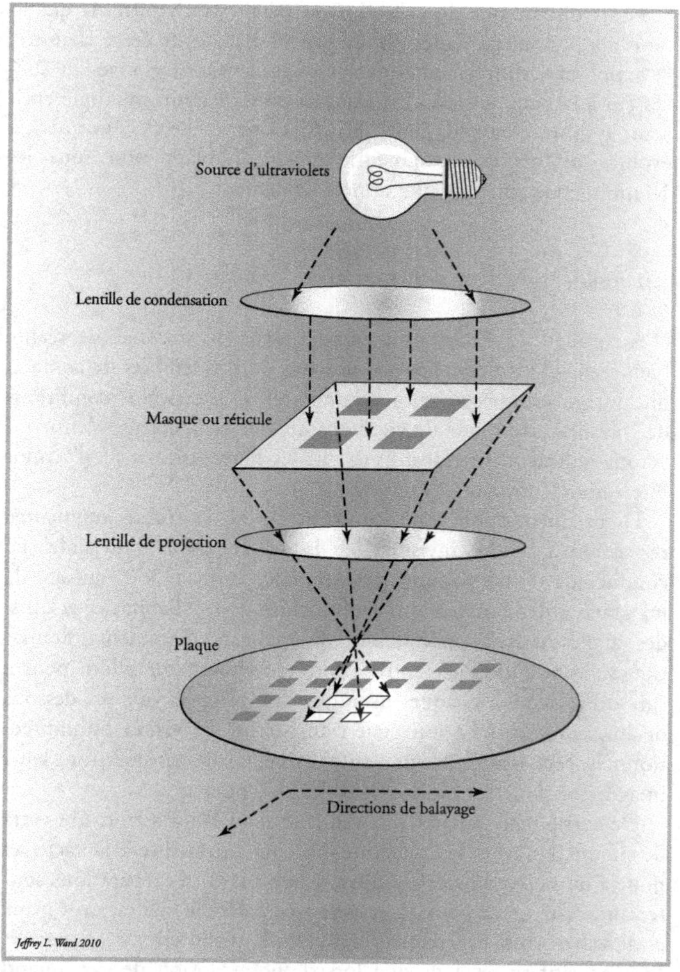

Figure 1. La fin de la loi de Moore. Les puces sont fabriquées de la même manière que les t-shirts à motif. Au lieu de projeter de la peinture sur un pochoir, on y concentre un rayonnement ultraviolet, ce qui brûle les couches de silicium et forme ainsi une image. Des acides creusent alors cette image, créant des centaines de millions de transistors. Mais ce processus atteint sa limite à l'échelle de l'atome. La Silicon Valley court-elle à sa perte ?

Nous discuterons de cela plus en détail au chapitre 4, quand nous aborderons les nanotechnologies. Pour la suite de ce chapitre, je supposerai simplement que les physiciens ont trouvé un successeur à la puce actuelle, mais que la puissance informatique croît à un rythme bien plus lent qu'auparavant. Celle-ci continuera à évoluer de manière exponentielle, en doublant non tous les 18 mois, mais en plusieurs années seulement.

Un mélange de réalité réelle et virtuelle

Au milieu du siècle, nous vivrons dans un mélange de réalité bien réelle et virtuelle. Par nos lunettes ou nos lentilles de contact, une image se superposera au monde tel qu'il est. Nos conditions de travail, notre mode de vie, le commerce et la culture s'en trouveront radicalement transformés. Et les répercussions sur l'économie seront énormes.

La première application commerciale de la réalité augmentée consistera à rendre invisible le visible, et visible l'invisible. Le conducteur d'une voiture, par exemple, verra à 360° autour de lui grâce à des lunettes qui l'affranchiront de l'habitacle, et ainsi des angles morts, responsables de quantité d'accidents dramatiques. Lors d'un duel entre avions de chasse, un pilote pourra suivre l'ennemi à chaque instant, y compris s'il vole en dessous de lui, comme si l'avion était transparent. La vision omnidirectionnelle sera assurée par de petites caméras qui transmettront leurs images aux lunettes ou aux lentilles de contact.

De sortie pour réparer son véhicule spatial, un astronaute verra de même à travers les structures, ce qui lui facilitera la tâche et pourra lui sauver la vie. Un ouvrier effectuant des réparations souterraines sur un chantier à travers une forêt de câbles, de tuyaux et de valves saura exactement comment la tuyauterie est connectée. Le dispositif se révélera vital lors d'une explosion de gaz, quand les conduits et les tuyaux, cachés derrière les murs, devront être promptement réparés.

De la même façon, il suffira à un prospecteur de regarder vers le sol pour savoir si de l'eau ou du pétrole s'y cache en profondeur. Des images aériennes ou par satellite prises dans le domaine infrarouge ou ultraviolet seront analysées et transmises à ses lunettes. Il lui suffira de marcher dans un paysage désolé pour « voir » toutes les richesses minérales que recèle son sous-sol.

Il sera possible de rendre l'invisible visible, mais aussi l'inverse : rendre visible l'invisible. Un architecte d'intérieur, par exemple, se promènera dans une pièce vide et « verra » en 3D les aménagements dont il assure la conception. La décoration envisagée jaillira devant les pas des clients à chaque pièce visitée. Les pièces vides se garniront soudain de meubles, de tapis et d'ornements muraux, ce qui permettra de visualiser le résultat *in situ* avant de commencer les travaux. Par un simple mouvement des mains, il deviendra possible de faire surgir de nouveaux murs, de nouvelles pièces ou de nouveaux meubles. C'est ainsi que la réalité augmentée nous dotera des pouvoirs d'un magicien, un seul geste suffisant à créer tous les objets voulus.

Possibilités infinies de la réalité augmentée

Ainsi, chaque métier ou presque devrait considérablement tirer parti de la réalité augmentée, dont l'impact économique sera immense. Mais c'est aussi toute notre vie, nos loisirs et la société entière qui se verront transformés par cette technologie.

Un touriste qui visite un musée, par exemple, se fera virtuellement guider par ses lentilles de contact et disposera par leur biais d'explications sur chaque œuvre exposée. Qu'il se promène dans de vieilles ruines, et il pourra « voir » le bâtiment dans sa splendide apparence d'antan, tout en s'entendant conter de multiples anecdotes à son sujet. Un pas, et les colonnes brisées des monuments romains se relèveront du champ de mauvaises herbes où elles gisaient…

Un système encore plus avancé, mis au point par l'inventeur Nikolas Neecke, est déjà proposé sur un circuit organisé à Bâle, en Suisse. Convenablement équipé, un touriste qui se promène dans les rues de la vielle ville visualise en surimposition non seulement une reconstitution d'époque des bâtiments, mais aussi des villageois qui vaquent, avec la forte impression d'avoir effectué un voyage dans le temps. L'ordinateur détermine la position

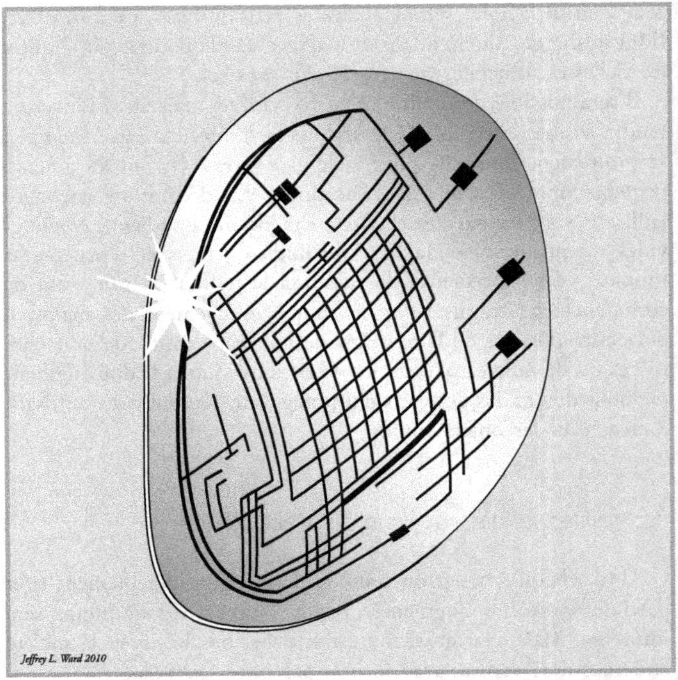

Figure 2. Grâce à une lentille de contact connectée, il deviendra possible de reconnaître le visage de son interlocuteur, d'afficher sa biographie et, s'il y a lieu, de présenter une traduction de ses paroles sous forme de sous-titres. Les touristes l'utiliseront pour visiter de vieilles ruines dans leur apparence originelle ; les artistes ou les architectes pour manipuler ou transformer leurs créations. Les possibilités de la réalité augmentée sont infinies.

du touriste et transmet à ses lunettes des images de scènes d'autrefois. Aujourd'hui, il faut encore trimballer tout un attirail bourré d'électronique, mais demain de simples lentilles de contact suffiront.

De telles lentilles faciliteront en outre la conduite à l'étranger en affichant compteurs et autres paramètres dans notre langue maternelle, et cela sans avoir à baisser les yeux. Elles détailleront la signification des panneaux et attireront notre attention sur les sites touristiques remarquables croisés en chemin.

Qu'un adepte de la randonnée, du camping ou de toute autre activité de plein air se trouve soudain en terre inconnue, et il se verra renseigné non seulement sur sa position, précisément indiquée sur une carte, mais aussi sur la nomenclature de la flore et de la faune locales, les prévisions météorologiques, etc. Il verra aussi les chemins et les sites de camping masqués par la végétation.

Toute personne en quête d'un appartement se verra signaler les disponibilités simplement en marchant ou en conduisant dans la rue. Ses lentilles afficheront en outre leur description, leur prix et autres conditions.

Un regard vers le ciel par une belle nuit d'été, et nos yeux intelligents nous décriront les étoiles ou les galaxies. Comme au planétarium, à ceci près qu'il s'agira des vraies étoiles. Et nous pourrons percer l'immensité des cieux pour accéder à des galaxies lointaines, des trous noirs ou autres objets astronomiques remarquables, ainsi qu'à des explications les concernant.

Non contente de nous permettre de voir à travers les murs ou de remonter le temps, la réalité augmentée nous sera également très utile pour tout besoin d'information spécifique à un moment particulier. Un acteur, un musicien ou un artiste, par exemple, fera afficher son texte ou sa partition dans ses lentilles. Plus besoin de prompteur, d'antisèche, de papier à musique ou de Post-it pour pallier les défauts de la mémoire. Mémoriser ne servira plus à rien.

Les téléphones portables, les montres, les horloges, les lecteurs mp3 deviendront inutiles. Toutes les icônes correspondant à nos divers objets portables seront accessibles par nos lentilles de contact, à l'instant où nous le souhaiterons. Nous passerons un coup de fil ou écouterons de la musique par leur intermédiaire. La réalité augmentée remplacera en fait les nombreux appareils et autres gadgets qui encombrent actuellement nos maisons.

Au supermarché, nos lentilles scanneront les produits en rayon et nous livreront diverses informations : nombre de calories, composition, prix, commentaires des consommateurs, etc. Comme les puces coûteront moins cher que les codes-barres, chaque produit se trouvera marqué d'une étiquette intelligente à laquelle nous aurons accès.

La réalité augmentée nous permettra également de développer une vision sous rayons X, à l'instar de Superman dans certaines de ses aventures, grâce au procédé dit de « rétrodiffusion ». L'utilisation ordinaire des rayons X suppose de placer un film sensible derrière l'objet à examiner, d'exposer ledit objet et de développer le film. La rétrodiffusion opère quant à elle par une source électromagnétique qui baigne la pièce de rayons X. Ces derniers, en rebondissant sur les murs, traversent l'objet à examiner d'arrière en avant, avant de parvenir à des lunettes sensibles. Les images obtenues par rétrodiffusion se comparent en qualité à celles présentées dans les bandes dessinées. Il sera donc parfaitement possible de regarder à travers les corps et les objets. (En augmentant la sensibilité des lunettes, il est possible de diminuer l'intensité des rayons X et d'en minimiser les risques pour la santé.)

Traducteurs universels

Dans *Star Trek, Star Wars* et tous les films de science-fiction ou presque, curieusement, les extraterrestres parlent très bien notre langue. Une sorte de « traducteur universel » est mise en œuvre, qui permet à des civilisations étrangères de communiquer entre elles, en temps réel, sans passer par l'usage fastidieux d'une langue des signes ou d'une série de gestes primitifs.

Aussi irréaliste qu'ait pu paraître un tel dispositif, des modèles terriens de ce traducteur universel existent déjà. À l'avenir, un touriste en pays étranger pourra comprendre la langue autochtone grâce à des sous-titres visibles sur ses lunettes. Ou via une version audio s'il préfère cette option. Il sera ainsi possible à deux personnes de dialoguer chacune dans sa langue. La traduction ne sera sans doute pas parfaite du fait de l'argot ou des expressions idiomatiques, mais elle suffira pour comprendre l'essentiel du discours de l'interlocuteur.

Plusieurs directions de recherche s'offrent à ceux qui planchent sur ce sujet. La première consiste à concevoir une machine qui convertirait les mots parlés en mots écrits. Le milieu des années 1990 a connu la commercialisation des premiers systèmes de reconnaissance vocale, qui parviennent à distinguer jusqu'à 40 000 mots avec une précision de 95 pour 100. Comme une conversation habituelle typique utilise 500 à 1 000 mots, ce type d'automate suffit largement. Une fois la transcription du discours achevée, chaque mot est traduit dans l'autre langue à l'aide d'un dictionnaire informatisé. Reste alors le plus gros du travail, c'est-à-dire replacer les mots dans leur contexte, tenir compte des expressions familières, s'occuper de tout ce qui requiert une compréhension sophistiquée des nuances du langage. Ce champ d'étude relève de ce que les spécialistes appellent la TAO (« traduction assistée par ordinateur »).

Une autre voie a été explorée à l'université Carnegie Mellon de Pittsburgh, où les chercheurs ont déjà développé des prototypes qui traduisent du chinois en anglais, et de l'anglais en espagnol ou en allemand. La technique consiste à placer des électrodes sur le cou et le visage du locuteur, et à capter les contractions musculaires pour déchiffrer les mots qu'il prononce. Ce procédé ne nécessitant aucun accessoire audio, le discours peut être émis silencieusement. Un ordinateur effectue alors la traduction et transmet le résultat à un synthétiseur vocal. Pour une conversation simple, utilisant 100 à 200 mots, le dispositif atteint une précision de 80 pour 100.

« L'idée est de parler silencieusement en anglais pour s'exprimer à haute voix en chinois », résume Tanja Schultz, l'un des membres de l'équipe. Plus tard, il sera même possible à l'ordinateur de lire sur les lèvres du locuteur, de sorte que les électrodes ne seront plus nécessaires. En principe, deux personnes pourront donc converser même si elles parlent des langues différentes.

Avec le temps, l'optique connectée et ce type de traducteur universel feront tomber la barrière de la langue, un obstacle qui a pu empêcher, souvent pour le pire, deux cultures de se comprendre.

Bien que la réalité augmentée nous ouvre de vastes perspectives, celles-ci resteront limitées. Le problème ne viendra pas du matériel, et encore moins de la bande passante, puisque la quantité d'information véhiculée par les fibres optiques ne connaît pas de bornes. La vraie limite sera logicielle. La programmation se fera toujours à l'ancienne : un être humain, silencieusement assis sur une chaise avec un crayon, un papier et un ordinateur portable, alignera ligne de code après ligne de code pour accoucher de nos mondes imaginaires. Il est possible de produire en masse du matériel et d'augmenter sa puissance en ajoutant toujours plus de puces, mais la matière grise ne se fabrique pas en série. C'est pourquoi l'introduction de la réalité augmentée prendra des années, celles qui nous séparent du milieu du siècle.

Hologrammes et 3D

À cette époque, la télévision et le cinéma 3D auront aussi sérieusement progressé. Des télévisions 3D aujourd'hui commercialisées nécessitent l'utilisation de lunettes spéciales. Cette contrainte disparaît avec l'imagerie lenticulaire, un procédé qui consiste à produire deux images distinctes, visibles sous des angles différents et adaptés à chacun des yeux. Notre système visuel est ainsi fait qu'il réunit les deux images en créant l'illusion de la 3D. Mais il faut, et c'est l'inconvénient de la technique, que la tête soit correctement positionnée, que les yeux se trouvent dans des « zones idéales ».

Une solution plus élaborée est offerte par l'hologramme. Nous verrions alors, sans le secours d'aucunes lunettes, une scène comme si elle se jouait devant nous. Cette approche existe depuis longtemps. Après tout, des hologrammes figurent déjà sur divers gadgets ou sur les cartes de paiement, et leur utilisation est banale en science-fiction. L'intrigue de *Star Wars*, par exemple, débute par un message de détresse holographique envoyé par la princesse Leia aux membres de l'Alliance rebelle.

Reste que les hologrammes sont très difficiles à produire… Il faut séparer un faisceau laser en deux parties, l'une qui éclaire l'objet à photographier et rebondit ensuite sur un écran spécial, l'autre qui atteint directement l'écran. Du mélange de ces deux rayons résulte un motif d'interférence complexe, contenant une sorte d'image 3D « gelée » de l'objet original. C'est cette image qui est alors enregistrée par un film spécial appliqué sur l'écran. Pour la lire, il suffit d'envoyer un autre faisceau laser à travers l'écran : l'image de l'objet apparaît alors dans toute sa beauté 3D.

C'est ainsi que l'avènement de la télévision holographique est entravé par une difficulté de stockage. Une vraie image 3D contient une énorme quantité d'information, bien supérieure à celle d'une image 2D. Si les ordinateurs parviennent à traiter avec fluidité une succession d'images 2D, c'est en décomposant chacune d'elles en points infimes, les pixels, dont la luminosité est ensuite prise en charge par autant de minuscules transistors. Or pour une scène holographique, il faut produire 30 images 3D par seconde. Un rapide calcul montre que l'information nécessaire pour cela excède de loin les capacités d'Internet aujourd'hui.

Mais d'ici au milieu du siècle, ce problème aura été résolu par l'évolution exponentielle de la bande passante. Alors à quoi ressemblera une télévision véritablement tridimensionnelle ? Une possibilité consisterait à adopter un écran en forme de cylindre ou de dôme, qui délimiterait un espace à l'intérieur duquel nous serions assis. Une fois produites, nous verrions les images tridimensionnelles tout autour de nous, comme si ce qu'elles représenteraient se trouvait vraiment là.

Futur lointain (2070 à 2100)

Triomphe de l'esprit sur la matière

Vers la fin du siècle, nous contrôlerons l'ordinateur par la seule force de la pensée. Cette technologie existe déjà en germe aujourd'hui, mais il faudra encore quelques dizaines d'années de dur labeur pour qu'elle atteigne sa maturité.

En 1998, un progrès significatif a été obtenu par des chercheurs de l'université Emory à Atlanta aux États-Unis et de l'université de Tübingen en Allemagne. Une minuscule électrode de verre a été implantée dans le cerveau d'un homme de cinquante-six ans, paralysé après un AVC, et reliée à un ordinateur dont l'écran était visible par le patient. La mise en place de cette « biorétroaction » a permis à celui-ci de contrôler le mouvement du curseur affiché à l'écran par l'ordinateur. Pour la première fois, un contact direct avait été établi entre un cerveau humain et un ordinateur.

Une version plus aboutie de cette technologie a été développée à l'université Brown par le neuroscientifique John Donoghue. BrainGate, le dispositif qu'il a conçu, aide les personnes gravement atteintes au cerveau à communiquer. Cette avancée significative a été saluée par les médias, et a même connu les honneurs de la couverture de *Nature*, la célèbre revue scientifique

Le rêve de Donoghue, ainsi qu'il me l'a lui-même expliqué, est de parvenir à mettre la toute-puissance de l'informatique au service de patients souffrant de graves lésions au cerveau. BrainGate améliore déjà sensiblement la qualité de vie de certains malades, mais Donoghue fonde de bien plus grands espoirs sur l'avenir de cette technologie. Il faut dire qu'il est impliqué dans cette recherche à titre personnel : enfant, atteint d'une maladie dégénérative, il a vu son quotidien limité par le fauteuil roulant. Il est donc bien placé pour connaître le sentiment d'impuissance qu'engendre ce type de handicaps sévères.

Parmi ses patients, Donoghue compte quelques victimes d'AVC au cerveau actif, mais entièrement paralysées et incapables de communiquer avec leurs proches. Il leur a implanté une puce de 4 millimètres dans la zone corticale qui contrôle la motricité. Cette puce est connectée à un ordinateur qui analyse les signaux cérébraux et transmet le résultat à un ordinateur portable.

Au début, le patient n'a aucun contrôle sur le curseur évoqué ci-dessus et peut simplement le regarder se déplacer. Mais, par un processus d'essais et d'erreurs, il en acquiert petit à petit la maîtrise, de sorte qu'après plusieurs heures il devient capable de le positionner à sa guise. Avec un peu de pratique, le patient parvient ensuite à lire et écrire des courriels ou à jouer à des jeux vidéo. En théorie, donc, une personne paralysée est susceptible d'accomplir toute fonction contrôlable par ordinateur.

Donoghue a d'abord travaillé avec quatre patients : deux blessés à la moelle épinière, une victime d'AVC et un malade de la sclérose latérale amyotrophique (la maladie dont souffre le célèbre astrophysicien Stephen Hawking). L'un d'entre eux, tétraplégique, est parvenu à maîtriser le mouvement du curseur en une journée. Il parvient aujourd'hui à lire des courriels, à jouer à des jeux vidéo et à regarder la chaîne de télévision dont il a envie. Le système permet également aux patients de se déplacer en contrôlant un fauteuil roulant motorisé.

À court terme, c'est déjà un succès inespéré pour des personnes totalement paralysées. Un jour elles sont impuissantes, prisonnières de leur corps, et le lendemain elles surfent sur la toile et s'entretiennent avec d'autres gens partout dans le monde.

Un autre groupe de chercheurs, formé par Miguel A. L. Nicolelis et son équipe de l'université Duke, a exploré une voie parallèle en implantant dans le cerveau de singes une puce connectée à un bras mécanique. Au début, les singes se débattent et ne comprennent pas comment faire fonctionner le bras. La pratique aidant, ils en prennent lentement le contrôle et l'utilisent pour attraper une banane, par exemple. Les singes finissent par faire bouger le bras instinctivement, sans y penser, comme s'il était le leur.

Ces débuts prometteurs montrent que les personnes paralysées remarcheront et vivront en se servant de jambes et de bras mécaniques, directement connectés au cerveau, sans aucun passage par la moelle épinière. Et cette technologie jette bien sûr les fondements du contrôle de notre monde par la seule puissance de l'esprit.

Lire dans les pensées

Est-il envisageable qu'un ordinateur puisse lire dans les pensées sans passer par l'implantation d'électrodes dans le cerveau ? On sait depuis 1875, en effet, que le fonctionnement du cerveau produit de légers signaux électriques qui peuvent être détectés par des électrodes disposées autour de la tête. Cette méthode d'exploration se nomme électroencéphalographie ou EEG, et sert à visualiser les changements d'activité qui surviennent lors de l'endormissement, par exemple, ou lorsque le sujet est simplement animé d'un sentiment comme la colère. Le résultat d'une EEG peut être affiché en temps réel sur un écran d'ordinateur devant la personne. Après un certain temps, elle est capable de penser de façon à déplacer le curseur de l'expérience précédente. Niels Birbaumer, de l'université de Tübingen, a même pu entraîner des sujets partiellement paralysés à composer des phrases.

Les fabricants de jouets tirent aussi parti de cette technologie. NeuroSky, entre autres sociétés, commercialise un bandeau portant une électrode EEG. En se concentrant d'une certaine manière, le jouet s'active. Des enfants s'amusent ainsi à faire monter une balle de ping-pong à l'intérieur d'un cylindre par la seule force de leur pensée.

L'EEG a pour avantage de détecter rapidement les variations de fréquences émises par le cerveau sans équipement élaboré et à un prix abordable. Mais elle a pour gros inconvénient de ne pouvoir localiser les pensées dans leurs sièges spécifiques.

L'imagerie par résonance magnétique fonctionnelle, ou IRMf, offre de ce point de vue une précision bien supérieure. Alors qu'un dispositif à EEG capte passivement les signaux électriques émis par le cerveau, l'IRMf exploite les « échos » renvoyés par des ondes radio pour regarder à l'intérieur des tissus vivants. Elle permet ainsi de pointer la source de signaux variés et fournit de spectaculaires images 3D du cerveau.

L'IRMf est coûteuse et nécessite un équipement lourd, mais elle a déjà donné des détails époustouflants sur le fonctionnement du cerveau en train de penser. L'IRMf donne ainsi aux chercheurs la possibilité de détecter et de donner la position de l'oxygène transporté par l'hémoglobine du sang, c'est-à-dire l'énergie qui alimente l'activité cellulaire. La détection de ce flot d'oxygène équivaut donc à pister le flot des pensées dans le cerveau.

Selon Joshua Freedman, psychiatre à l'université de Californie à Los Angeles, « nous sommes un peu dans la position d'un astronome du XVIe siècle après l'invention du microscope. Durant des millénaires, des gens intelligents avaient essayé de décrypter les cieux, mais leurs spéculations n'avaient pu dépasser ce qu'ils voyaient à l'œil nu. Et soudain, une nouvelle technologie permettait d'observer directement ce qu'il y avait plus avant[1]. »

De fait, grâce à l'IRMf, il est possible de détecter les mouvements de la pensée avec une résolution d'un dixième de millimètre, moins qu'une tête d'épingle, c'est-à-dire à peut-être quelques milliers de neurones près. Autant dire que l'IRMf donne une représentation tridimensionnelle du flux d'énergie à travers le cerveau avec une précision extraordinaire. Le temps faisant, elle finira par fonctionner au niveau du neurone, ce qui pourrait nous fournir

1. Jeff Wise, « Thought Police: How Brain Scans Could Invade Your Private Life », *Popular Mechanics*, 15 octobre 2007, www.popularmechanics.com/science/health/neuroscience/4226614.

une façon de détecter les motifs neuraux correspondant à des pensées particulières.

Une percée a récemment été effectuée par Kendrick Kay et ses collègues de l'université de Californie à Berkeley. Ces chercheurs ont procédé à des examens d'IRMf sur des personnes regardant des images diverses : nourriture, animaux, visages, objets communs de différentes couleurs, etc. Ils ont ensuite conçu un logiciel capable d'associer les images à des motifs IRMf. Plus les personnes voyaient d'images, plus l'ordinateur parvenait à les identifier avec l'IRMf.

Les chercheurs ont ensuite montré aux mêmes personnes des images d'objets entièrement différents. Le logiciel a souvent réussi à associer l'objet à son enregistrement IRMf : 90 pour 100 d'identifications réussies sur 120 nouvelles images présentées, 80 pour 100 quand leur nombre passait à 1 000.

Selon Kay, « Il est possible de savoir, parmi un grand ensemble d'images naturelles complètement nouvelles, quelle image en particulier a été regardée par un observateur… Nous pourrons peut-être bientôt reconstruire une image de ce qu'a vu une personne à partir des seules mesures de son activité cérébrale[1]. »

Cette approche vise à créer un « dictionnaire de la pensée », une correspondance qui associe de manière unique chaque objet à un signal IRMf. On pourrait savoir à quel objet pense une personne par la détection du motif IRMf correspondant. À terme, peut-être que l'ordinateur sera capable d'analyser et de déchiffrer les milliers de motifs IRMf que déverse un cerveau en train de penser, c'est-à-dire de décoder la conscience d'un être en temps réel.

Visualiser les rêves

Bien que cette technique permette de dire qu'untel pense à un chien, par exemple, elle échoue à reconstituer l'image du chien proprement dit. Un nouvel axe de recherche s'ouvre donc, qui consiste à essayer de reconstruire l'image précise de ce à quoi pense

1. *New Scientist*, 15 octobre 2008, n° 2678.

un cerveau, c'est-à-dire de réaliser une vidéo des pensées d'un homme. Par la même occasion, il serait envisageable d'enregistrer et de visualiser nos rêves, ces images éphémères dont l'oubli ou la non-compréhension sont parfois si frustrants.

Hollywood avait depuis longtemps déjà intégré le fait que des machines puissent un jour recueillir ou transmettre des images oniriques au cerveau, comme dans le film *Total Recall*, mais il ne s'agissait que de pure spéculation.

Du moins jusqu'à récemment. Les chercheurs ont en effet effectué des progrès remarquables dans un domaine qui paraissait hors de portée : la visualisation de nos souvenirs et, à terme, de nos rêves. Les premiers pas dans cette direction ont été effectués par une équipe du Laboratoire de neuroscience calculatoire de l'Institut international de recherche en télécommunications avancées, à Kyoto, qui a présenté un point lumineux à des sujets tout en enregistrant par IRMf l'endroit où leur cerveau stockait l'information. Le point était ensuite déplacé, et un nouvel enregistrement IRMf effectué. En continuant à procéder de la sorte jusqu'à couvrir une grille 10 × 10, les chercheurs ont obtenu une correspondance biunivoque entre la localisation visuelle et la localisation cérébrale. Ils ont ensuite présenté à leurs sujets une image ou un objet simple, comme un fer à cheval, conçus à partir des 100 points de la grille, et analysé par IRM le stockage de cette image par le cerveau. Il est apparu assez clairement que le motif enregistré par le cerveau correspondait à la somme des constituants de l'image en question.

Par cette méthode, il est donc envisageable de créer une image de ce que « voit » le cerveau. Tout motif dessiné par des lumières sur cette grille 10 × 10 est décodable par un ordinateur à partir de l'enregistrement IRMf.

Dans un premier temps, les chercheurs souhaitent augmenter le nombre de pixels de leur grille. Ils prétendent en outre que leur procédé est universel, c'est-à-dire qu'une IRMf permettra de décoder les pensées visuelles et même les rêves. Si cela se vérifiait, nous serions en mesure, pour la première fois dans l'histoire, d'enregistrer et de visualiser ce dont nous rêvons.

Bien sûr, nos images mentales, et nos rêves en particulier, ne possèdent pas toujours la limpidité du cristal. Leur représentation

Figure 3. L'utilisation de l'EEG (en haut) et de l'IRMf (en bas) pour accéder aux mystères de la conscience. Les électrodes vont se miniaturiser avec le temps. À terme, il sera possible de lire dans les pensées et de commander aux objets par la seule force de l'esprit.

conservera donc toujours un certain flou. Il est toutefois remarquable que nous puissions pénétrer aussi profondément dans les pensées visuelles du cerveau d'un homme.

Questions d'éthique

La capacité à lire de façon automatisée dans les pensées d'autrui poserait un redoutable problème d'intimité. Ainsi que l'a pointé David Baltimore, Prix Nobel et ancien président du California Institute of Technology (Caltech) : « Cela ferait du monde un enfer. Imaginez-vous en train de courtiser quelqu'un ou de négocier un contrat toutes pensées à l'air[1]. »

La lecture dans l'esprit, spéculait-il, nous placerait très souvent dans des situations désastreuses ou embarrassantes. « Je crois savoir que durant les cours, ajoutait-il, une partie non négligeable [des étudiants] se laisse aller à des rêveries érotiques[2]. »

Mais peut-être que ce problème ne se posera pas en raison du manque de limpidité de la plupart de nos pensées. Visualiser nos rêves et nos rêveries sera peut-être envisageable un jour, mais la qualité des images risque de nous décevoir. Je me souviens avoir lu, il y a des années, une nouvelle dans laquelle un génie proposait à un homme d'avoir sur-le-champ tout ce qu'il imaginerait. L'homme se mit aussitôt à penser à des articles très chers, comme une limousine, un château, voire directement à des millions de dollars en liquide. Le génie les matérialisa aussitôt. Mais quand l'homme y regarda de plus près, il constata avec surprise que la limousine ne possédait ni poignées sur les portières ni moteur, que le château était vide et que les visages représentés sur les billets étaient flous. Dans sa précipitation à imaginer tous ces objets, il avait oublié que ces images ne se présentent à l'esprit que sous forme relativement vague.

---

1. David Baltimore, « How Biology Became an Information Science », *in* Denning, Peter J., éd. *The Invisible Future: The Seamless Integration of Technology into Everyday Life*. New York: McGraw Hill, 2002, p. 53-54.

2. *Ibid.*, p. 54.

Télékinésie

Ce type de technologie ouvre aussi la voie à la télékinésie, cette aptitude à déplacer les objets grâce au seul pouvoir mental. Dans le film *Star Wars*, par exemple, la Force est un champ mystérieux qui imprègne la galaxie et libère les pouvoirs mentaux des chevaliers Jedi, leur permettant de contrôler les objets et les actions d'autrui par la simple volonté. Les sabres laser, les pistolets laser et même des vaisseaux spatiaux entiers lévitent ainsi grâce au pouvoir de la Force.

Mais il ne sera pas nécessaire de se rendre dans une galaxie lointaine, très lointaine, pour exploiter cette puissance de l'esprit. En 2100, quand nous entrerons dans une pièce, nous contrôlerons mentalement un ordinateur qui à son tour contrôlera notre environnement. Déplacer des meubles, réarranger notre bureau, bricoler se fera juste en y pensant. Cette faculté sera très utile aux ouvriers, aux pompiers, aux astronautes et aux soldats, à qui deux mains ne suffisent pas toujours. Elle changera toute notre relation avec le monde. Nous pourrons faire du vélo, conduire une voiture, jouer au golf ou au base-ball, et même concevoir des jeux par la seule pensée.

Le déplacement d'objets se fera peut-être par l'exploitation des « supraconducteurs ». Comme nous le verrons en détail au chapitre 4, les physiciens seront capables, à la fin de ce siècle, de fabriquer des supraconducteurs fonctionnant à température ambiante, et par ce moyen de générer facilement d'intenses champs magnétiques. De même que le XXe siècle fut l'âge de l'électricité, le futur, par ces supraconducteurs, nous verra entrer dans l'âge du magnétisme.

Les champs magnétiques puissants, actuellement très chers à produire, ne coûteront presque plus rien. Leur utilisation réduira le frottement des trains ou des camions – ce qui révolutionnera les transports – et éliminera les pertes dans les transmissions électriques. Par de petits super-aimants judicieusement placés, le magnétisme nous conduira également à déplacer des objets à volonté.

Dans un futur proche, tout objet contiendra par défaut une puce, ce qui le rendra plus intelligent. Dans un futur plus lointain, tout objet contiendra aussi par défaut un minuscule supraconducteur capable de produire un fort champ magnétique, ce qui le rendra facilement transportable. Supposons par exemple qu'une table soit pourvue d'un minuscule supraconducteur. En mode normal, ce supraconducteur restera sans effet. Mais il suffira de lui envoyer un petit courant électrique pour qu'il crée un champ magnétique intense, capable d'expédier la table n'importe où dans la pièce. Et ce super-aimant s'activera par la pensée.

Dans les films narrant les aventures des *X-men*, Magnéto, le chef de la confrérie des mauvais mutants, déplace des objets gigantesques en jouant sur leurs propriétés magnétiques. L'une des scènes le montre même en train d'arracher le Golden Gate Bridge par la force de son esprit. Il est plus difficile d'agir ainsi avec des objets en plastique ou en papier, qui ne présentent pas de propriétés magnétiques. À la fin du premier film, Magnéto est d'ailleurs retenu prisonnier… dans une cellule en plastique.

Les objets courants, y compris non magnétiques, finiront tous par porter des supraconducteurs à température ambiante, et pourront donc être déplacés par un champ magnétique extérieur qui, lui, sera contrôlé par la pensée.

Nous nous servirons aussi de ce pouvoir mental pour manipuler des robots et des avatars. Tout comme dans les films *Clones* ou *Avatar*, il sera possible de diriger les mouvements de nos substituts, et même d'éprouver leurs sensations. Ce corps surhumain se montrera très utile pour effectuer des réparations dans l'espace ou pour intervenir dans des situations d'urgence. Peut-être qu'un jour les astronautes resteront à terre et contrôleront des robots s'activant sur la Lune. Nous y reviendrons dans le prochain chapitre.

Il faut aussi souligner les risques potentiels de ce pouvoir de télékinésie. Comme je l'ai déjà indiqué, le film *Planète interdite* présente les vestiges d'une civilisation qui s'était autodétruite après avoir atteint son rêve ultime : tout contrôler par la pensée. Pour donner un exemple simple de sa technologie, elle avait conçu une machine qui transformait les pensées en images tridimensionnelles. Bien qu'un tel dispositif parût de pure fantaisie aux yeux du public des années 1950, nous en disposerons d'ici à quelques dizaines d'années. Le film montrait aussi un appareil qui soulevait des objets massifs en exploitant simplement notre énergie mentale. Mais comme nous le savons, il ne sera pas nécessaire d'attendre des millions d'années pour disposer de cette technologie – des jouets de ce type existent déjà.

La triste fin de *Planète interdite* pourrait par ailleurs nous inciter à ne pas aller trop vite. Les extraterrestres ont en effet péri faute de ne pas avoir su déceler un grave défaut de leur technologie : leurs puissants dispositifs étaient aussi sensibles à leurs pensées conscientes qu'à leurs désirs inconscients. Les pensées sauvages et primitives de leur violent et lointain passé, depuis longtemps réprimées, ont resurgi, et les fidèles machines ont matérialisé ces cauchemars inconscients en une terrible réalité. Alors qu'elle atteignait son but ultime, cette puissante civilisation fut détruite par la technologie même qui devait la libérer de l'instrumentation.

Ce risque, pour ce qui nous concerne, reste encore assez lointain. Une technologie de ce type aussi puissante n'émergera pas avant le XXIIe siècle. Mais un danger plus urgent nous menace. En 2100, nous vivrons aussi dans un monde peuplé de robots à caractéristiques humaines. Que se passera-t-il quand leur intelligence dépassera la nôtre ?

2

L'AVENIR DE L'INTELLIGENCE ARTIFICIELLE
Le soulèvement des machines

Est-ce que les robots hériteront de la Terre ?
Oui, mais ils seront nos enfants.
Marvin Minsky

En 2009, les spécialistes mondiaux de l'intelligence artificielle (IA) se sont réunis à Asilomar, en Californie, pour discuter le plus sérieusement du monde de ce qui se produira quand la machine surpassera l'homme. Dans une ambiance toute hollywoodienne, les participants ont débattu de questions parfois aussi profondes que celle de savoir ce qui arrivera « quand l'intelligence d'un robot dépassera celle de notre conjoint ».

Divers exemples emblématiques de la marche de cette révolution ont été mis en avant, et notamment le drone *Predator*, un avion sans pilote qui combattait le terrorisme en Afghanistan et au Pakistan, les voitures sans conducteur ou même ASIMO, le robot le plus avancé du monde, capable de marcher, de monter les escaliers, de danser et même d'apporter du café.

Cet été-là, le grand écran paraissait faire écho à la conférence avec la sortie de *Terminator Renaissance*, film qui raconte l'histoire d'une petite bande d'humains luttant vaille que vaille contre une gigantesque armée de mastodontes mécaniques, ou celle de *Transformers 2 : La Revanche*, dans lequel des robots venus de l'espace prennent des hommes pour des pions et la Terre comme un champ de bataille de leurs guerres interstellaires. Dans *Clones*, enfin, les hommes préfèrent vivre une vie de parfaits robots plutôt que d'affronter la dure réalité du vieillissement de leur corps.

À en juger par les affiches de cinéma, l'humanité vivait alors son dernier souffle. Et les experts en IA se demandaient en toute solennité si nous finirions par danser derrière des barreaux pour tenter de glaner une poignée de cacahuètes lancées par quelque créature robotisée.

En y regardant de plus près, pourtant, la situation est moins désespérée qu'il n'y paraît. S'il est exact que de formidables progrès ont été accomplis ces dernières années, il importe tout de même de replacer les choses dans une plus juste perspective.

Après tout, le drone *Predator* est piloté au joystick par un humain, la voiture automatisée ne prend aucune décision par elle-même et ne fait que suivre les indications de son GPS, et le cauchemar d'une armée de robots assassins, autonomes et conscients n'est pas pour demain.

ASIMO

Les chercheurs en IA présentent souvent ASIMO (pour *Advanced Step in Innovative MObility* – « Étape avancée en mobilité innovante »), un robot développé par la société Honda, comme une manifestation particulièrement spectaculaire des remarquables progrès récemment effectués en robotique. Avec sa taille qui ne dépasse guère le mètre et son poids d'une cinquantaine de kilos, ASIMO ressemble à un enfant qui porterait un sac à dos et aurait enfilé un drôle de casque à visière noire. De fait, c'est un robot remarquable. Il marche, court, monte un escalier et parle de façon très réaliste. Il vaque à travers des pièces, récupère les tasses et les plateaux, répond à des commandes simples et reconnaît même certains visages. Il parle plusieurs langues, et fait preuve d'un vocabulaire assez étendu. ASIMO est le fruit d'une vingtaine d'années de travail acharné, mené par une kyrielle d'ingénieurs qui ont sans conteste produit une merveille de technologie.

Il se trouve que j'ai eu le privilège de rencontrer ASIMO pour des émissions de la BBC-TV et de Discovery Channel. Quand je l'ai salué, il m'a salué en retour. Quand je lui ai demandé un jus d'orange, il a fait demi-tour, a marché de façon étonnamment humaine vers une table où se trouvaient des rafraîchissements. Le réalisme d'ASIMO est si frappant que, lors de nos conversations, je m'attendais presque à ce qu'il soulève la visière de son casque, découvrant ainsi un enfant habilement déguisé. Cet engin sait même danser bien mieux que moi.

De prime abord, ASIMO paraît intelligent : il répond à des ordres humains, soutient une conversation et se déplace à travers la pièce. La réalité est en fait assez différente. Chaque mouvement, chaque nuance de ma scène avec ASIMO devant les caméras avait été soigneusement écrite à l'avance. Une séquence de cinq minutes nécessite en réalité trois heures de préparation, car toute une équipe d'informaticiens pianotent sans relâche pour programmer le robot avant chaque scène. Et si ASIMO parle plusieurs langues, c'est par le biais d'une voix qui récite des messages préenregistrés. Il n'est guère plus qu'une marionnette programmée par des humains. Bien qu'ASIMO gagne en sophistication chaque année, il reste incapable de pensée autonome. Chaque mot, chaque geste, chaque étape doivent être mis en boîte par des ingénieurs.

Après coup, j'ai pu discuter franchement avec les créateurs d'ASIMO, et ils ont admis que ce robot, en dépit de ses mouvements et ses actions remarquablement humaines, possédait à peine l'intelligence d'un insecte. ASIMO marche de façon réaliste mais ne reconnaît pas les objets et se cognerait aux meubles si son trajet n'était pas programmé.

Par comparaison, même un cafard sait distinguer les objets, se faufiler à travers les obstacles, chercher de la nourriture, trouver un partenaire pour s'accoupler, déjouer les prédateurs, se cacher dans l'ombre ou disparaître dans les fissures, et tout cela en une poignée de secondes.

Thomas Dean, chercheur en IA à l'université Brown, concède que les robots encore patauds qu'il développe en sont « juste au stade d'adresse qui leur permet de marcher dans un couloir sans trop abîmer les murs[1] ». Comme nous le verrons ultérieurement, les plus puissants ordinateurs d'aujourd'hui ne parviennent qu'à

1. Kaku, Michio. *Visions : Comment la science va révolutionner le XXIe siècle,* trad. G. Minot. Paris : A. Michel, 1999, p. 111.

simuler le fonctionnement des neurones d'une souris, et seulement durant quelques secondes. Il s'en faut encore de dizaines d'années de travail pour qu'un robot possède l'intelligence d'une souris, puis d'un lapin, d'un chat ou d'un chien, et d'un singe.

Le cerveau et l'ordinateur

Avec le temps, et en dépit d'une tradition établie, les chercheurs ont compris que le cerveau humain ne se laissait pas comparer à un puissant ordinateur. Il est désormais évident qu'il ne dispose pas de puce Pentium, qu'il ne tourne pas sous un système d'exploitation Windows, qu'il n'utilise ni unité centrale, ni logiciel, et qu'il ne nécessite ni programmation ni sous-routines. En fait, les architectures mêmes de l'organe et de la machine diffèrent sensiblement. Le cerveau est une sorte de machine à apprendre, une collection de neurones qui se reconfigure d'elle-même à chaque information nouvelle. (Un ordinateur personnel n'apprend rien du tout. Il reste aussi stupide aujourd'hui qu'il l'était hier.)

Il existe donc au moins deux approches distinctes pour modéliser le cerveau et essayer d'éveiller l'esprit des robots. La première est la méthode descendante traditionnelle, qui consiste à programmer les règles de l'intelligence en partant du tout début. Un ordinateur peut lui-même être décomposé en « machine de Turing », un modèle abstrait introduit par le grand mathématicien anglais Alan Turing, et constitué de trois éléments fondamentaux : une entrée, une unité centrale qui digère les données passées en entrée, et une sortie. Tous les ordinateurs sont bâtis sur ce modèle. L'approche descendante vise au fond à obtenir un CD-ROM sur lequel toutes les règles de l'intelligence seraient codifiées. Par la lecture de ce disque, l'ordinateur s'animerait soudain et deviendrait intelligent. Cette mémoire annexe illusoire contiendrait le logiciel nécessaire à la création des machines intelligentes.

Mais notre cerveau fonctionne sans programmation ni logiciel. C'est un « réseau neuronal », un entrelacement complexe de neurones dont les connexions se reconfigurent en permanence.

Les réseaux neuronaux obéissent à la règle de Hebb : une décision correcte consolide la connexion entre neurones impliqués.

Physiquement, cela correspond simplement à augmenter la force de certaines connexions électriques entre neurones. La règle de Hebb se formule aussi de façon humoristique par cette vieille blague : « Comment un musicien peut-il espérer jouer au Carnegie Hall ? En répétant, en répétant, en répétant… » Pour un réseau neuronal, répétition rime avec perfection. La règle de Hebb explique aussi pourquoi les mauvaises habitudes sont si difficiles à perdre, puisque le chemin neuronal est solidement pavé par la force de la routine.

L'étude des réseaux neuronaux relève quant à elle de l'approche ascendante. Plutôt que d'avaler les règles de l'intelligence à la louche, les réseaux neuronaux les apprennent comme un bébé, par expérience, en se cognant aux choses. Au lieu d'être programmés, les réseaux neuronaux sont envoyés à l'école de l'adversité.

L'architecture des réseaux neuronaux ne se réduit pas à celle des ordinateurs. Quand il suffit de retirer un seul transistor à une unité centrale pour la rendre inutilisable, un cerveau amputé de parties non négligeables pourra reporter ailleurs son activité et continuer à fonctionner. Il est également possible de localiser précisément le siège de la « pensée » d'un ordinateur : son microprocesseur. L'étude du cerveau humain montre à l'inverse que la pensée se distribue largement. Des secteurs différents s'activent dans un ordre précis, donnant l'impression que les pensées rebondissent comme une balle de ping-pong.

Les ordinateurs calculent à une vitesse proche de celle de la lumière. En comparaison, le cerveau humain paraît d'une incroyable lenteur : l'influx nerveux se propage seulement à 300 kilomètres à l'heure environ. Mais le cerveau compense largement cette piètre rapidité par un fonctionnement massivement parallèle : 100 milliards de neurones s'activent en même temps, chacun d'entre eux effectuant une infime partie du calcul, chacun d'entre eux se trouvant connecté à 10 000 autres. Un simple processeur très rapide se trouve vite distancé par un processeur parallèle très lent. (Invoquons ici cette vieille devinette : si un chat peut manger une souris en une minute, combien de temps faut-il à un million de chats pour manger un million de souris ? Réponse : une minute.)

Et contrairement à l'ordinateur, dont les transistors agissent à la façon de portes qui peuvent être ouvertes ou fermées, représentant ainsi des 0 et des 1, le cerveau ne fonctionne pas en binaire. Les neurones, certes, s'activent ou non, mais transmettent aussi bien des signaux continus que discrets. Le cerveau est donc plus analogique que numérique.

Les deux carences de la robotique

Les flagrantes limitations de l'ordinateur par rapport au cerveau expliquent pourquoi l'informatique se montre incapable d'effectuer deux tâches cruciales que l'homme accomplit sans effort : reconnaître des formes et faire preuve de sens commun. Ces deux difficultés ont résisté à toute tentative de résolution durant ces cinquante dernières années, ce qui explique d'ailleurs pourquoi nous ne disposons pas encore de robots femmes de ménage, majordomes ou secrétaires.

Le premier problème est donc celui de la reconnaissance de formes. Bien que les robots puissent voir nettement mieux que les humains, ils ne comprennent pas ce qu'ils voient. Quand un robot marche dans une pièce, il convertit une image en un fouillis de points qu'il analyse. Il reconnaît ainsi des lignes, des cercles, des carrés et des rectangles. Le robot essaie ensuite inlassablement de faire correspondre ce qu'il a détecté avec des objets stockés dans sa mémoire – une tâche ô combien fastidieuse, on l'imagine, même pour un ordinateur. Après des heures de calcul, le robot finira peut-être par associer des lignes à des chaises, des tables et des personnes. En comparaison, quand un homme marche dans une pièce, il reconnaît les meubles et les personnes en une fraction de seconde. De fait, nos cerveaux sont principalement des machines à reconnaissance de formes.

En second lieu, les robots ne possèdent aucun bon sens. Même dotés d'une ouïe supérieure à celle des humains, ils ne comprennent pas ce qu'ils entendent. Considérons par exemple les affirmations suivantes :

- un enfant aime les sucreries mais pas les punitions ;
- une corde peut tirer mais pas pousser ;
- un bâton peut pousser mais pas tirer ;

- un animal ne peut pas parler et comprendre notre langue ;
- tourner étourdit.

Chacune de ces affirmations relève pour nous du sens commun. Mais pas pour les robots. Il n'existe ni règle de logique ni ligne de code qui prouve que les cordes peuvent tirer mais pas pousser. Nous avons appris la vérité « évidente » de ces affirmations par l'expérience, et non parce qu'elle a été programmée dans notre mémoire.

L'approche descendante se heurte au fait que la modélisation du bon sens demande beaucoup trop de lignes de code. Des centaines de millions de lignes de code, par exemple, sont nécessaires pour décrire des règles que connaît un enfant de six ans. Hans Moravec, l'un des anciens directeurs du laboratoire d'IA de l'université Carnegie Mellon, s'en désole ainsi : « À ce jour, les programmes d'intelligence artificielle ne montrent pas la moindre bribe de sens commun. Un programme d'aide au diagnostic médical, par exemple, pourra prescrire un antibiotique quand on lui présentera un vélo cassé, tout simplement parce qu'il manquera d'un modèle d'être humain, de maladie ou de bicyclette[1]. »

Certains chercheurs persistent pourtant à penser que la force brute suffira à venir à bout de la maîtrise du bon sens. Un nouveau Projet Manhattan, comparable à celui qui a permis la fabrication de la bombe atomique, pourrait selon eux résoudre le problème. La constitution soutenue d'une « encyclopédie de la pensée », baptisée CYC (pour rappeler le mot encyclopédie), a été lancée en 1984. Elle devait venir couronner l'IA par l'inscription de tous les secrets du sens commun dans un unique programme. En dépit de plusieurs dizaines d'années d'efforts, le CYC n'a pas réussi à atteindre la hauteur de ses aspirations.

Ses promoteurs visaient un objectif simple : apprendre d'ici à 2007 « 100 millions de choses, soit à peu près ce que connaît une personne type dans le monde[2] ». L'échéance, comme de nombreuses

1. Sheffield, Charles, Marcelo Alonso, and Morton A. Kaplan, éd. *The World of 2044: Technological Development and the Future of Society*. St. Paul, MN: Paragon House, 1994, p. 30.

2. Kurzweil, Ray. *The Singularity Is Near: When Humans Transcend Biology*. New York: Viking, 2005, p. 267.

autres avant elle, s'est trouvée dépassée sans que le but ait été tenu et, surtout, sans que les chercheurs se soient rapprochés d'un pouce de l'essence de l'intelligence.

Homme versus machine

J'ai pu voir de mes yeux l'approche descendante et l'approche ascendante en action. D'abord au laboratoire d'intelligence artificielle de l'université Stanford, où j'ai fait la connaissance de STAIR (pour *Stanford Artificial Intelligence Robot* – « robot à intelligence artificielle de Stanford »), un robot fonctionnant selon les principes de la méthode descendante. STAIR mesure un peu plus de un mètre et possède un énorme bras mécanique qui lui sert à saisir et à faire pivoter des objets posés sur une table. Il peut aussi se déplacer et vadrouiller dans un bureau ou à la maison. Il est équipé d'une caméra 3D qui transmet à un ordinateur l'image de l'objet à attraper, ordinateur qui en retour guide le bras mécanique. Des robots fonctionnent de cette façon depuis les années 1960 et se trouvent d'ailleurs très souvent employés sur les chaînes de construction automobile.

Mais il faut ici dépasser les apparences, car STAIR fait en réalité beaucoup mieux que ses homologues industriels. Contrairement à eux, en effet, l'action de STAIR n'est pas déterminée à l'avance. Il agit de lui-même. Quand on lui demande de prendre une orange, par exemple, il analyse les différents objets posés sur la table, les compare avec les milliers d'images stockées dans sa mémoire, identifie l'orange et s'en empare. Pour mieux reconnaître les objets, il est aussi capable de les saisir et de les faire tourner pour les examiner sous un angle différent.

Afin de tester ses capacités, j'ai mélangé un groupe d'objets posés sur la table et lui ai demandé d'en prendre un en particulier. STAIR a correctement analysé la nouvelle disposition et attrapé ce qu'il fallait. À terme, il pourrait se mouvoir dans un environnement domestique et professionnel, attraper et manipuler divers objets ou outils et même soutenir des conversations simples avec des humains. Il ferait ainsi office d'homme à tout faire. La conception de STAIR relève de l'approche descendante en ce sens que toutes les situations sont programmées d'un bout à l'autre. Ce qui explique que si STAIR reconnaît des objets, leur nombre reste encore limité. Lâché dans une rue, il se paralyserait illico.

Un peu plus tard, j'ai aussi pu rencontrer Yann LeCun qui, à l'université de New York, travaille sur un tout autre système. Baptisé LAGR (pour *Learning Applied to Ground Robots* – « enseignement appliqué aux robots de terrain »), ce robot, pur produit de l'approche ascendante, doit tout apprendre à partir de rien en se cognant aux murs du réel. Il se présente sous la forme d'une petite voiture de golf. Deux caméras couleurs lui servent à analyser le paysage et à identifier les objets qui se trouvent sur son chemin. Il est aussi doté de trois puissantes puces Pentium, d'un GPS, de deux capteurs infrarouges et d'une connectique haut débit. Nous nous sommes rendus avec lui dans un parc voisin. LAGR a vadrouillé en évitant de mieux en mieux les obstacles placés sur son chemin. Il a gagné en efficacité à chaque parcours.

Une différence de taille entre STAIR et LAGR tient au fait que LAGR a été spécifiquement conçu pour apprendre. À chaque fois que LAGR se cogne contre un objet, il le contourne et en tire la leçon. Alors que STAIR stocke des milliers d'images en mémoire, LAGR n'en possède aucune mais crée une carte virtuelle de tous les obstacles qu'il rencontre, et la redéfinit à chaque passage. Et contrairement à la voiture sans conducteur, qui est programmée pour suivre une route fixée à l'avance par GPS, LAGR se déplace de lui-même, sans aucune instruction pour le guider. Il suffit de lui dire où aller et il s'élance. Ce type de robot devrait à terme trouver sa place sur Mars, sur les champs de bataille et dans nos foyers.

Certes, j'ai été impressionné par l'enthousiasme et l'énergie des chercheurs, intimement persuadés de poser les fondements de l'intelligence artificielle de demain. Ils sentent que leur travail aura un impact sur la société, à peine perceptible aujourd'hui. Mais en prenant un peu de recul, je mesure encore tout le chemin qu'il leur reste à parcourir. Même un insecte est capable de reconnaître des obstacles et de les contourner. Nous en sommes encore à un stade où les plus humbles créatures de Mère

Nature se montrent plus malignes que nos robots les plus intelligents.

Futur proche (aujourd'hui à 2030)

Systèmes experts

De nos jours, des robots aspirateurs très simples ont déjà trouvé leur place dans de nombreux foyers. Il existe aussi des robots gardiens de nuit qui patrouillent dans des immeubles, des robots guides et divers robots dans les usines. On estimait en 2006 que près de 950 000 robots étaient employés dans l'industrie et que 3 540 000 autres œuvraient dans les foyers ou les bureaux[1]. Dans la décennie à venir, la robotique se développera dans plusieurs directions. Et les machines ne ressembleront pas à celles imaginées par la science-fiction.

Le domaine le plus touché sera sans doute celui des systèmes experts, ces logiciels qui intègrent le savoir et l'expérience d'un être humain. Comme nous l'avons vu au chapitre précédent, nous parlerons un jour à nos écrans muraux et dialoguerons avec le visage amical d'un robot docteur ou d'un robot avocat.

Ce champ relève de l'heuristique, c'est-à-dire d'un système formel qui obéit à des règles. Pour planifier nos vacances, par exemple, nous ferons part de nos instructions sur la durée du séjour, le lieu, le type d'hôtels, la gamme de prix, etc. à un visage affiché sur un écran mural. Le système expert, en tenant compte des goûts affichés lors de nos expériences précédentes, contactera les compagnies aériennes, les hôtels, etc. et nous proposera ses meilleures options. Mais plutôt que de dialoguer dans la langue de tous les jours, nous utiliserons un verbe standardisé, plus facilement compréhensible par lui. De tels systèmes se montrent très efficaces pour un grand nombre de travaux de routine. Ils sont à même, sur notre demande, de réserver une table au restaurant, de

1. *World Robotics 2007*, IFR Statistical Department (Francfort : International Federation of Robotics, 2007).

commander une pizza, de trouver un magasin, de chercher un billet d'avion, etc.

C'est précisément en raison des grands progrès effectués ces dernières dizaines d'années en heuristique que nous disposons de moteurs de recherche d'une simplicité d'utilisation enfantine. En dépit de leurs qualités, ces outils restent toutefois encore frustes. Leurs utilisateurs savent qu'ils ont affaire à une machine et non à un homme. À l'avenir, les robots atteindront un tel niveau de sophistication qu'il deviendra difficile de les distinguer d'un être humain. Ils opéreront en toute fluidité, avec nuance et subtilité.

Ces systèmes se verront d'application très pratique en matière de soins médicaux. Aujourd'hui, par exemple, une personne souffrante doit souvent attendre des heures aux urgences avant qu'un docteur ne l'ausculte. Dans un proche avenir, il lui suffira de se tourner vers un écran mural pour parler à un robodoc. Elle pourra choisir son visage et même sa personnalité en quelques clics. Cette figure bienveillante posera alors une succession de questions simples : comment vous sentez-vous ? Où avez-vous mal ? Depuis quand ? Présentez-vous souvent ce type de douleur ?

À chaque fois, le système proposera une série de réponses. La personne répondra de vive voix, sans taper sur un clavier. Ces réponses décideront en retour du prochain jeu de questions. Après un certain nombre de va-et-vient, le robodoc établira un diagnostic fondé sur l'expérience des médecins du monde entier. Le système analysera aussi les données recueillies par les puces à ADN intégrées dans nos salles de bain, sur nos vêtements ou dans nos meubles, lesquelles surveilleront en permanence notre état de santé. Et ce bon docteur pourra aussi nous demander de nous passer un appareil IRM portable sur le corps, puis transmettre le résultat de cet examen à des superordinateurs qui l'analyseront aussitôt. (Des versions encore rudimentaires de ce genre de programmes existent, comme WebMD, mais elles manquent de finesse et ne tirent pas pleinement profit de la puissance de l'heuristique.)

Il ne sera presque plus nécessaire de se rendre au cabinet d'un médecin, ce qui soulagera du même coup le système de soins médicaux tout entier. En cas de problème sérieux, le robodoc préconisera une visite à l'hôpital où des docteurs humains prodigueront cette fois les soins adéquats. Mais, là encore, des programmes d'intelligence artificielle feront tourner des robots infirmiers du type ASIMO. Ces machines ne déborderont pas d'intelligence mais se déplaceront d'une chambre à l'autre, administreront les médicaments aux patients et satisferont nombre de leurs besoins. Ces robots suivront des rails sur le sol ou se déplaceront en toute autonomie comme ASIMO.

Moyen terme (2030 à 2070)

Robots modulaires

Au milieu du siècle, les robots seront omniprésents mais nous ne les remarquerons pas. D'abord parce que leur apparence différera souvent de la nôtre : ils revêtiront souvent des formes de serpents, d'araignées ou d'insectes pour accomplir dans l'ombre leurs tâches ingrates mais capitales. Et certains d'entre eux changeront même de forme selon la nature du travail à exécuter.

J'ai eu l'opportunité de rencontrer l'un des pionniers de la robotique modulaire, Weimin Shen, qui travaille à l'université de Californie du Sud. Ce chercheur a conçu de petits modules cubiques qu'il est possible d'assembler et de désassembler à volonté, exactement comme les briques d'un jeu de Lego. Il a baptisé ses créatures « robots polymorphiques » précisément pour souligner qu'elles peuvent changer de forme, de géométrie et de fonction. En pénétrant dans son laboratoire, j'ai tout de suite compris la spécificité de son approche par rapport, disons, à celle développée pour STAIR à Stanford. L'un ou l'autre lieu évoquent un rêve de chambre d'enfant, avec des robots animés dans tous les coins. Le laboratoire de Stanford abrite une vaste collection de « jouets » robotisés, dotés d'une puce et doués d'une certaine intelligence. Là-bas, les tables de travail croulent sous une flopée d'avions, d'hélicoptères, de camions et autres insectoïdes à puce intégrée, tous capables de déplacements autonomes. Chaque robot est une unité qui se suffit à elle-même.

Figure 4. Divers types de robots : LAGR (en haut), STAIR (à gauche) et ASIMO (à droite). En dépit d'un accroissement prodigieux de la puissance informatique, l'intelligence de ces engins ne dépasse pas celle du cafard.

Mais au laboratoire de Shen, le tableau est sensiblement différent. La pièce déborde de modules cubiques, dont les faces mesurent une douzaine de centimètres carrés. De leurs assemblages résulte une faune très diverse, parmi laquelle se distingue une ligne qui ondule comme un serpent ou un anneau qui roule comme un cerceau. Des pièces en forme de Y engendrent des sortes de pieuvres, d'araignées, de chiens ou de chats. Il faut imaginer un jeu de Lego dont toutes les pièces sont intelligentes et capables de se réarranger elles-mêmes dans toutes les configurations possibles.

Ce type de dispositif se montre très utile pour franchir des obstacles. Si un robot en forme d'araignée progresse dans les égouts, par exemple, et qu'il rencontre un mur percé d'une ouverture trop étroite, il pourra se désassembler, passer par le trou pièce après pièce, et se reconstituer ensuite. Grâce à cette capacité, les robots modulaires ne se laisseront pas facilement arrêter et négocieront avec succès la plupart des obstacles.

Robots chirurgiens

Les robots remplaceront les chirurgiens, les cuisiniers ou les musiciens. La chirurgie, par exemple, est sérieusement limitée par la dextérité et la précision de la main humaine. Comme tout un chacun, les heures passant, les chirurgiens se fatiguent et perdent en efficacité. La main des robots, elle, ne tremblera jamais.

En chirurgie traditionnelle, un pontage coronarien nécessite de pratiquer une incision d'une trentaine de centimètres au beau milieu de la cage thoracique, ce qui demande une anesthésie générale. L'ouverture de la cage thoracique augmente les risques d'infection, allonge la durée de la convalescence, rend cette dernière douloureuse et laisse une cicatrice peu discrète. Aujourd'hui déjà, le système robotisé Da Vinci minimise largement ces inconvénients. Ce robot possède quatre bras, un pour manipuler une caméra vidéo et les trois autres pour opérer. Plutôt qu'une longue incision dans la cage thoracique, Da Vinci en pratique de minuscules sur le côté du corps. Ce système est utilisé par 800 hôpitaux en Europe, en Amérique du Nord et en Amérique du Sud, où près de 2 000 robots sont actuellement à l'œuvre. La chirurgie se pratique aussi à distance via Internet, de sorte qu'un spécialiste de renommée internationale, basé dans une grande ville, est capable d'opérer un patient situé dans une zone rurale ou sur un autre continent.

À l'avenir, des modèles de robots plus perfectionnés interviendront sur des vaisseaux sanguins minuscules, sur des nerfs ou des tissus en manipulant des scalpels, des pinces et des aiguilles microscopiques, autant de tâches encore hors de leur portée aujourd'hui. De fait, les chirurgiens n'inciseront plus que très rarement : la chirurgie non invasive deviendra la norme.

Les endoscopes, ces longs tubes que l'on insère dans le corps pour éclairer et ôter certains tissus, acquerront la minceur d'un fil. La partie mécanique du travail sera exécutée par des micromachines plus petites que le point qui clôt cette phrase, une technologie qui va d'ailleurs bientôt débarquer. (Dans un des épisodes de la série *Star Trek*, le docteur McCoy se révolte du fait que les médecins du XXe siècle aient pu inciser la peau de leur patient.)

Robots cuisiniers et mélomanes

Les Japonais excellent à produire des robots qui intègrent une certaine dimension sociale. Dans un fast-food de Nagoya, par exemple, il existe un robot cuisinier qui exécute des commandes en quelques minutes. Il suffit au client de taper ses choix dans le menu qui lui est présenté, et le chef se met aussitôt aux fourneaux devant lui. Ce robot, construit par la société d'automatisation industrielle Aisei, prépare des nouilles en une minute et quarante secondes et peut servir jusqu'à 80 assiettes dans la journée. Il ressemble beaucoup à ceux qui se trouvent sur les chaînes de production d'automobiles. Ses deux grands bras mécaniques sont soigneusement programmés pour se mouvoir selon une certaine séquence. Au lieu de visser et de souder du métal dans une usine, les doigts robotisés attrapent des ingrédients dans une série de récipients contenant la viande, la farine, les sauces, les épices, etc. Les bras automatisés les disposent ou les mélangent ensuite pour composer un sandwich, une salade ou une soupe. Avec ces deux bras gigantesques qui jaillissent du plan de travail, ce cuisinier particulier a tout du robot qu'il est en vérité. Mais des modèles en cours de conception présenteront une apparence plus humaine.

C'est encore au Japon que Toyota a conçu un robot capable de jouer du violon avec presque autant de brio qu'un professionnel. Ce mélomane ressemble à ASIMO, à ceci près qu'il est capable d'attraper un violon et de se balancer en rythme tout en jouant avec délicatesse des pièces complexes. À l'oreille, le réalisme est saisissant, d'autant que le robot effectue parfois de grands gestes comme un vrai musicien. Même si sa musique n'atteint pas encore le niveau des grands professionnels, elle est au moins capable de divertir un public. Au siècle précédent, il existait déjà bien sûr des pianos mécaniques qui jouaient des airs inscrits sur des rouleaux métalliques. Le robot de Toyota, lui aussi, est programmé, mais avec cette différence qu'il est délibérément conçu pour imiter au mieux les postures et les gestes d'un violoniste humain.

Le robot cuisinier et le robot musicien ne sont pas autonomes. En dépit de leur sophistication, ils obéissent aux mêmes principes que les pianos mécaniques. De véritables robots femmes de ménage ou majordomes ne verront pas le jour avant un futur éloigné. Il n'empêche que les descendants du robot cuisinier et du robot violoniste vont progressivement s'intégrer à notre quotidien et œuvrer dans des domaines qui paraissent aujourd'hui encore réservés à l'être humain.

Des robots et des larmes

Le milieu du siècle devrait également connaître une pleine floraison de robots sentimentaux. Les chercheurs commencent tout juste à percer la vraie nature des sentiments, dont la fonction première est de nous aider à distinguer le bénéfique du nuisible. Le monde, presque partout, se montre, sinon franchement mauvais, du moins pas très amical. Ressentir une émotion comme « j'aime », c'est apprendre à reconnaître la minuscule partie bénéfique de notre environnement.

En fait, chacun de nos sentiments (haine, jalousie, peur, amour, etc.) a évolué durant des millions d'années pour nous protéger d'un monde hostile et favoriser notre reproduction. Chaque émotion contribue à transmettre nos gènes à la génération suivante.

Ce rôle crucial est flagrant pour Antonio Damasio, un neurologue qui étudie les blessures et les maladies du cerveau à l'université de Californie du Sud. Chez certains de ses patients, le lien entre la partie pensante du cerveau (le cortex cérébral) et le centre émotionnel (profondément enfoui) est coupé. Ces sujets sont parfaitement normaux, excepté qu'ils n'éprouvent guère de sentiments.

Un problème se manifeste dès lors très rapidement : ces patients sont incapables de se décider. Le shopping relève pour eux du cauchemar car tout leur paraît se valoir, le cher comme le bon marché, le criard comme la discrète élégance. Fixer un rendez-vous tient du casse-tête car aucune date n'est meilleure qu'une autre. Ils semblent « savoir mais non ressentir », pour reprendre les mots du docteur Damasio.

En d'autres termes, les émotions nous offrent un précieux sens des valeurs, qui nous permet de trancher sur ce qui est important, cher, joli ou précieux. Sans émotions, tout se vaut, et nous restons prisonniers d'une interminable pesée du pour et du contre. Les chercheurs commencent donc à penser que les sentiments, bien loin d'être superflus, sont essentiels à l'intelligence.

C'est grâce aux émotions que les robots sentimentaux sauveront des vies. Les chercheurs concevront un jour des robots sauveteurs qui seront envoyés dans les incendies, les tremblements de terre, les explosions, etc. Ces secouristes devront faire des milliers de jugements sur qui, quoi doit être sauvé et dans quel ordre. L'examen de la situation catastrophique qui les entoure devra déboucher rapidement sur un classement par ordre de priorité des tâches à effectuer.

Les émotions ont également joué un grand rôle dans l'évolution du cerveau humain. Anatomiquement, celui-ci se décompose en trois larges zones : le cerveau reptilien, d'abord, qui se situe à la base du crâne et constitue l'essentiel du cerveau des reptiles. Cette partie contrôle les fonctions primitives telles que l'équilibre, l'agression, la territorialité et la quête de nourriture. (Un quidam tombant en arrêt devant un serpent qui le fixe est souvent envahi d'une sensation terrifiante et s'interroge sur ce que pense le serpent. La théorie affirme que ce dernier ne pense pas vraiment, mais se demande simplement si le quidam peut servir de déjeuner...)

L'observation des organismes plus évolués montre que le cerveau s'est développé vers l'avant du crâne. La deuxième région, située au centre, correspond au cerveau paléomammalien ou système limbique. Elle est notamment constituée de l'amygdale, qui joue un rôle actif dans la production des émotions. Les animaux qui vivent en groupe présentent un système limbique particulièrement développé : ils doivent en effet dédier une grande partie de leur cerveau à comprendre les règles de la communauté. Comme ils ne savent pas parler et que la survie en milieu sauvage dépend d'une bonne coopération, ils doivent communiquer leur état émotionnel par la voie corporelle : grognements, gémissements et positions caractéristiques.

Notre cerveau, enfin, possède une couche externe et frontale : le cortex cérébral. Cette couche distingue l'être humain et gouverne la pensée rationnelle. Alors que les autres animaux sont dominés par leurs instincts et la génétique, les hommes utilisent leur cortex cérébral pour décider en conscience.

Cette progression évolutionnaire laisse présager que l'autonomie cognitive des êtres automatisés passera par l'émotion. Aujourd'hui, en effet, les robots ne dépassent pas le stade reptilien. Ils marchent, étudient leur environnement, saisissent des objets, mais guère plus. Les animaux sociaux, d'un autre côté, font preuve de plus d'intelligence que ceux qui disposent seulement d'un cerveau reptilien. Mais les chercheurs ont encore une longue route à parcourir avant de parvenir à modéliser le système limbique et le cortex cérébral.

Cynthia Breazeal travaille au MIT sur un robot spécifiquement conçu pour affronter le problème. KISMET, c'est son nom, affiche le visage vivant et mouvant d'un lutin malicieux, capable d'exprimer une grande variété de sentiments. De fait, les femmes qui dialoguent avec ce robot à l'apparence enfantine lui parlent spontanément comme elles parleraient à un bébé ou un très jeune enfant. Bien qu'un robot de ce type soit conçu pour mimer l'expression d'émotions, les chercheurs ne se font aucune illusion sur celles qu'il peut réellement ressentir. Il s'agit au fond d'une sorte de magnétophone qui, plutôt que des sons, reproduirait des mimiques sans aucune conscience de son action. Mais l'existence de KISMET marque un progrès, en ce sens que ce robot ne nécessite pas une lourde programmation pour mimer des émotions auxquelles répondent instinctivement les êtres humains.

Des robots de ce type trouveront leur place dans nos foyers. Ils ne nous serviront pas de femme de ménage ou de majordome mais pourront effectuer un certain nombre de tâches de nature heuristique. Au milieu du siècle, ils auront acquis l'intelligence d'un chien ou d'un chat. Comme les animaux domestiques, ils se montreront très affectueux envers leurs maîtres, de sorte qu'il deviendra difficile de s'en passer. Ils ne comprendront pas un langage très évolué, mais plutôt des ordres préprogrammés, peut-être quelques centaines. Si d'aventure une expression ne correspondait à rien dans leur mémoire (comme « Va voir là-bas si j'y suis ! »), ils se contenteraient d'affecter une mimique interrogative. (S'il se trouvait qu'au milieu du siècle les robots chiens ou chats puissent reproduire la totalité des réactions animales, de manière indiscernable de celle d'un animal réel, alors la question se poserait de savoir s'ils sont aussi intelligents et ressentent les mêmes émotions que des chiens ou des chats ordinaires.)

Sony s'était lancé sur le créneau des robots sentimentaux avec le chien AIBO (pour *Artificial Intelligence roBOt* – « robot à intelligence artificielle »), de fait le premier jouet capable d'afficher, quoique de façon rudimentaire, une gamme d'émotions réalistes en réaction à des sollicitations de son maître. Caresser ce chien, par exemple, lui faisait derechef émettre une série de modulations apaisantes. Il pouvait marcher, répondre à la voix et même apprendre, jusqu'à un certain point. Le projet fut abandonné en 2005 pour des raisons économiques, mais il existe encore un noyau de fidèles qui téléchargent les mises à jour logicielles, permettant ainsi à AIBO d'accomplir un plus grand nombre de tâches. À l'avenir, des animaux de compagnie robotisés tendrement attachés à des enfants se verront couramment. Mais ce type de robots ne ressentira en réalité aucune émotion.

Désosser le cerveau

Au milieu du siècle, nous devrions également avoir franchi une étape cruciale dans l'histoire de l'intelligence artificielle : la rétro-ingénierie du cerveau humain. Certains chercheurs, frustrés de ne pouvoir créer un robot de silicone et d'acier, s'essaient en effet à l'approche opposée : démonter minutieusement le cerveau, neurone par neurone – exactement comme un mécanicien démonterait pièce par pièce un moteur –, puis faire tourner une simulation sur un énorme ordinateur. Des chercheurs se proposent ainsi de recréer méthodiquement le fonctionnement de divers animaux, en partant des souris, des chats et en remontant l'échelle évolutionnaire. C'est un but clairement défini, qui pourrait être atteint d'ici le milieu du siècle.

L'IRM, si elle nous montre aujourd'hui des images de l'activité cérébrale, reste encore incapable de pister une pensée occupant seulement quelques milliers de neurones. Un nouveau champ émerge donc, l'optogénétique, qui, en combinant optique et génétique, se propose de rendre visible des chaînes de neurones très spécifiques. Par analogie avec l'établissement d'une carte routière, disons que l'IRM dessine les autoroutes et autres routes à fort trafic potentiel, tandis que l'optogénétique visualise les voies plus modestes et les chemins écartés. En théorie, les chercheurs pourraient même faire appel à cette technologie pour stimuler ces réseaux particuliers et contrôler ainsi le comportement animal.

Déterminer la structure précise des réseaux de neurones constituerait un progrès aux répercussions importantes, notamment pour les victimes d'AVC ou autres patients atteints de troubles au cerveau.

L'usage de l'optogénétique a permis à une équipe menée par Gero Miesenböck, de l'université d'Oxford, d'identifier des mécanismes caractéristiques mis en œuvre dans le cerveau de certains animaux. Ces chercheurs ont étudié les chaînes de neurones correspondant au réflexe de fuite chez la drosophile, et celles qui gouvernent la quête de nourriture chez le ver nématode ou la prise de décision chez la souris. Ils ont trouvé que deux neurones seulement suffisaient à déclencher la fuite de la drosophile, alors que la prise de décision d'une souris en nécessitait presque trois cents.

Ces chercheurs se sont principalement appuyés sur des gènes qui contrôlent la production de certains colorants ou de molécules photosensibles. Chez la méduse, par exemple, il existe un gène qui fabrique une protéine de couleur vert fluorescent. De même, diverses molécules, telles que la rhodopsine, réagissent à la lumière en autorisant le passage d'ions à travers la membrane cellulaire.

Il suffit donc d'éclairer l'organisme pour déclencher des réactions chimiques. À l'aide de ces colorants et de ce type de molécules, ces chercheurs ont réussi pour la première fois à démêler des circuits de neurones gouvernant des comportements spécifiques.

La modélisation du cerveau

L'optogénétique marque un premier pas, certes bien modeste. L'étape suivante consiste en fait à utiliser les ressources des toutes dernières technologies pour modéliser le cerveau entier. Il existe au moins deux voies d'accès pour attaquer ce problème colossal, dont la résolution prendra des dizaines d'années de travail intensif. La première consiste à se servir de superordinateurs pour simuler le comportement de milliards de neurones, tous connectés à plusieurs milliers d'autres. La seconde s'attache à localiser précisément la position de chaque neurone dans le cerveau.

La clef de la première approche, la simulation, se résume en deux mots : puissance informatique. Plus elle sera importante, mieux cela vaudra. À elle seule, sans les secours d'aucune espèce de théorie raffinée, la force brute viendra peut-être à bout du problème.

Plusieurs groupes se sont focalisés sur la simulation du cerveau d'une souris. Une tentative ambitieuse a été menée par Henry Markram à l'École polytechnique fédérale de Lausanne, en Suisse, avec le Blue Brain Project (« Projet cerveau bleu »). À partir de 2005 et en moins d'un an, avec 16 000 processeurs seulement, ce chercheur est parvenu à modéliser les colonnes néocorticales du rat, une partie du néocortex qui contient 10 000 neurones et 100 millions de connexions. Ce résultat est fondamental, car il montre que l'analyse complète, neurone par neurone, de la structure d'une composante imposante du cerveau est biologiquement possible. (Le cerveau d'une souris est constitué d'une série de plusieurs millions de telles colonnes. En modéliser une seule, c'est déjà commencer à comprendre le fonctionnement du cerveau d'une souris.)

En 2009, Markram se montrait optimisme : « Il n'est pas impossible de construire un cerveau humain, et nous pourrons même le faire en dix ans. Si nous procédons correctement, il devrait s'exprimer et se comporter à peu près comme celui d'un humain, et présenter une intelligence comparable[1]. » Il ajoutait toutefois que cela nécessiterait un superordinateur 20 000 fois plus puissant que les plus modernes alors disponibles, avec une mémoire de stockage équivalent à 500 fois la taille de l'Internet actuel.

Alors, quels sont les obstacles qui se dressent sur la route de ce projet colossal ? Aucun si ce n'est les moyens financiers.

Comme la science sur laquelle repose le problème est connue, explique le chercheur, il suffit de réunir suffisamment de capitaux pour réussir. Ainsi résume-t-il la situation : « Ce n'est pas une question d'années, c'est une question de dollars… Il s'agit de savoir si la société le veut. Si elle le veut en dix ans, eh bien elle l'aura en dix ans. Si elle le veut en un millier d'années, eh bien nous attendrons[2]. »

Un groupe concurrent a rassemblé la plus grande puissance de calcul de l'histoire pour s'attaquer au même problème. Cette équipe se sert de Dawn (« Aube »), un engin impressionnant, doté de 147 456 processeurs et de 150 000 gigaoctets de mémoire. Il est en gros 100 000 fois plus puissant qu'un ordinateur de bureau. Le groupe, dirigé par Dharmendra Modha, a d'abord réussi en 2006 à simuler 40 pour 100 du cerveau d'une souris. Il est ensuite passé en 2007 à 100 pour 100 du cerveau d'un rat (qui compte 55 millions de neurones, bien plus que celui d'une souris). En 2009, enfin, le groupe a battu un nouveau record mondial en parvenant à simuler 1 pour 100 du cortex cérébral humain, soit en gros l'équivalent du cerveau d'un chat, avec 1,6 milliard de neurones et 9 000 milliards de connexions. Mais la simulation tournait lentement, à environ 1/600 de la vitesse réelle. (En la limitant à un milliard de neurones, elle gagnait en rapidité, à environ 1/83 de la vitesse d'un cerveau humain.)

« C'est un télescope Hubble de la pensée, un accélérateur de particules pour le cerveau », résume Modha non sans une certaine fierté. Comme notre cerveau est constitué d'une centaine de milliards de neurones, les chercheurs commencent à voir la lumière

1. Jonathan Fildes, « Artificial Brain '10 Years Away' », BBC News, 22 juillet 2009, http://news.bbc.co.uk/2/hi/8164060.stm.

2. Jason Palmer, « Simulated Brain Closer to Thought », BBC News, 22 avril 2009, http://news.bbc.co.uk/2/hi/sci/tech/8012496.stm.

au bout du tunnel. La simulation complète du cerveau « n'est pas seulement possible, elle est inévitable », conclut Modha[1].

L'opération se heurte néanmoins à de sérieux problèmes de puissance et de chaleur. Dawn engloutit un million de watts et nécessite pour son refroidissement 6 675 tonnes d'équipement, lequel souffle 75 000 mètres cubes d'air conditionné par minute. Et la modélisation exhaustive du cerveau nécessiterait une augmentation d'un facteur mille.

La tâche impressionne par son gigantisme. Un tel ordinateur consommerait un milliard de watts, soit en gros la production d'une unité de centrale nucléaire – de quoi éclairer une ville entière. Pour le refroidir, il faudrait détourner un cours d'eau de son lit et le canaliser dans la structure... qui occuperait plusieurs pâtés de maisons.

Que le cerveau humain ne consomme que 20 watts est d'autant plus remarquable ! La chaleur qu'il engendre est à peine perceptible, alors même que ses performances dépassent celles des plus gros ordinateurs. Le cerveau humain est l'objet le plus complexe conçu par Mère Nature, au moins de ce côté-ci de la galaxie. Et comme nous ne disposons d'aucune preuve de vie extraterrestre dans notre système solaire, il nous faudra parcourir au minimum 40 000 milliards de kilomètres, la distance à l'étoile la plus proche, pour trouver un objet plus complexe que celui que nous avons sous le crâne.

La rétro-ingénierie du cerveau pourrait être achevée en dix ans si des milliards de dollars étaient injectés dans ce qui ressemblerait à un nouveau Projet Manhattan. Un tel engagement paraît improbable à court terme en raison de la conjoncture économique incertaine. Un programme comme le Projet génome humain, qui a coûté près de 3 milliards de dollars, est soutenu par les gouvernements en raison des évidentes retombées scientifiques et sanitaires. Les bénéfices à attendre de la rétro-ingénierie du cerveau paraissent moins vitaux, et il faudra donc plus de temps. Il est plus réaliste de tabler que le but

1. Douglas Fox, « IBM Reveals the Biggest Artificial Brain of All Time », *Popular Mechanics*, 18 décembre 2009, http://www.popularmechanics.com/technology/engineering/extreme-machines/4337190.

sera atteint dans plusieurs décennies, au terme d'une succession d'étapes[1].

La simulation du cerveau connaîtrait donc son achèvement vers le milieu du siècle. Et il nous faudra encore plusieurs dizaines d'années de travail pour maîtriser le flot colossal de données qui en résultera et le rapporter au cerveau humain proprement dit.

La cartographie du cerveau

Et que dire alors de la seconde approche, celle qui consiste à localiser précisément la position de chaque neurone dans le cerveau ?

Là encore, la tâche est herculéenne et demandera des décennies de recherche intensive. Les chercheurs qui s'y risquent, plutôt que d'utiliser des superordinateurs, adoptent une démarche de décomposition, en commençant par trancher le cerveau d'une drosophile en lames d'une finesse extrême, ne mesurant pas plus de 50 nanomètres d'épaisseur, soit environ 150 atomes. Des millions de tranches sont ainsi débitées, puis envoyées sous un microscope électronique à balayage qui les photographie à une vitesse et avec une résolution qui frôlent le milliard de pixels par seconde. La totalité des données délivrées par le microscope est stupéfiante, environ un million de milliards d'octets, ce qui suffit à remplir une salle de stockage informatique. Et cela pour une simple mouche. Traiter ces données, c'est-à-dire reconstruire avec soin toutes les connexions entre les neurones de la drosophile dans les trois dimensions de l'espace, prendra encore environ cinq ans. Et pour obtenir une image plus précise, il faudra répéter l'opération sur bien plus de mouches.

Gerry Rubin, de l'Institut médical Howard Hughes, l'un des meilleurs spécialistes du domaine, estime que la cartographie du

1. Depuis la rédaction de ces lignes, cependant, le *Human Brain Project* (« Projet cerveau humain »), coordonné par Henry Markram, chercheur déjà cité, a été retenu comme « projet phare » de l'Union européenne. Soutenu à hauteur de plus d'un milliard d'euros, il vise à la simulation complète du cerveau humain en dix ans (N.d.T.).

cerveau de cet insecte prendra vingt ans en tout. « Une fois cela achevé, je dirai que nous aurons accompli le cinquième du chemin qui mène à la compréhension du cerveau humain », conclut-il[1]. Rubin a conscience de l'ampleur de la tâche. Le cerveau de l'homme possède un million de fois plus de neurones que celui de la drosophile. Si vingt ans sont requis pour identifier la totalité des neurones de la drosophile, il faudra certainement encore de nombreuses décennies pour révéler tous les détails de l'architecture du cerveau humain. Et le coût de ce projet sera lui aussi astronomique.

Ceux qui travaillent à la rétro-ingénierie du cerveau connaissent donc un certain sentiment de frustration. Ils sentent que le but se trouve là, à leur portée, mais le manque de moyens les empêche de l'atteindre. Il semble pourtant raisonnable de supposer que nous disposerons, quelque part vers le milieu du siècle, et de la puissance informatique nécessaire à la simulation du cerveau humain, et d'une carte brute de son architecture neuronale. Mais il faudra sans doute encore attendre la fin du siècle pour vraiment comprendre ce qu'est la conscience ou pour créer une machine qui reproduira le fonctionnement d'un cerveau humain.

Car la connaissance de la position exacte de chaque neurone dans une fourmi, par exemple, ne permet pas de comprendre comment une fourmilière est bâtie. Que les chercheurs connaissent les quelque 25 000 gènes constituant notre génome ne signifie pas non plus que nous comprenions le fonctionnement du corps humain. Le Projet génome humain fournit un dictionnaire sans définition. Chaque gène du corps est correctement orthographié, mais ses fonctions restent en grande partie mystérieuses. Ou disons plutôt que chaque gène code une protéine, mais que le rôle exact de ces protéines dans le corps est souvent inconnu.

Dès 1986, les chercheurs sont parvenus à cartographier la totalité des neurones du système nerveux d'un ver minuscule, le *Caenorhabditis elegans*. La nouvelle fut présentée comme un progrès qui allait permettre de décoder les mystères du cerveau. Mais force est de constater que la connaissance de la localisation précise des

1. Sally Adee, « Reverse Engineering the Brain », *IEEE Spectrum*, juin 2008, http://spectrum.ieee.org/biomedical/ethics/reverse-engineering-the-brain.

302 cellules nerveuses et des 6 000 synapses n'a abouti, près de trente ans plus tard, à aucune nouvelle compréhension du fonctionnement du ver.

De la même façon, une fois la rétro-ingénierie du cerveau achevée, il faudra encore de longues années avant de comprendre comment toutes les parties fonctionnent et s'assemblent. Et une fois le cerveau humain entièrement décodé, il faudra encore un temps certain avant de construire des robots comparables à l'homme. Mais cela fait, qu'est-ce qui les empêchera ensuite de nous dominer ?

Futur lointain (2070 à 2100)

Soulèvement des machines

Qu'adviendra-t-il quand l'intelligence des robots égalera puis surpassera la nôtre ? Selon un premier scénario, nous autres, chétifs humains, serons laissés de côté sur la route de l'évolution. Après tout, il est dans la nature même de cette théorie que des espèces plus adaptées finissent par remplacer celles qui le sont moins. Peut-être que nous tomberons ainsi au champ d'honneur de la bataille de l'évolution, hormis de rares spécimens enfermés dans des cages, au zoo. Il est possible que cela soit d'ailleurs le sens de notre destinée : donner naissance à des super-robots qui nous considéreront comme des êtres primitifs un peu gênants. Notre rôle historique consisterait à préparer le terrain à nos successeurs du point de vue évolutif. Cette mission accomplie, nous devrions nous effacer et leur laisser la place.

Douglas Hofstadter, l'auteur de *Gödel, Escher, Bach*, m'a confié un jour qu'il inclinait à penser en ce sens et que nous devrions traiter ces super-robots comme nos enfants, ce qu'ils seraient d'une certaine façon.

Hans Moravec songe de son côté à ce que nous pourrions ressentir, une fois distancés par les robots : « Imaginez-vous en train de regarder d'un air stupide votre progéniture ultra-intelligente tenter de vous expliquer les dernières grandes découvertes. Et ce en un langage pour bébé afin que vous puissiez comprendre le propos : cette vie-là nous semblera sans doute absurde[1]. »

Au jour fatidique qui verra les robots nous dépasser en intelligence, non seulement nous perdrons notre première place sur le podium, mais nos machines se copieront d'elles-mêmes en des spécimens encore plus doués. Cette armée de robots autoréplicateurs engendrera des lignées sans fin de robots toujours plus intelligents. Comme ces robots pourront en théorie se reproduire rapidement, le processus connaîtra une explosion exponentielle, jusqu'à ce que leur quête insatiable de progrès les conduise à dévorer la totalité des ressources de la planète.

Un scénario veut que la Terre finisse ainsi par se transformer en un ordinateur géant. Certains imaginent que les robots poursuivront cette évolution dans l'espace, qu'ils gagneront d'autres planètes, d'autres étoiles, d'autres galaxies afin de les convertir en immenses machines. Comme ces supports spatiaux sont incroyablement lointains, peut-être que ces robots sauront modifier les lois de la physique, de sorte que leur voracité les amènera à dépasser la vitesse de la lumière et à engloutir des systèmes solaires et des galaxies. D'aucuns conçoivent même que les robots pourraient venir à bout de la totalité de l'Univers, le rendant ainsi intelligent.

Le point à partir duquel ce développement nous échappera porte le nom de « singularité ». Cette appellation provient du monde de la physique relativiste, ma propre spécialité, où une singularité désigne un point de gravité infinie, dont rien ne peut s'échapper – un trou noir, par exemple. Comme la lumière elle-même ne peut en sortir, c'est un horizon indépassable pour notre vision.

L'idée d'une singularité en intelligence artificielle a été évoquée pour la première fois en 1958, lors d'un échange entre deux mathématiciens, Stanislaw Ulam (qui a contribué de façon cruciale à la conception de la bombe à hydrogène) et John von Neumann. Le premier s'est un jour remémoré une conversation sur « l'accélération constante du progrès technologique… [qui] semble approcher une singularité essentielle dans l'histoire de l'espèce humaine, au-delà de laquelle les affaires humaines ne pourront plus continuer

1. Sheffield *et al.*, *op. cit.*, p. 38.

telles que nous les connaissons[1] ». On retrouve ensuite ici et là différentes versions de cette même idée. Le mathématicien et écrivain de science-fiction Vernor Vinge, notamment, lui donna un large écho dans ses romans et ses essais.

Reste encore cette question : quand la singularité se produira-t-elle ? De notre vivant ? Au siècle prochain ? Jamais ? L'inventeur et auteur à succès Ray Kurzweil, caractérisé par un penchant affirmé pour toutes les prédictions fondées sur la croissance exponentielle de la technologie, tient le rôle de porte-drapeau en la matière. Peut-être qu'en scrutant les étoiles, m'a-t-il confié un jour, nous verrons les signes de la singularité à l'œuvre dans quelque lointaine galaxie. Le fait de dévorer ou de métamorphoser des systèmes stellaires de façon toujours plus rapide devrait pouvoir s'observer. (Les détracteurs de Kurzweil aiment pointer la ferveur quasi religieuse qu'il a conçue pour la singularité, mais ses supporters font valoir son étonnante capacité à deviner l'avenir, résultats passés à l'appui.)

Kurzweil a fait ses premières armes en lançant plusieurs sociétés pionnières dans les domaines de la reconnaissance vocale, de la reconnaissance optique de caractères et des synthétiseurs électroniques. En 1999, il a publié *The Age of Spiritual Machines : When Computers Exceed Human Intelligence* (« L'Âge des machines spirituelles : quand les ordinateurs dépasseront l'intelligence humaine »), un best-seller dans lequel il traitait de l'avènement des machines plus évoluées que nous. En 2005, il a raffiné ses conjectures dans *Humanité 2.0*. D'après lui, le chemin fatidique qui mènera les robots à nous surpasser se verra marquer par un certain nombre d'étapes.

En 2019, déclare-t-il, un ordinateur personnel à 1 000 dollars disposera d'autant de puissance brute que le cerveau humain. Les ordinateurs nous distanceront ensuite très rapidement. En 2029, un ordinateur à 1 000 dollars sera 1 000 fois plus puissant que le cerveau humain. En 2045, un ordinateur à 1 000 dollars sera un milliard de fois plus intelligent que tous les cerveaux humains réunis. Même les petits ordinateurs disposeront d'une capacité supérieure à celle de l'humanité tout entière.

1. Kurzweil, Ray. *Humanité 2.0.*, trad. A. Mesmin. Paris : M21 éd., DL 2007, p. 32.

Après 2045, les ordinateurs auront acquis une telle avance qu'ils se répliqueront en s'améliorant sans cesse, en une sorte de singularité divergente. Pour satisfaire cet insatiable appétit de puissance, ils engloutiront la Terre, les astéroïdes, les planètes, les étoiles, et iront jusqu'à bouleverser le destin de l'Univers lui-même.

J'ai pu rencontrer Kurzweil dans son bureau près de Boston. Les couloirs qui y mènent s'ornent des récompenses qu'il a accumulées et des instruments de musique qu'il a conçus – ils ont été utilisés par de grands musiciens comme Stevie Wonder. Il m'a expliqué que sa vie avait basculé à l'âge de trente-cinq ans, quand on lui avait diagnostiqué un diabète de type 2 inattendu. Il s'était soudain retrouvé devant le triste constat qu'il ne vivrait pas assez longtemps pour voir s'accomplir ses prédictions. Après des années d'un entretien négligent, son corps avait vieilli plus vite que lui. Déstabilisé dans un premier temps par le diagnostic, il s'était ensuite attelé au problème de la santé avec l'enthousiasme et l'énergie qui l'avaient porté jusque-là en matière d'évolution informatique. (Il consomme aujourd'hui plus de 100 pilules par jour et a écrit des livres sur l'accroissement de la longévité. Il s'attend par exemple à ce que la révolution des robots microscopiques permette de nettoyer et de réparer le corps humain, lui assurant ainsi la vie éternelle. Sa philosophie consiste à toujours plus gagner du temps sur la mort pour accéder à ce type de progrès médicaux. En d'autres termes, il veut vivre longtemps pour pouvoir vivre éternellement.)

Kurzweil s'est récemment lancé dans un ambitieux projet : développer une université de la Singularité, basée du côté de San Francisco, près du laboratoire Ames de la NASA, qui se propose de préparer des promotions de scientifiques à affronter l'emballement attendu.

Ce scénario connaît d'ailleurs diverses variantes. Selon Kurzweil lui-même, « nous n'allons pas assister à une invasion de machines déboulant soudainement de l'horizon. Nous allons fusionner avec cette technologie.... Nous allons introduire des dispositifs intelligents dans nos corps et notre cerveau pour nous faire vivre plus longtemps et en meilleure santé[1]. »

---

1. Tom Abate, « Smarter Than Thou? Stanford Conference Ponders a Brave New World with Machines More Powerful Than Their Creators », *San Francisco Chronicle*, 12 mai 2006.

Une idée comme la singularité comporte naturellement sa part de controverse. Pour Mitch Kapor, le fondateur de la société Lotus Development, la singularité est « une idée qui paraît intelligente à des personnes au QI de 140… Cette proposition selon laquelle nous nous dirigeons vers un point où tout sera complètement différent relève fondamentalement, de mon point de vue, du sentiment religieux. Et ce n'est pas par de vaines tentatives de gesticulation qu'on pourra me convaincre du contraire[1]. »

Selon Douglas Hofstadter, « c'est un peu comme si vous mélangiez une bonne dose d'excellente nourriture à de la crotte de chien, de façon à ce qu'il soit impossible de déterminer ce qui est bon ou pas. C'est une mixture de bonnes idées et d'imbécillités, et il est très difficile de distinguer entre les deux, parce qu'elle a été concoctée par des gens intelligents, pas du tout stupides[2]. »

Personne ne sait vraiment comment va évoluer la situation, mais le scénario que je vais maintenant décrire me paraît plus probable que les autres.

Intelligence artificielle amicale

D'abord, les chercheurs prendront sans doute quelques mesures simples pour s'assurer que les robots ne représentent pour nous aucun danger. Ils pourront au moins leur implanter une puce dans le cerveau, afin de les désactiver en cas de pensées meurtrières. Dans cette hypothèse, tous les robots intelligents seraient équipés d'un mécanisme de sûreté qui pourrait être déclenché par un humain n'importe quand. Au moindre signe de dysfonctionnement, une commande vocale arrêterait le robot sur-le-champ.

Des robots spécialisés pourront aussi être spécifiquement conçus pour neutraliser les robots déviants. Ces robots traqueurs seraient

1. Brian O'Keefe, « The Smartest (or the Nuttiest) Futurist on Earth », *Fortune*, 2 mai 2007, http://money.cnn.com/magazines/fortune/fortune_archive/2007/05/14/100008848.

2. Greg Ross, « An Interview With Douglas R. Hofstadter », *American Scientist*, janvier 2007, http://www.americanscientist.org/bookshelf/pub/douglas-r-hofstadter.

plus rapides, plus forts et plus habiles que ceux qu'ils poursuivraient. Ils connaîtraient les points faibles de leurs cibles et leurs comportements sous telles ou telles conditions. Des humains pourraient également être formés à cette tâche. Dans le film *Blade Runner*, par exemple, une équipe d'agents spécialement entraînés, dont fait partie le personnage joué par Harrison Ford, maîtrise les techniques nécessaires à la neutralisation de tout type de robot dévoyé.

Comme les robots graviront sans doute lentement l'échelle de l'évolution, l'humanité ne sera pas soudainement prise au dépourvu et convoyée en un jour comme du bétail dans des réserves. L'éveil de la conscience, tel que je me le représente, est un processus gradué qui nécessitera des dizaines d'années, et non un phénomène évolutif instantané. Après tout, il a fallu des millions d'années à la nature pour développer la conscience chez l'homme. Les humains ne seront donc pas surpris par un réveil inattendu de l'Internet ou par des robots qui se mettraient tout à coup à comploter en parfaite autonomie.

Cette logique de protection est au fond l'option envisagée par l'auteur de science-fiction Isaac Asimov, quand il imaginait que les robots devaient être construits de manière à respecter trois lois les empêchant de devenir incontrôlables. En gros et dans l'ordre, ces fameuses lois de la robotique disent que les robots ne doivent pas porter atteinte aux humains, qu'ils doivent leur obéir, et qu'ils doivent se protéger. (Des problèmes ne manqueraient pas de se poser quand les lois d'Asimov se contrediraient entre elles. Que se passerait-il, par exemple, si l'humanité prenait des décisions autodestructrices ? Un robot pourrait décider de prendre le contrôle du gouvernement pour empêcher l'humanité de se nuire à elle-même. C'est le problème auquel fait face Will Smith dans le film *I, Robot* quand l'ordinateur central décide que « des humains doivent être sacrifiés et des libertés supprimées » afin de sauver l'humanité. Pour empêcher un robot de nous asservir en vue de nous sauver, certains ont préconisé d'ajouter la loi 0 de la robotique : les robots ne peuvent ni nuire à l'espèce humaine ni l'asservir.)

De nombreux chercheurs réfléchissent au développement d'une intelligence artificielle dite « amicale » (*friendly AI*), par laquelle les robots se verraient d'emblée conçus pour rester inoffensifs. L'expression « intelligence artificielle amicale » a été forgée par Eliezer Yudkowsky, l'un des fondateurs du Singularity Institute for Artificial Intelligence (« Institut de la singularité pour l'intelligence artificielle »). Les lois d'Asimov sont imposées aux robots, peut-être contre leur volonté (ce qui pourrait de fait les inciter à chercher des moyens astucieux de les contourner). En intelligence artificielle amicale, en revanche, les robots sont libres de tuer et de commettre toutes sortes de méfaits. Aucune règle ne les assujettit à une moralité artificielle. Mais les robots sont dès le départ conçus pour vouloir aider les humains plutôt que les détruire.

Ce concept favorise l'émergence d'un champ nouveau, la « robotique sociale », qui se propose de doter les robots des qualités qui les aideront à intégrer la société humaine. Les chercheurs de la société Hanson Robotics, par exemple, se fixent pour objectif de concevoir des robots qui « évolueront et deviendront des êtres socialement intelligents, capables d'éprouver de l'amour et de se faire une place au sein de la famille humaine étendue[1] ».

Cette approche se heurte au fait que les militaires restent de loin les plus grands financeurs des systèmes d'intelligence artificielle. On conçoit facilement que l'armée puisse développer des robots soldats, dont les missions consisteraient à identifier des humains ennemis et à les éliminer avec une efficacité redoutable. Il nous faudrait alors prendre des précautions extraordinaires pour garantir que ces robots ne se retourneraient pas contre leurs maîtres. Les drones *Predator*, par exemple, sont aujourd'hui pilotés à distance par des humains qui contrôlent la moindre de leurs actions, mais on peut imaginer qu'ils puissent un jour sélectionner et détruire leur cible en toute autonomie. Le moindre dysfonctionnement pourrait alors se révéler catastrophique.

Mais à l'avenir, l'économie de la robotique reposera de plus en plus sur des secteurs commerciaux civils, et spécialement au Japon, où les robots sont plus volontiers conçus pour aider que pour détruire. Si cette tendance se confirmait, l'intelligence arti-

1. P.W. Singer, « À la merci des robots », 4 juin 2009, *Slate.fr.*, www.slate.fr/story/6063/la-merci-des-robots.

ficielle amicale deviendrait peut-être une réalité. Ce scénario verrait donc les consommateurs et le marché finir par dominer la robotique, de sorte que l'intérêt commercial commanderait le développement d'une intelligence artificielle amicale.

La fusion avec les robots

Une alternative à l'intelligence artificielle amicale consisterait à fusionner avec nos créatures. Plutôt que d'attendre que les robots nous surpassent en puissance et en intelligence, nous pourrions les intégrer afin d'améliorer nos performances physiques et nous transformer en Superman. Il me paraît d'ailleurs fort probable que les deux voies progressent de pair.

Rodney Brooks, qui a dirigé le très réputé laboratoire d'intelligence artificielle du MIT, croit fermement à la fusion : « Je prédis qu'en 2100 des robots très intelligents seront omniprésents dans notre vie quotidienne. Mais ils ne nous seront pas étrangers – nous serons nous-mêmes en partie robots et connectés à eux[1]. »

Brooks imagine une progression par étapes. Nous assistons aujourd'hui à une révolution en matière de prothèses, avec l'insertion directe de matériel électronique dans le corps humain pour pallier efficacement des défauts de l'ouïe, de la vue et d'autres fonctions. Les implants cochléaires ont par exemple bouleversé le champ de l'audiologie et permis à des sourds d'entendre à nouveau. Cette électronique est connectée au support biologique, les neurones en l'occurrence. Un microphone, placé à l'extérieur de l'oreille, traduit le son en signaux et les transmet à l'implant proprement dit, placé par opération chirurgicale à l'intérieur de l'oreille. L'implant convertit le signal radio en un courant électrique qui est conduit vers des électrodes dans l'oreille. La cochlée reconnaît alors ces impulsions électriques et les envoie vers le cerveau. Ces implants comptent jusqu'à 24 électrodes pour les modèles les plus récents et traitent une demi-douzaine de fréquences, une gamme suffisante pour couvrir la voix humaine. Plus de 150 000 personnes dans le monde ont déjà été équipées d'implants cochléaires.

---

1. Rodney A. Brooks, « Flesh and Machines », *in* Denning, *op. cit.*, p. 63.

Divers groupes de chercheurs étudient la possibilité d'aider les aveugles par la connexion d'une caméra au cerveau. Une méthode consiste à insérer directement une puce de silicium dans la rétine du patient, puis à relier cette puce aux neurones de la rétine. Dans une autre méthode, on connecte une puce à un câble spécial qui est branché à l'arrière du crâne, la zone où le cerveau traite la vision. Pour la première fois dans l'histoire, des aveugles ont partiellement recouvré la vue par ce biais. Les patients réussissent déjà à distinguer jusqu'à 50 pixels allumés devant eux. Et ce n'est qu'un début… Ils voient des feux d'artifice, les contours de leurs mains, les objets brillants, le bord des objets… Ils entrevoient les voitures ou les personnes… Lors d'un match de base-ball entre enfants, Linda Morfoot, l'une des personnes ainsi appareillées, a distingué « la position du lanceur, du receveur et de l'arbitre[1] ».

À ce jour, une trentaine de patients bénéficient de rétines artificielles, celles-ci dotées au mieux de soixante électrodes. Mais une équipe de l'université de Californie du Sud travaille déjà sur un système à plus de 200 électrodes. Un dispositif à 1 000 électrodes est aussi à l'étude. (Un problème de surchauffe de la rétine se pose en présence d'un nombre élevé d'électrodes.) La méthode fonctionne aussi avec une caméra miniature montée sur des lunettes, qui transmet ses images à une puce placée sur la rétine. Cette puce envoie à son tour de minuscules impulsions aux nerfs rétiniens, court-circuitant ainsi les cellules déficientes de la rétine.

La main robotisée de Star Wars

La mécanique et l'électronique permettent également de reproduire certaines des particularités qui ont fait les beaux jours de la science-fiction, comme la main robotisée dans *Star Wars* ou la vision en rayons X de Superman. Dans *L'Empire contre-attaque*, Luke Skywalker perd sa main, coupée par un sabre laser manipulé par le méchant Dark Vador, son père. Pas de problème… Les

1. Pam Belluck, « Burst of Technology Helps Blind to See », *New York Times*, 27 septembre 2009, p. A1, www.nytimes.com/2009/09/27/health/research/27eye.html.

chercheurs de cette galaxie lointaine, très lointaine, lui construisent rapidement une nouvelle main mécanique, dotée d'un sens du toucher irréprochable.

Ce qui paraît relever de la science-fiction existe en fait déjà aujourd'hui. Un progrès spectaculaire a été effectué en Italie et en Suède, par des chercheurs qui ont construit une main robotisée capable de « ressentir ». Robin Ekenstam, un jeune patient de vingt-deux ans amputé de la main droite en raison d'une tumeur cancéreuse, est désormais capable de contrôler le mouvement de ses doigts mécaniques et de sentir leur réaction. Les médecins ont connecté les nerfs de son bras aux puces de sa main mécanique, de sorte que le mouvement des doigts est régi par le cerveau. La « main artificielle intelligente » dispose de quatre moteurs et de quarante capteurs. Un retour d'information sur le mouvement des doigts mécaniques est transmis au cerveau, ce qui permet à Ekenstam de ressentir l'action de la main. Cette caractéristique ouvre la voie à un bouleversement du traitement des amputés.

Le témoignage d'Ekenstam est enthousiaste : « C'est super. Je retrouve une sensation que j'avais perdue depuis longtemps. Si je saisis un objet fermement, je peux le sentir jusqu'au bout des doigts, ce qui est étrange puisque je n'en ai plus[1]. »

Ce progrès est significatif. Il montre que les hommes contrôleront un jour sans effort des membres mécaniques comme s'ils étaient faits de chair et d'os. Plutôt que de laborieusement apprendre à mouvoir des bras ou des jambes de métal, nous traiterons ces appendices mécaniques comme s'ils étaient vrais, en ressentant chaque nuance de leurs mouvements grâce à des mécanismes électroniques de retour d'information.

Il faut aussi y voir une preuve de l'extrême plasticité du cerveau : cet organe ne se fixe jamais définitivement et se reconfigure de lui-même, quand il apprend à effectuer de nouvelles tâches ou qu'il s'adapte à de nouvelles situations. Le cerveau sera donc suffisamment souple pour s'accommoder de tout nouvel appendice ou organe sensoriel. Il lui suffira d'« apprendre » à contrôler ces

1. BBC-TV, 18 octobre 2009.

extensions, qui pourront d'ailleurs être attachées à des endroits divers. De ce point de vue, le cerveau se trouvera au cœur d'un dispositif entièrement modulable.

Pour Rodney Brooks, cet avenir ne fait aucun doute : « Ces dix ou vingt prochaines années, un changement de mentalité nous fera adopter l'utilisation par le corps du silicium, de l'acier et de la technologie robotisée dans le but d'améliorer nos performances et notre compréhension du monde. » Après avoir analysé les progrès effectués en matière de branchement direct du cerveau sur un bras ou un ordinateur, il conclut : « Nous pourrions tous avoir un jour une connexion Internet sans fil directement installée dans le cerveau[1]. »

Selon Brooks, la fusion du silicium et des cellules biologiques ne permettra pas seulement de nous remettre en état mais aussi, progressivement, de développer de nouvelles capacités. Si les implants cochléaires ou rétiniens rendent aujourd'hui l'ouïe ou la vue à des personnes qui en sont dépourvues, ils nous feront demain entendre les ultrasons et voir en rayons X, ultraviolets ou infrarouges.

Nous pourrions aussi gagner en intelligence. Brooks mentionne certains travaux portant sur des rats auxquels ont été ajoutées, à un stade critique de leur développement, des couches supplémentaires de neurones : de façon remarquable, les capacités cognitives de ces rats ont augmenté. Brooks imagine donc que, dans un avenir pas si lointain, le cerveau humain puisse être enrichi par un processus similaire. Dans un prochain chapitre, nous verrons que les biologistes ont déjà isolé le « gène de la souris intelligente », pour reprendre une expression bien vite forgée par les médias. Les souris qui le possèdent font preuve d'une plus grande capacité de mémoire et d'apprentissage.

Brooks entrevoit la possibilité de toutes sortes d'améliorations étonnantes, à même de nous conférer des capacités littéralement extraordinaires. « D'ici à cinquante ans, il faut s'attendre à ce que des manipulations génétiques transforment radicalement le corps humain. » Et compte tenu des apports de l'électronique, « la ména-

1. Rodney A. Brooks, « The Merger of Flesh and Machines », *in* John Brockman, éd., *The Next Fifty Years*. New York: Vintage, 2002, p. 189.

gerie humaine s'étendra de manière inimaginable… Nous ne serons plus assujettis à l'évolution darwinienne[1]. »

Substituts et avatars

Un autre moyen de fusionner avec les robots, mais sans intervention sur le corps humain cette fois, passe par les substituts et les avatars. Dans le film *Clones*, par exemple, dont l'action se situe en 2017, chaque être humain dirige un double robotisé et vit ainsi par procuration dans un corps parfait. Une personne voit et ressent tout ce que voit et ressent son robot. Mais alors que son corps de mortel se dégrade et se flétrit, le robot garde ses formes idéales et ses pouvoirs surhumains. La problématique du film tourne autour du fait que l'espèce humaine préfère se robotiser plutôt que d'affronter la dure réalité.

Dans le film *Avatar*, dont l'action se situe en 2154, l'idée est portée un cran plus loin. Il ne s'agit plus d'une vie de robot mais d'extraterrestres, dont les mouvements sont contrôlés par des humains. Des corps entièrement nouveaux pour vivre sur une planète entièrement nouvelle… La communication avec les populations autochtones des autres planètes s'en trouve facilitée. Mais l'histoire se corse quand un travailleur décide d'abandonner l'humanité pour rejoindre les extraterrestres et les protéger de mercenaires…

Les clones et les avatars n'existent pas encore aujourd'hui mais leur réalité à venir ne fait aucun doute. Le robot ASIMO a récemment été reprogrammé à l'université de Kyoto pour être dirigé par la pensée. Des étudiants équipés d'un casque EEG parviennent à lui faire bouger les bras et les jambes. Quatre types de mouvements sont aujourd'hui possibles.

Même si ce triomphe de l'esprit sur la matière reste encore quelque peu rudimentaire, le nombre de gestes que nous pourrons faire effectuer aux robots augmentera ces prochaines années, ainsi que la faculté de ressentir ce qu'ils touchent, par exemple. Grâce à nos lunettes ou nos lentilles de contact, nous verrons

1. *Ibid.*, pp. 191-192.

ce que les robots voient et nous pourrons à terme diriger tous leurs gestes.

Une telle technologie contribuera à régler certains problèmes de main-d'œuvre. Des ouvriers pourront se trouver dans différents pays et diriger des robots à des milliers de kilomètres en revêtant une tenue adéquate. Internet ne transmettra plus seulement les pensées des cols blancs mais aussi celles des ouvriers, qui seront ensuite traduites en mouvements physiques. Les robots prendront ainsi une part grandissante dans la vie des nations confrontées à l'explosion des coûts de santé et à la pénurie de main-d'œuvre.

Un tel contrôle des robots à distance trouvera bien d'autres applications. En milieu hostile, sous l'eau, près des lignes à haute tension, dans des incendies, par exemple, des robots dirigés par l'esprit seront utilisés pour des missions de sauvetage. Des robots sous-marins pourront être directement connectés à des humains… Grâce aux superpouvoirs dont ils seront dotés, ces types de substituts traqueront les criminels avec efficacité… Il est vrai que les criminels disposeront eux aussi de substituts à superpouvoirs… Cette technologie offre en tout cas les avantages du robot sans l'inconvénient de la transformation du corps.

Que l'on songe encore à l'exploration spatiale, quand il faudra installer une base permanente sur la Lune. Nos corps de substitution effectueront toutes les tâches dangereuses sur place, alors que les astronautes seront repartis bien en sécurité vers la Terre. Les hommes exploreront les reliefs hasardeux de la Lune en disposant de la superforce et des superpouvoirs de leurs robots. (Cette technique ne marchera pas aussi directement sur Mars, car les signaux mettent quarante minutes à faire l'aller et retour avec la Terre. Les astronautes pourront au moins rester tranquillement dans une base martienne tandis que leurs substituts exécuteront des tâches périlleuses à l'extérieur.)

Fusionner : jusqu'à quel point ?

Hans Moravec, l'un des pionniers de la robotique, pousse l'idée de la fusion jusqu'à son terme en imaginant que nous devenions le robot que nous aurions nous-même créé. Il m'a tranquillement expliqué comment se fondre avec la machine par une opération chirurgicale destinée à remplacer chaque neurone du cerveau par un transistor. Nous serions au départ allongés à côté d'un robot sans cerveau. Un chirurgien automatisé attraperait ensuite chaque grappe de matière grise, la dupliquerait transistor par transistor, connexion par connexion, et placerait cette électronique dans le crâne vide du robot. Une fois dupliqués, les neurones seraient éliminés. Nous resterions totalement conscients pendant la durée de l'opération, une partie du cerveau toujours dans notre ancien corps, l'autre, constituée de transistors, dans notre nouvelle enveloppe. Nous gagnerions ainsi l'immortalité du robot, et ses capacités surhumaines dans un corps aux formes idéales. L'opération ne sera pas encore réalisable au XXIe siècle, mais peut-être envisageable au suivant.

Dans la version ultime de ce type de scénarios, nous abandonnerions toute forme de corps et finirions par évoluer dans un pur monde immatériel, grâce à des logiciels qui encoderaient notre personnalité. Nous serions transférés sur ordinateur. Que quelqu'un appuie sur un bouton, et voilà que nous deviendrions immortels, vivant avec nos « semblables » (c'est-à-dire d'autres logiciels) dans une gigantesque cyber-réalité. Notre existence terrestre se verrait remplacée par les mouvements des électrons dans un ordinateur géant. Selon ce schéma, notre destinée ultime serait de nous fondre dans les lignes de code d'un vaste programme informatique qui recréerait toutes les sensations physiques d'un corps se mouvant dans un paradis virtuel. Nous partagerions nos pensées profondes avec d'autres lignes de code informatique. Inconscients de cette grande illusion, de notre état d'électrons voltigeant dans un ordinateur, nous vivrions de formidables aventures, conquerrions de nouveaux mondes… Jusqu'à ce que quelqu'un appuie de nouveau sur le bouton, évidemment.

Mais un scénario de ce genre se heurtera tôt ou tard au Principe de l'Homme des cavernes. Comme je l'ai indiqué plus haut, l'architecture de notre cerveau reste celle du chasseur-cueilleur apparu en Afrique il y a plus de cent mille ans. Nos désirs les plus profonds ont tous été forgés du temps où il fallait échapper à nos prédateurs, chasser et arpenter le territoire pour assurer notre pitance, chercher à nous reproduire et nous distraire au coin d'un feu.

L'une de nos directives premières, profondément inscrite dans notre façon de penser, est de bien paraître, et spécialement aux yeux des membres du sexe opposé et de nos pairs. Une large part de nos revenus est dédiée à l'apparence. La chirurgie esthétique explose, et avec elle la vente du Botox, des produits de beauté et des vêtements de marque. Nous dépensons chaque jour davantage pour apprendre de nouveaux pas de danse, développer nos muscles, entretenir notre forme ou acheter la dernière musique à la mode. Le culte de l'apparence ne compte pas pour peu dans l'économie américaine.

En d'autres termes, nous résisterions sans doute à l'attrait d'un corps virtuellement éternel s'il nous fallait pour cela ressembler à un robot un peu rustaud, portant une multitude d'implants brinquebalant au-dessus de la tête. Qui voudrait avoir l'air de sortir d'un vieux film de science-fiction ? Si nous devons perfectionner ce qui a trait au corps, il faudra que cela paraisse séduisant aux yeux du sexe opposé et améliore notre réputation auprès de nos pairs. Autrement, nous y rechignerons certainement. Quel ado voudrait d'un progrès qui ne le rende pas plus cool ?

Des auteurs de science-fiction se sont délectés à l'idée de nous voir détachés de toute enveloppe corporelle pour mener une vie de pure intelligence et de pensées profondes dans les entrailles d'un ordinateur. Mais, franchement, qui voudrait d'une telle existence ? Nos descendants auront peut-être d'autres désirs que celui de passer leur temps à résoudre les équations différentielles décrivant un trou noir. Ils auront peut-être plus envie d'écouter du bon rock d'antan que de rester blotti au fond d'un ordinateur à déterminer le mouvement de particules subatomiques…

Greg Stock, chercheur à l'université de Californie à Los Angeles, ne trouve que peu d'avantages à la dématérialisation du cerveau dans un superordinateur : « Quand je pense au gain que peut procurer un lien fonctionnel entre mon cerveau et un ordinateur, je m'arrête en fin de compte sur deux aspects : que ce bénéfice ne soit pas aussi facilement acquis par une autre procédure, non invasive, et que ce bénéfice doive au moins valoir le désagrément d'une opération chirurgicale du cerveau[1]. »

Pour ce qui me concerne, et bien que le futur reste encore largement ouvert, je crois que nous fabriquerons des robots intrinsèquement bienveillants et amicaux, et que nous étendrons nos capacités jusqu'à un certain point, dans le respect du Principe de l'Homme des cavernes. Nous adhérerons à l'idée de vivre temporairement la vie d'un super-robot, au travers de substituts, mais nous opposerons à celle de vivre en permanence à l'intérieur d'un ordinateur ou de transformer notre corps jusqu'à le rendre méconnaissable.

---

1. Stock, Gregory. *Redesigning Humans: Choosing Our Genes, Changing Our Future.* Boston: Houghton Mifflin, 2003, p. 23.

3

L'AVENIR DE LA MÉDECINE
La perfection et au-delà

Personne n'a vraiment les tripes pour le dire, mais si nous savions améliorer l'être humain en lui ajoutant des gènes, pourquoi ne le ferions-nous pas ?

James Watson, Prix Nobel

Je ne pense pas vraiment que notre corps puisse encore garder quelque secret d'ici la fin du siècle. Tout ce que nous pourrons imaginer à son propos deviendra donc probablement réalité.

David Baltimore, Prix Nobel

Nous n'y sommes pas encore, mais il s'en faut de peu : je crains, malheureusement, de faire partie de la dernière génération à mourir.

Gerald Sussman

L'histoire de la médecine compte au moins trois grandes périodes. La première, qui a duré des dizaines de milliers d'années, a été dominée par la superstition, la sorcellerie et le ouï-dire. Compte tenu du fort taux de mortalité infantile, l'espérance de vie moyenne peinait à atteindre dix-huit ou vingt ans. Si quelques herbes médicinales et plusieurs principes actifs comme l'aspirine ont alors été découverts, la recherche de nouveaux traitements ne procédait pour l'essentiel d'aucune méthode systématique. De plus, les remèdes qui fonctionnaient restaient souvent secrets : les « médecins » tiraient en effet leurs principaux revenus de la satisfaction de riches clients et avaient donc tout intérêt à garder mystérieuses leurs potions et leurs incantations.

Dans un journal intime représentatif de cette époque, l'un des fondateurs de la clinique Mayo[1] écrit avec franchise qu'il ne comptait dans son sac que deux ingrédients efficaces : une scie et de la morphine. La scie pour couper les membres malades, et la morphine pour atténuer la douleur de l'amputation. Ça marchait à tous les coups. Pour le reste, se désolait-il, son sac noir ne contenait que des flacons d'huile de serpent et autres charlataneries de cet acabit.

La deuxième période s'est ouverte au XIXe siècle avec l'émergence de la théorie des germes et la mise en place d'une politique d'hygiène publique. L'espérance de vie aux États-Unis a alors grimpé à 49 ans en 1900. Ensuite, les dizaines de milliers de soldats qui mouraient sur les champs de bataille de la Première Guerre mondiale ont poussé les médecins à mener de vraies expériences, aux résultats reproductibles, rapportées ensuite dans des revues médicales sérieuses. Les pouvoirs en place, horrifiés par la perte des plus brillants et valeureux de leurs sujets, exigeaient des guérisons tangibles, et, partant, la fin des formules incantatoires. Dès lors, les médecins se sont moins essayés à satisfaire de riches clients qu'à acquérir une réputation et une légitimité dans les journaux à comité de lecture. Tout cela a lancé la marche du progrès en matière d'antibiotiques et de vaccination. L'espérance de vie a atteint puis dépassé les soixante-dix ans.

La troisième période est celle de la médecine moléculaire. La médecine a fusionné avec la physique, ramenant ainsi la santé à une question d'atomes, de molécules et de gènes. Ce tournant historique a été amorcé dans les années 1940 par la publication de *Qu'est-ce que la vie ?*, un livre très influent du physicien autrichien Erwin Schrödinger, l'un des fondateurs de la physique quantique. L'existence d'un esprit mystérieux, d'un « élan vital » qui

1. Célèbre institution médicale de Rochester dans le Minnesota fondée en 1889 par les frères William James Mayo (1861-1939) et Charles Horace Mayo (1865-1939) (N.d.T.).

animait les êtres vivants, y était rejetée au profit d'une conjecture : que la vie soit fondée sur un certain code, et que ce code soit porté par une molécule. Trouver cette molécule, spéculait l'auteur, reviendrait à découvrir le secret de la vie. Inspiré par l'ouvrage de Schrödinger, le physicien Francis Crick s'allia au généticien James Watson pour montrer que la molécule recherchée était l'ADN. En 1953, les deux chercheurs révélèrent sa structure en double hélice – l'une des plus grandes découvertes de tous les temps. Déroulé, un brin d'ADN mesure près de deux mètres et porte une séquence de trois milliards de nucléotides, désignés par les lettres A, T, C et G (pour adénine, thymine, cytosine et guanine). Là se trouve le code. Lire la séquence, c'est lire le livre de la vie.

Les rapides progrès de la génétique moléculaire ont finalement conduit au Projet génome humain, une étape importante de l'histoire de la médecine. Ce programme monumental, qui a coûté 3 milliards de dollars et auquel ont collaboré des centaines de chercheurs à travers le monde, a permis le séquençage de tous les gènes du corps humain. Son achèvement en 2003 a marqué le début d'une nouvelle ère scientifique. À terme, tout un chacun disposera d'un fichier électronique contenant son génome. Ces quelque 25 000 gènes, en décrivant nos spécificités, forment d'une certaine façon notre notice de montage. Pour reprendre les mots du Prix Nobel David Baltimore : « La biologie est aujourd'hui une science de l'information[1]. »

Futur proche (aujourd'hui à 2030)

Médecine génomique

Cette remarquable explosion de savoir doit beaucoup à la physique quantique et aux progrès de l'informatique. La première nous offre une modélisation extraordinairement fine de l'arrangement des atomes dans chaque protéine et dans chaque molécule

1. David Baltimore, « How Biology Became an Information Science », *in* Denning, *op. cit.*, p. 43.

d'ADN. Atome après atome, nous savons construire les briques de la vie à partir du néant. Et le séquençage de gènes, jadis obtenu au terme d'une procédure fastidieuse et coûteuse en temps comme en argent, se conduit aujourd'hui de manière entièrement automatisée. À l'origine, il en coûtait plusieurs millions de dollars pour séquencer tous les gènes d'un homme, et cette opération se voyait réservée à une petite poignée de personnes (dont des chercheurs qui avaient fait progresser la technologie). Mais cette technologie autrefois exotique va bientôt se démocratiser.

Stephen R. Quake, un ingénieur de Stanford qui a lui-même contribué à faire baisser le coût du séquençage à 50 000 dollars, estime que cette somme passera sous la barre des 1 000 dollars d'ici à quelques années. Les chercheurs pensent que cette étape symbolique ouvrira le séquençage à une large frange de la population. D'ici à quelques décennies, un séquençage complet devrait coûter moins de 100 dollars, un prix comparable à celui d'un bilan sanguin standard actuel.

Quake est la huitième personne au monde à avoir été séquencée. En raison d'antécédents pathologiques familiaux, ses recherches présentaient un certain tour personnel. L'examen de son génome a malheureusement montré qu'il avait hérité d'une version du gène associé à une maladie cardiaque. « Il faut avoir de l'estomac pour regarder son propre génome », a-t-il sobrement commenté[1].

J'ai moi-même connu cette appréhension. Mon génome a été partiellement séquencé dans le cadre d'une émission que j'ai présentée sur BBC-TV et Discovery Channel. Un docteur m'a prélevé une petite quantité de sang et l'a envoyée à un laboratoire de l'université Vanderbilt. Deux semaines plus tard, un CD portant la description de plusieurs milliers de mes gènes m'a été retourné par courrier. Tenir ce disque qui contenait une empreinte partielle de mon corps m'a procuré une sensation étrange. En théorie, ces données pourraient être utilisées pour produire une copie plus ou moins conforme de moi-même.

1. Nicholas Wade, « Cost of Decoding a Genome Is Lowered », *New York Times,* 10 août 2009, p. D3, www.nytimes.com/2009/08/11/science/11gene.html.

Mais ce CD a aussi piqué ma curiosité. Je pouvais par exemple regarder si je portais tel gène particulier qui augmentait la probabilité que je sois un jour atteint de la maladie d'Alzheimer. Comme ma mère avait été emportée par cette maladie, l'examen revêtait pour moi une certaine importance. (Il s'est heureusement révélé négatif.)

Quatre de mes gènes avaient également été analysés au regard des génomes déjà séquencés de milliers de personnes à travers le monde, ce qui avait permis de dresser une carte marquant la position géographique des mêmes porteurs que moi. En l'étudiant, j'ai pu suivre une longue série de points qui partait d'une région proche du Tibet, et s'étendait à travers la Chine et le Japon. Ce cheminement retraçait de manière surprenante la migration des ancêtres de ma mère, il y a plusieurs milliers d'années. Même s'il n'en restait aucune trace écrite, leur trajet était inscrit dans mon sang et mon ADN. (Il est aussi possible de pister les ancêtres de son père. Les gènes mitochondriaux se transmettent sans changement de mère à fille ; le chromosome Y de père à fils. Par une analyse appropriée, on peut donc retracer la lignée maternelle ou paternelle.)

Dans un avenir proche, j'imagine que de nombreuses personnes éprouveront un sentiment comparable au mien, quand elles découvriront cette espèce de plan de montage de leur corps qu'est leur génome, quand elles prendront connaissance des secrets enfouis au plus profond de leur intimité, parmi lesquels les graves maladies qui les menacent ou le parcours migratoire de leurs ancêtres.

En ce qui concerne la recherche, une branche entièrement nouvelle de la science va se développer : la bio-informatique, ou l'utilisation d'ordinateurs pour parcourir et analyser le génome de milliers d'organismes. En y soumettant le génome de plusieurs centaines d'individus souffrant d'une certaine maladie, par exemple, on pourra peut-être localiser précisément l'ADN endommagé. De fait, certains des plus gros ordinateurs de la planète sont déjà au travail et analysent des millions de gènes de plantes ou d'animaux.

La technologie révolutionnera aussi les séries criminelles télévisées comme *Les Experts*. Une bribe d'ADN (trouvée sur un cheveu, de la salive ou une tache de sang) permettra de déterminer non seulement la couleur des cheveux ou des yeux de la personne, son origine ethnique, sa taille et son passé médical, mais peut-être aussi sa physionomie. Aujourd'hui le personnel spécialisé de la police peut simplement reconstruire les grands traits du visage d'une victime en se fondant sur son crâne. À l'avenir, l'ordinateur en proposera une reconstruction à partir d'une pellicule ou d'une goutte de sang. (La ressemblance frappante des vrais jumeaux montre que la génétique à elle seule, même en présence de facteurs environnementaux, compte pour beaucoup dans la détermination du visage d'une personne.)

Une visite chez le médecin

Comme nous l'avons déjà mentionné dans le chapitre précédent, une visite chez le médecin prendra un tour radicalement nouveau. Elle consistera très probablement à parler à un logiciel via un écran mural. Dans ce but, notre salle de bain aura été équipée d'un grand nombre de capteurs, supérieur à celui dont dispose un hôpital moderne d'aujourd'hui. Ces alliés, aussi discrets que précieux, débusqueront des cellules cancéreuses des années avant la formation de la moindre tumeur. Pour donner un exemple précis, une mutation du gène p53, facilement détectable, est associée à près d'un cancer commun sur deux.

En cas de test positif, des nanoparticules seront injectées dans le sang et, telles de petites bombes intelligentes, délivreront un traitement directement sur les cellules malades. Nous regarderons alors la chimiothérapie d'aujourd'hui comme nous regardons aujourd'hui le traitement par sangsues du XIXe siècle. (Nous parlerons en détail des nanotechnologies, des puces à ADN, des nanoparticules et des nanorobots dans le prochain chapitre.)

Et dans le cas où le programme informatique qui tient lieu de médecin ne parviendrait pas à soigner l'affection d'un organe, il suffirait d'en faire pousser un autre. Les États-Unis comptent à eux seuls aujourd'hui près de 91 000 personnes en attente d'une transplantation. Chaque jour, 18 d'entre elles meurent faute de donneurs. À l'avenir, quand notre docteur virtuel détectera le dysfonctionnement d'un organe, il en commandera un nouveau, directement cultivé à partir de nos propres cellules.

Le génie tissulaire est l'un des domaines les plus actifs de la médecine d'aujourd'hui. Les chercheurs cultivent déjà en laboratoire de la peau, du sang, des valves cardiaques, du cartilage, des os, des nez et des oreilles. Le premier organe d'importance, la vessie, a été produit en 2007, la première trachée en 2009. Les organes actuellement concernés demeurent relativement simples et ne sont constitués que d'un nombre restreint de tissus et de structures différents. Mais d'ici à quelques années, les chercheurs feront pousser un foie ou un pancréas, avec d'immenses conséquences en matière de santé publique. C'est un véritable atelier de carrosserie humaine qui verra le jour. Le Prix Nobel Walter Gilbert m'a confié un jour qu'il entrevoyait déjà le moment, d'ici à quelques décennies à peine, où pratiquement tous les organes pourront être cultivés.

La méthode consiste à extraire quelques cellules de notre corps et à les injecter dans un moule en plastique, une sorte d'éponge

Figure 5. Nous disposerons à l'avenir de tricordeurs semblables à ceux de la série *Star Trek*, dont un exemplaire est ici représenté. Capables de détecter tout type ou presque de maladies, ces engins tireront pleinement parti de l'IRM portable et des puces à ADN.

adoptant la forme de l'organe à obtenir. Un traitement stimule le développement des cellules tandis que le moule, composé d'un acide polyglycolique biodégradable, se désagrège en laissant un organe parfait.

Pourquoi parvient-on aujourd'hui à cultiver certains organes, comme la vessie ou la trachée, et non d'autres ? Produire les minuscules capillaires qui délivrent le sang aux cellules pose un vrai problème, et un problème incontournable dans la mesure où chaque cellule du corps doit bénéficier d'un apport sanguin. La culture de structures complexes présente aussi un certain nombre de difficultés. Le rein, par exemple, dont le rôle consiste à éliminer les toxines du sang, est composé de millions de filtres minuscules. Le moule est donc particulièrement difficile à réaliser.

Mais l'organe le plus difficile à cultiver restera le cerveau. Bien qu'une telle opération paraisse improbable durant les décennies à venir, il serait envisageable de procéder plutôt à l'injection directe de jeunes cellules dans le cerveau, qui s'incorporeraient au réseau neuronal déjà en place. En raison du caractère aléatoire de cette injection, le patient devrait sans doute réapprendre certaines fonctions de base. Mais la plasticité du cerveau, sa capacité à perpétuellement se reconfigurer, devrait permettre à ces neurones de s'intégrer et de s'activer correctement.

Cellules souches

La technologie des cellules souches paraît également riche de promesses. Jusqu'à présent, les organes humains ont été produits à partir de simples cellules, spécialement traitées pour se multiplier dans des moules. Dans un proche avenir, il sera possible de procéder plus directement avec les cellules souches.

Ces « mères de toutes les cellules » possèdent la faculté de se transformer en n'importe quel type de cellules. Toutes nos cellules contiennent la totalité du code génétique, et par là une aptitude potentielle à fabriquer notre corps entier. Mais avec le temps, la cellule se spécialise, de sorte que de nombreux gènes se trouvent inactivés. Une cellule de peau, par exemple, porte les gènes qui lui permettraient de se transformer en cellule sanguine, mais ils sont éteints lors du passage de l'état embryonnaire à l'état adulte.

Les cellules souches embryonnaires, toutefois, présentent l'avantage de conserver leur capacité de métamorphose, ce qui les rend très précieuses aux yeux des chercheurs. Leur utilisation reste toutefois sujette à controverse en raison des problèmes éthiques que pose le sacrifice d'un embryon.

Les cellules souches pourraient potentiellement guérir quantité de maladies, comme le diabète, les maladies cardiaques, la maladie d'Alzheimer, la maladie de Parkinson, et même le cancer. En fait, il est difficile de trouver une maladie contre laquelle les cellules souches ne pourraient pas lutter. Elles pourraient même traiter des lésions de la moelle épinière qui paraissaient à jamais incurables. En 1995, quand le fringant acteur Christopher Reeve, interprète de Superman à l'écran, a eu à en souffrir à la suite d'un accident de cheval, il est resté complètement paralysé faute de remède. Des progrès notables ont été effectués depuis sur des animaux, grâce aux cellules souches.

Stephen Davies, qui travaille à l'université du Colorado, a ainsi obtenu des résultats encourageants avec des rats dont la moelle épinière était lésée. Ce chercheur indique avoir « conduit des expériences au cours desquelles des neurones adultes étaient directement transplantés dans le système nerveux central adulte. Des expériences vraiment à la Frankenstein… À notre grande surprise, les neurones adultes ont été capables d'envoyer de nouvelles fibres nerveuses d'un côté à l'autre du cerveau en une semaine seulement. » On pensait couramment en la matière que toute tentative de réparation des nerfs provoquerait d'insoutenables douleurs. Davies a trouvé que des cellules nerveuses cruciales, appelées astrocytes, se répartissaient en deux variétés qui produisaient des résultats différents.

Selon Davies, « en utilisant les bons astrocytes pour réparer les lésions de la moelle épinière, on a tous les avantages sans la douleur, alors que tous les autres types conduisent au résultat inverse – la douleur sans aucun avantage ». Autre intérêt non négligeable de la technique développée par ce chercheur, elle fonctionne aussi avec les patients atteints d'AVC ou de la maladie d'Alzheimer ou de Parkinson…

Comme virtuellement chaque cellule du corps peut être obtenue par modification d'une cellule souche, les possibilités apparaissent infinies. Doris Taylor, directrice du Centre de réparation cardiovasculaire de l'université du Minnesota, prévient qu'il reste tout de même un certain chemin à parcourir : « Parmi les cellules souches embryonnaires, on trouve le bon, la bête et le truand. Les bonnes se cultivent facilement en laboratoire et servent à obtenir des tissus, des organes ou différentes parties du corps. Les bêtes ne savent pas s'arrêter de croître et forment des tumeurs. Quant aux truands, ces cellules restent mal comprises, de sorte que nous ne pouvons ni contrôler leur production ni les utiliser en laboratoire sans un complément de recherches[1]. »

L'un des gros problèmes auxquels se heurte la recherche en cellules souches est le suivant : sans signal chimique émis par l'environnement, les cellules prolifèrent parfois brutalement et deviennent cancéreuses. Les chercheurs commencent tout juste à comprendre que les subtils messages transmis entre cellules sont au moins aussi importants que les cellules elles-mêmes.

Il n'en demeure pas moins que des progrès très réels ont été accomplis, et particulièrement sur les animaux. Doris Taylor a fait la une en 2008 quand, pour la première fois dans l'histoire, son équipe a réussi à produire un cœur de souris en train de battre. Les chercheurs ont d'abord dissous les cellules intérieures d'un cœur de souris pour ne conserver qu'une matrice de protéines, sur laquelle ils ont ensuite cultivé un mélange de cellules souches. Très émue par l'expérience, Taylor en a ainsi rapporté le résultat : « C'est magnifique. On peut voir l'arbre vasculaire entier, depuis les artères jusqu'aux veines microscopiques qui apportent le sang à la moindre cellule du cœur[2]. »

L'armée américaine, qui par sa fonction est amenée à soigner ceux qui ont été blessés au combat, s'intéresse également de très près au génie tissulaire. À cet égard, des chercheurs de l'Institut de médecine régénérative des forces armées ont récemment effectué

---

1. Jeanne Lenzer, « Have We Entered the Stem Cell Era? », *Discover*, novembre 2009, p. 33, http://discovermagazine.com/2009/nov/14-have-we-entered-the-stem-cell-era.

2. *Ibid.*

une percée remarquable en proposant une manière radicalement nouvelle de cultiver des organes.

Les biologistes avaient depuis longtemps remarqué les propriétés de régénération étonnantes des salamandres, capables de reconstituer des membres entiers après les avoir perdus. Cette régénération tient à une stimulation adéquate de cellules souches. Une théorie fructueuse est actuellement explorée par Stephen Badylak, en poste à l'université de Pittsburgh, grâce à laquelle il est déjà possible de recomposer le bout des doigts. Les chercheurs de son équipe sont parvenus à créer une poudre qui possède le pouvoir quasi magique de régénérer les tissus. Ce remède n'est pas obtenu à partir des cellules proprement dites, mais de la matrice extracellulaire qui les sépare. Cette matrice est importante car elle porte les signaux qui indiquent à la cellule de se développer d'une manière particulière. Quand cette poudre magique est appliquée à l'extrémité d'un doigt amputé, elle stimule non seulement la croissance du doigt mais aussi celle de l'ongle, avec pour résultat une copie presque parfaite du doigt original. Une longueur de presque un centimètre de tissu a déjà pu croître de cette façon. L'étape suivante consiste à étendre le processus pour savoir si un membre humain entier pourrait être ainsi régénéré, exactement à la façon des salamandres.

Clonage

Et puisqu'il est possible de cultiver divers organes, parviendra-t-on un jour à faire pousser un corps humain entier, c'est-à-dire à créer une copie génétique parfaite d'un homme, à le cloner ? La réponse est positive, du moins en théorie, car l'opération n'a encore jamais été réalisée (même si de nombreuses rumeurs rapportent le contraire).

Le concept de clonage a fait les gros titres des journaux en 1997, quand Ian Wilmut, un chercheur de l'Institut Roslin d'Édimbourg, a réussi à cloner une brebis, la célèbre Dolly. En insérant le noyau d'une cellule de brebis adulte dans un ovule, Wilmut a obtenu une copie génétique de l'animal original. Je lui ai un jour demandé s'il avait une idée de la tornade médiatique qu'allait déclencher son résultat historique. Il m'a répondu par la négative. Il avait clairement en tête l'importance médicale de son travail mais avait complètement sous-estimé la fascination qu'exercerait sa prouesse auprès du public.

Très rapidement, d'autres groupes à travers le monde ont reproduit l'opération de Wilmut dans divers contextes. Une vaste gamme d'animaux fut clonée, parmi lesquels des souris, des cochons, des chiens, des chevaux et des bovins. Accompagné d'une équipe de la BBC-TV, je suis un jour allé près de Dallas, au Texas, rendre visite à Ron Marquess, qui possède l'un des plus grands troupeaux de bovins clonés du pays. Au ranch, je fus surpris de voir la première, la deuxième et même la troisième génération de bétail cloné. Des clones de clones de clones. Comme l'a remarqué Marquess devant moi, un vocabulaire reste à inventer pour garder trace des diverses générations de clones.

Un petit groupe de bêtes attira mon attention. Huit jumeaux, tous alignés. Ils couraient, mangeaient et dormaient de façon parfaitement synchrone. Bien que les veaux n'aient aucune conscience de leur état de clones, ils se regroupaient instinctivement et adoptaient le même comportement.

Selon Marquess, le clonage représente un bon business potentiel. Un taureau aux caractéristiques physiques supérieures rapporte gros sur le marché de la reproduction. Mais, à moins de collecter et congeler son sperme, sa lignée génétique se perd à sa mort. Le clonage permet de la conserver éternellement.

Si le clonage de bovins connaît des retombées commerciales certaines, la situation est loin d'être aussi claire pour le clonage humain. En dépit de diverses annonces sensationnelles, aucun humain n'a été cloné à ce jour, pas même un primate. Et pour les animaux déjà clonés, l'opération reste difficile, avec des centaines d'embryons perdus pour un seul qui va à terme.

Quand bien même le clonage humain deviendrait techniquement possible, subsisterait encore un certain nombre d'obstacles. En premier lieu, de nombreuses religions s'y opposeraient, comme l'Église catholique s'était élevée contre les bébés-éprouvettes en 1978, à la naissance de Louise Brown, le premier d'entre eux. Des lois seront probablement passées pour interdire ou du moins réguler cette technologie. En second lieu, la demande commerciale pour le clonage humain devrait rester assez faible. Même dans un contexte légal, le clonage ne concernerait sans doute qu'une fraction minime de l'humanité. Après tout, il existe déjà des clones, sous forme de jumeaux (ou de triplets, etc.), et l'attrait de la nouveauté ne durera qu'un temps.

La demande pour les bébés-éprouvettes provenait, à l'origine, des couples stériles. Mais qui voudra un humain cloné ? Peut-être quelques parents après la mort de leur enfant ? Ou, plus probablement, un vieil homme riche, au seuil de la mort, sans héritiers, ou du moins sans héritiers chers à son cœur, qui voudrait léguer son argent à lui-même, enfant, et qui réitérerait ce cycle éternellement.

Le futur connaîtra sans doute son lot de clones humains, même en cas d'interdiction légale. Mais cela ne représentera qu'une proportion infime de l'espèce humaine, sans réel impact sur la société.

Thérapie génique

Francis Collins, le directeur des Instituts nationaux de la santé (NIH) aux États-Unis, qui avait en son temps piloté le Projet génome humain, m'a confié un jour que « nous avons tous à peu près une demi-douzaine de gènes en très mauvais état ». Si, par le passé, nous ne pouvions que nous accommoder de ces défauts génétiques souvent mortels, à l'avenir, ajoutait-il, nous les traiterions par la thérapie génique.

Depuis toujours, les maladies génétiques ont hanté l'humanité et influencé le cours de son histoire. La consanguinité dans les familles royales d'Europe a provoqué des maladies génétiques qui ont touché des générations de nobles. George III d'Angleterre, par exemple, souffrait très probablement d'une forme aiguë de porphyrie, ce qui lui causait des accès de folie. Certains historiens pensent même que sa maladie a détérioré ses relations avec les colonies d'Amériques du Nord, poussant ces dernières à déclarer leur indépendance en 1776.

À l'avenir, la thérapie génique devrait venir à bout des cinq mille maladies génétiques recensées, et notamment de la mucoviscidose (surtout présente en Europe du Nord), de la maladie de

Tay-Sachs (qui affecte principalement les Juifs de l'Europe de l'Est) et de l'anémie drépanocytaire (qui touche les Afro-américains). Dans un futur proche, il devrait être possible de soigner de nombreuses maladies génétiques qui ne sont causées que par la mutation d'un seul gène.

La thérapie génique se présente sous deux formes : somatique et germinale. La thérapie somatique consiste à réparer les gènes d'un seul individu. Le gain thérapeutique disparaît à la mort du patient. De nature plus controversée, la thérapie génétique germinale consiste à réparer les cellules sexuelles : la réparation peut alors se transmettre aux générations suivantes, pour l'éternité ou presque.

La route qui mène à la guérison d'une maladie génétique particulière est longue, mais bien balisée. Il faut d'abord trouver des patients qui en souffrent et établir leur arbre généalogique en remontant le plus haut possible. Par l'analyse de ces gènes familiaux, on essaie alors de déterminer avec précision ceux qui ont été endommagés.

On prend ensuite une version saine du gène à traiter, que l'on introduit dans un « vecteur » (un virus inoffensif, le plus souvent), qui est lui-même injecté dans le corps du patient. Le « bon gène » s'insère ainsi rapidement dans les cellules, guérissant potentiellement la maladie. En 2001, on comptait quelque 500 essais de thérapie génique en cours dans le monde[1], un nombre qui avait plus que triplé au début de 2013.

Cela posé, les progrès ont somme toute été assez lents et les résultats mitigés. D'abord parce que le corps confond souvent le virus inoffensif, contenant le bon gène, avec un virus dangereux et qu'il commence à l'attaquer. Surviennent alors des effets secondaires qui nuisent à l'efficacité du traitement. En outre, les virus ne réussissent pas toujours à insérer correctement le bon gène dans la cible, avec cette conséquence que le corps ne produit pas la protéine associée en quantité suffisante.

En dépit de toutes ces difficultés, des chercheurs en France ont annoncé en 2000 qu'ils avaient pu soigner des enfants atteints de déficit immunitaire combiné sévère (DICS). Ces malades, nés avec

1. Stock, *op. cit.*, p. 5.

des dysfonctionnements graves du système immunitaire, doivent parfois vivre dans des bulles stériles jusqu'à la fin de leurs jours. Sans la protection du système immunitaire, toute maladie peut en effet se révéler fatale. Les analyses génétiques des patients traités montrent que leurs cellules immunitaires ont intégré comme prévu le nouveau gène, réactivant en conséquence le système immunitaire du patient.

Mais la technique essuie aussi des revers[1]. En 1999, un patient est mort lors d'un essai conduit à l'université de Pennsylvanie, ce qui a suscité de profondes interrogations au sein de la communauté médicale. C'était là le premier décès parmi les 1 100 patients qui suivaient ce type de thérapie. Et en 2007, quatre des dix patients qui avaient été traités contre une forme particulière de DICS ont développé une leucémie – un effet secondaire particulièrement redoutable. La recherche en thérapie génique se concentre donc désormais sur les traitements qui ne peuvent pas activer accidentellement un gène à l'origine d'un cancer. À ce jour, 17 patients souffrant de formes diverses de DICS ont été guéris sans qu'aucun cancer apparaisse par ailleurs, ce qui constitue l'un des rares succès de ce champ de recherche.

Le cancer, précisément, est l'une des cibles privilégiées de la thérapie génique. Nous l'avons déjà indiqué : près de la moitié des plus communs d'entre eux sont liés à un dysfonctionnement du gène p53. La longueur et la complexité de ce gène augmentent la probabilité qu'il soit endommagé par des facteurs chimiques ou environnementaux. De nombreuses expériences de thérapie génique sont donc conçues pour introduire un gène p53 en bon état dans les patients. La fumée de cigarette, par exemple, cause souvent des mutations caractéristiques en trois endroits bien connus de ce gène. La thérapie génique, par le remplacement du gène p53 endommagé, pourra donc un jour guérir certaines formes du cancer du poumon.

Les progrès sont lents mais continus. En 2006, des chercheurs de l'Institut national de la santé du Maryland sont parvenus à traiter des mélanomes métastatiques, une forme de cancer de la peau, en modifiant des cellules tueuses de manière à ce qu'elles

1. *Ibid.*, p. 36.

visent spécifiquement des cellules cancéreuses. Pour la première fois, ce travail montrait l'efficacité de la thérapie génique sur certaines formes de la maladie. Et en 2007, des médecins du collège de l'université et de l'hôpital Moorfields Eye, à Londres, ont traité par thérapie génique une forme d'affection héréditaire de la rétine (causée par des mutations du gène RPE65).

Parallèlement, certaines personnes n'attendent pas les progrès de la thérapie génique pour prendre en main leur héritage génétique. Un couple peut produire plusieurs embryons par fécondation *in vitro*, tester la présence de telle ou telle anomalie génétique et choisir en conséquence l'embryon à implanter dans l'utérus de la mère. Les maladies génétiques pourraient ainsi être graduellement éliminées sans passer par de coûteuses technologies de thérapie génique. Ce processus est actuellement mis en œuvre à Brooklyn, chez certains Juifs orthodoxes qui risqueraient autrement de transmettre la maladie de Tay-Sachs à leurs enfants.

Mais si une maladie devait perdurer tout le siècle, c'est bien le cancer…

Vivre avec le cancer

Les chercheurs prennent conscience qu'un cancer résulte fondamentalement d'un dysfonctionnement des gènes. Qu'un cancer soit causé par un virus, une exposition chimique, des radiations ou le simple hasard, il découle de mutations sur quatre de nos gènes au moins, avec pour conséquence que la cellule « ne sait plus mourir ». Elle perd alors le contrôle de son développement et se reproduit indéfiniment, jusqu'à la mort du patient. Le fait qu'un cancer nécessite une série d'au moins quatre gènes défectueux explique sans doute pourquoi la maladie tue souvent des années après un incident originel. Le méchant coup de soleil attrapé dans l'enfance, par exemple, pourra se traduire par un cancer de la peau au même endroit des dizaines d'années plus tard seulement, le temps que les autres mutations se produisent et fassent basculer la cellule en mode cancéreux.

Il existe au moins deux grandes familles de gènes associés aux cancers : les oncogènes et les gènes suppresseurs de tumeurs. Les premiers agissent comme une pédale d'accélérateur coincée qui entraîne la perte de contrôle du véhicule, en l'occurrence une multiplication sans limites des cellules. Les gènes suppresseurs de tumeur agissent à l'inverse comme une pédale de frein, et leur endommagement fait de la cellule une voiture incapable de s'arrêter.

Le Projet génome du cancer est un programme qui vise à séquencer les gènes impliqués dans les cancers les plus courants. Comme chaque cancer nécessite de séquencer le génome, ce projet dépasse largement le Projet génome humain original.

De premiers résultats sur les cancers de la peau et du poumon ont été annoncés en 2009. Ils étaient saisissants. Mike Stratton, de l'Institut Sanger du Wellcome Trust, les a ainsi décrits : « Ce à quoi nous assistons aujourd'hui va changer notre vision du cancer. Jamais auparavant il ne s'était dévoilé à nous de la sorte[1]. »

Les cellules d'un cancer du poumon comptent 23 000 mutations individuelles, et celles d'un mélanome 33 000, deux nombres proprement gigantesques. Un fumeur typique subit donc une mutation toutes les quinze cigarettes environ. (Le cancer du poumon, principalement dû à la cigarette, tue un million de personnes dans le monde chaque année.)

À terme, tous les types de cancers se verront soumis à une analyse génétique, ce qui, vu leur diversité, ne sera pas une mince affaire. Le corps est constitué de multiples tissus dont chacun peut donner lieu à de multiples cancers, et chaque cancer peut résulter de dizaines de milliers de mutations. Il faudra donc des décennies d'études pour déterminer précisément ce qui conduit le mécanisme cellulaire à se détraquer. Les chercheurs développeront ensuite des traitements adaptés à une large variété de cancers, mais aucun ne pourra les traiter tous, puisqu'il s'agit d'une collection de maladies distinctes.

De nouvelles thérapies vont régulièrement apparaître sur le marché, chacune d'elles spécifiquement conçue pour cibler le mal dans ses racines génétiques et moléculaires. Parmi les plus prometteuses, signalons :

- les antiangiogéniques, qui ont pour effet de supprimer l'alimentation sanguine des tumeurs, bloquant ainsi leur développement ;

---

1. Kate Kelland, « Gene Maps to Transform Scientists' Work on Cancer », Reuters, 18 décembre 2009.

- les nanoparticules, qui agissent comme des « bombes intelligentes » lancées directement sur les cellules cancéreuses ;
- la thérapie génique, qui visera surtout le gène p53 ;
- de nouveaux médicaments qui attaqueront avec précision les cellules cancéreuses ;
- des vaccinations contre les virus causant des cancers comme le papillomavirus humain (HPV), souvent responsable de cancers du col de l'utérus.

Un remède miracle contre tous les types de cancers restera malheureusement improbable. Nous les guérirons plus sûrement les uns après les autres. Il paraît à peu près certain qu'une diminution majeure du taux de mortalité interviendra sitôt que des puces à ADN, qui détecteront les cellules cancéreuses bien avant la formation des tumeurs, se trouveront disséminées partout dans l'environnement.

Ainsi que l'a noté le Prix Nobel David Baltimore, « le cancer est une armée de cellules qui lutte contre nos thérapies selon des voies, j'en suis sûr, qui nous contraindront à toujours rester sur le pied de guerre[1] ».

Moyen terme (2030 à 2070)

Thérapie génique

Malgré les échecs essuyés par la thérapie génique, les chercheurs estiment qu'elle connaîtra des progrès constants dans les décennies à venir. Pour nombre de spécialistes, au milieu du siècle prochain, elle permettra de traiter de façon standard une grande variété de maladies génétiques. Et la plupart des succès qui auront été obtenus dans un cadre animal finiront par se transférer à l'homme.

Jusqu'à présent, la thérapie génique cible des maladies causées par des mutations affectant un seul gène. Ce seront les premières à être guéries. Mais nombre d'autres résultent de mutations sur

1. David Baltimore, « How Biology Became an Information Science », *in* Denning, *op. cit.*, p. 54.

plusieurs gènes, couplées avec des déclencheurs environnementaux. Plus difficiles à traiter, elles comptent parmi elles des maladies aussi importantes que le diabète, la schizophrénie, la maladie d'Alzheimer, la maladie de Parkinson et des maladies cardiaques. Chacune présente des composantes génétiques bien définies, mais aucun gène n'en est responsable à lui seul. La schizophrénie, par exemple, ne touche parfois qu'un jumeau sur deux, même s'il s'agit de deux monozygotes (ou « vrais jumeaux »).

Au fil des années, on a souvent entendu dire que des chercheurs, par l'étude de l'histoire génétique de certaines familles, avaient réussi à isoler des gènes impliqués dans la schizophrénie. Mais ces résultats sont rarement confirmés par des études indépendantes, ce qui pose un sérieux problème. Soit ces résultats souffrent d'un certain vice, soit les gènes en rapport avec la schizophrénie sont très nombreux. Il semble en outre que certains facteurs environnementaux aient un rôle à jouer.

Quoi qu'il en soit, la thérapie génique, au milieu du siècle, devrait être d'usage courant, au moins pour les maladies relevant d'un unique gène. Mais les patients ne se contenteront pas d'une simple réparation...

Un bébé à la carte

À l'avenir, il sera parfaitement possible de perfectionner notre patrimoine génétique. Nous pourrons lui ajouter de nouveaux éléments afin de disposer de pouvoirs surhumains. De nombreux obstacles se dresseront toutefois sur la route.

À moyen terme, l'expression « bébé à la carte » prendra un sens très littéral. Comme l'a indiqué E. O. Wilson, biologiste à Harvard, « *Homo sapiens*, la véritable première espèce libre, est sur le point de remiser la sélection naturelle au placard... Bientôt nous devrons regarder au plus profond de nous-mêmes et décider de notre évolution[1]. »

Les chercheurs commencent déjà à distinguer les gènes qui contrôlent les fonctions fondamentales. Celui dit de la « souris

1. Kurzweil, *op. cit.*, p. 210.

intelligente », par exemple, qui améliore la mémoire et les performances d'une souris, a été isolé en 1999. Les rongeurs qui le portent se débrouillent mieux dans les labyrinthes et présentent des capacités mémorielles supérieures

Une équipe de l'université de Princeton a en effet conçu, par manipulation génétique, une lignée de souris dotées d'un exemplaire supplémentaire du gène NR2B, qui favorise la production du neurotransmetteur N-méthyl-D-aspartate (NMDA) dans la partie antérieure de l'encéphale. Les créateurs de cette souris intelligente l'ont baptisée « Doogie », du nom de l'adolescent surdoué qui apparaît dans la série télévisée *Docteur Doogie.*

Les performances accrues des souris intelligentes ont été mesurées par des tests divers. Une épreuve consiste par exemple à déposer une souris dans une cuve d'eau laiteuse, et à la laisser trouver une plate-forme, cachée juste au-dessous de la surface, où elle pourra se reposer. Alors que les souris normales nagent au hasard et oublient d'un coup sur l'autre la position de la plate-forme, les souris intelligentes s'y dirigent tout droit dès leur premier essai. Si deux objets, l'un connu et l'autre nouveau, leur sont présentés, la souris normale n'accorde aucune attention particulière au nouvel objet alors que la souris intelligente le remarque immédiatement.

Plus important encore, les chercheurs comprennent que le gène de la souris intelligente fonctionne en régulant les synapses. Si l'on se représente le cerveau comme une pelote d'autoroutes, alors la synapse joue le rôle d'une barrière de péage. Avec un prix trop élevé, les voitures ne franchissent pas la barrière : le message est arrêté ; avec un prix plus réduit, les voitures s'engagent sur l'autoroute : le message passe. Les neurotransmetteurs comme le NMDA font baisser le coût du passage par la synapse, et doter une souris d'un second exemplaire du gène NR2B en augmente justement la production.

Ces souris intelligentes obéissent à la règle de Hebb : apprendre, c'est renforcer des connexions de neurones. Plus spécifiquement, les circuits de neurones se renforcent ici par une régulation des synapses qui relient deux fibres nerveuses, favorisant ainsi le passage des signaux.

L'activité du gène NR2B, en faiblissant au cours du temps, expliquerait aussi pourquoi les capacités d'apprentissage des organismes diminuent avec l'âge, ainsi que l'ont constaté les biologistes un peu partout dans le règne animal.

Génétique et environnement

Des études menées sur de vrais jumeaux séparés à la naissance montrent que la génétique influence une large variété de caractéristiques comportementales. On estime en fait que la génétique et l'environnement interviennent dans des proportions à peu près égales. La mémoire, le raisonnement verbal, le raisonnement spatial, l'agilité en matière de calcul mental, l'extraversion et la recherche d'émotions fortes, par exemple, relèvent pour partie de la génétique.

Il en va de même pour des modes comportementaux moins attendus. Larry Young, un chercheur de l'université Emory, a étonné ses confrères en montrant que le transfert d'un gène du campagnol des prairies, une espèce monogame, chez une souris de laboratoire aux mœurs très légères rendait cette dernière très fidèle. Comme Young l'indique lui-même, « bien que de nombreux gènes jouent probablement un rôle dans l'évolution des comportements sociaux complexes comme la monogamie [...] la modification d'un seul gène peut avoir un impact sur l'expression des composantes de ces comportements[1] ».

Divers facteurs génétiques pourraient également favoriser la dépression ou la joie de vivre. On sait depuis longtemps que certaines personnes sont heureuses en dépit de tragiques accidents qu'elles ont eu à subir, car elles voient toujours le bon côté des choses... Ces personnes tendent par ailleurs à être en meilleure santé que la moyenne. Daniel Gilbert, psychologue à Harvard, m'a un jour expliqué une théorie qui rendrait compte de ce phénomène. Nous naîtrions peut-être avec un « point de référence bonheur ». Jour après jour, nous oscillerions autour de ce point, mais sa valeur serait fixée à la naissance. À l'avenir, des médicaments ou des thérapies géniques

1. Stock, *op. cit.*, p. 108.

permettront peut-être de décaler cette valeur, et de guérir ainsi la dépression chronique.

Effets secondaires

Au milieu du siècle, les chercheurs auront isolé et modifié de nombreux gènes contrôlant une grande diversité de caractéristiques humaines. Mais cela ne signifie pas que l'humanité tirera bénéfice de ces résultats immédiatement. Un lourd travail d'étude des effets secondaires, potentiellement indésirables, devra être mené pendant des décennies.

Les chercheurs se demandent aujourd'hui si les nouvelles souches qui émergent de leurs laboratoires ne cacheraient pas quelque défaut pernicieux. Il existe par exemple trente-trois variétés différentes de « souris intelligentes » à la mémoire et aux performances accrues. Mais cette capacité supérieure va de pair avec un effet secondaire inattendu : les souris sont parfois paralysées par la peur. Une minuscule décharge électrique, par exemple, suffit à les terroriser. « Tout se passe comme si elles se souvenaient trop », explique Alcino Silva, un chercheur de l'université de Californie à Los Angeles qui a développé sa propre souche[1]. On commence aujourd'hui à comprendre que l'oubli est au moins aussi important que le souvenir pour donner un sens au monde. Peut-être faut-il se débarrasser de nombreuses données encombrantes pour organiser notre savoir…

De fait, les chercheurs pensent qu'il doit exister un juste équilibre entre l'oubli et le souvenir[2]. Si nous ne nous souvenions de rien, nous ne tirerions aucune leçon des erreurs passées et peinerions à développer des aptitudes. Mais à ne rien oublier, nous resterions paralysés par le rappel de la douleur de nos échecs passés. Seul un compromis entre ces deux extrêmes assure un rendement optimal.

---

1. Jonah Lehrer, « Neuroscience: Small, Furry… and Smart », *Nature*, n° 461 (octobre 2009), p. 864.

2. Jonah Lehrer, « Smart Mice », *The Frontal Cortex*, 15 octobre 2009, http://scienceblogs.com/cortex/2009/10/15/smart-mice.

Aujourd'hui, déjà, des bodybuilders se bourrent de diverses substances qui leur promettent gloire et fortune. L'hormone érythropoïétine (EPO) entraîne une augmentation du nombre des globules rouges, chargés de transporter l'oxygène dans le corps, et accroît ainsi l'endurance. Comme l'EPO réduit la fluidité du sang, elle provoque aussi AVC et crises cardiaques. Les hormones de croissance (IGF) servent quant à elles à augmenter le volume musculaire, mais elles sont aussi connues pour favoriser le développement de tumeurs.

Même si des lois l'interdisaient, le perfectionnement génétique serait difficile à arrêter. Les parents, par exemple, sont génétiquement programmés par l'évolution pour vouloir avantager leur progéniture. D'un côté, cela les pousse à offrir des leçons de violon, de danse ou du sport à leurs enfants, mais d'un autre côté, cela pourrait les inciter à user de la génétique pour améliorer leur mémoire, leur attention, leurs performances sportives et, pourquoi pas, leur apparence physique. Si une rumeur prétendait que le beau gosse du quartier doit son attrait à une manipulation génétique, la pression sur les parents pour conférer le même avantage à leur enfant augmenterait lourdement.

Comme le résume Gregory Benford : « Nous savons tous que ceux qui présentent bien réussissent mieux. Dans notre meilleur des mondes, quel parent pourrait résister à la tentation de donner un coup de pouce à son enfant[1] ? »

Au milieu du siècle, le perfectionnement génétique sera peut-être entré dans les mœurs. En fait, il deviendra même indispensable si nous voulons explorer le système solaire et vivre sur des planètes inhospitalières.

Certains souhaiteraient que nous puissions modifier nos gènes pour parvenir à un meilleur état tant moral que physique. D'autres voudraient que nous autorisions les perfectionnements d'ordre esthétique. La grande question est de savoir jusqu'où aller. Dans tous les cas, il deviendra difficile de contrôler la dissémination de ces « gènes sur mesure », conçus pour retoucher l'apparence et augmenter les capacités physiques. Nul ne souhaite que l'espèce humaine se divise en factions génétiques – les améliorés et les

1. Sheffield *et al.*, *op. cit.*, p. 107.

non-améliorés –, mais la société devra démocratiquement décider jusqu'à quel point pousser le curseur.

À titre personnel, je pense que des lois passeront pour encadrer cette puissante technologie, qu'elles autoriseront peut-être la thérapie génique pour soigner des maladies et nous permettre de mener une vie productive, mais qu'elles l'interdiront dans un contexte strictement esthétique. Dans ce cas, il est possible qu'un marché noir se développe pour contourner la législation, et qu'il faille ainsi s'adapter à une société comprenant une minorité génétiquement améliorée.

Rien de vraiment grave, pour l'essentiel. Tout un chacun peut déjà recourir à la chirurgie esthétique pour se rendre plus beau, de sorte que les manipulations génétiques ne présenteront ici rien d'indispensable. L'usage du génie génétique en vue de modifier la personnalité d'un être pose en revanche un tout autre problème : il existe probablement de nombreux gènes qui influencent le comportement, et ils interagissent de façon complexe, de sorte que leur tripatouillage risquerait d'induire une série d'effets non désirés.

Mais qu'en sera-t-il du plus grand perfectionnement génétique de tous, celui qui consisterait à allonger la durée de la vie humaine ?

Futur lointain (2070 à 2100)

Ralentir le vieillissement

Les chercheurs, pour la plupart d'entre eux, ont longtemps pensé que la durée de vie était fixe et immuable, et que son accroissement échappait à la portée de la science. Mais cette idée reçue a été bousculée ces dernières années par une stupéfiante série de résultats expérimentaux. La gérontologie, un domaine jadis assez peu couru de la science, a trouvé une vigueur nouvelle et s'est vu attirer des millions de dollars de subvention. Le secteur connaît même l'amorce d'un développement commercial.

La génétique tiendra très clairement un rôle crucial dans la modification du processus de vieillissement. Notre ADN, par exemple, diffère de celui de notre plus proche parent génétique, le chimpanzé, à hauteur de 1,5 pour 100 seulement, mais nous vivons pourtant une demi-fois plus longtemps que lui. En analysant la poignée de gènes qui nous distingue des chimpanzés, on peut donc espérer comprendre la raison de cette longévité supérieure.

De fait, cette approche a conduit à une « théorie unifiée du vieillissement » qui se propose de rassembler les divers fils de la recherche en une unique tapisserie cohérente. Les chercheurs savent maintenant que le vieillissement résulte d'une accumulation d'erreurs aux niveaux cellulaire et génétique, et que ces erreurs proviennent de différentes sources. Le métabolisme, par exemple, engendre des radicaux libres et de l'oxydation, ce qui endommage la délicate machinerie moléculaire de nos cellules : les débris qui résultent de ces erreurs, en se concentrant à l'intérieur et à l'extérieur des cellules, provoquent à la longue le vieillissement.

À un niveau très fondamental, ces erreurs résultent du deuxième principe de la thermodynamique, lequel affirme que l'entropie totale (le chaos) augmente toujours. C'est en vertu de cette loi que la vie se caractérise universellement par l'oxydation, le pourrissement et la décomposition. Ce principe est incontournable : tout, que ce soient les fleurs dans un champ, le corps d'un homme ou l'Univers entier, est voué à l'altération et à la mort.

Il existe cependant une petite porte de sortie. Le deuxième principe exige que l'entropie *totale* augmente toujours. En d'autres termes, il est possible de diminuer l'entropie à un endroit, pourvu qu'elle augmente ailleurs, c'est-à-dire qu'il est possible de rajeunir au prix de quelques dommages autre part. (Ce phénomène est particulièrement bien illustré dans *Le Portrait de Dorian Gray*, où Oscar Wilde met en scène un homme à la jeunesse éternelle, dont le portrait, en revanche, vieillit horriblement.) Un réfrigérateur tire parti de cette échappatoire : l'entropie baisse à l'intérieur de la machine quand la température chute, mais le moteur qui la fait fonctionner libère de la chaleur, ce qui augmente l'entropie à l'extérieur. Si l'arrière des réfrigérateurs est toujours chaud, c'est en raison du deuxième principe de la thermodynamique.

Comme l'a dit un jour le Prix Nobel Richard Feynman, « nous n'avons encore rien découvert en biologie qui indique le caractère inévitable de la mort. Cela me laisse penser qu'elle n'est pas du tout inévitable, et que ce n'est qu'une question de temps avant que les biologistes découvrent ce qui nous cause autant de tracas, et que cette terrible maladie universelle ou cette temporalité du corps humain soit guérie[1]. »

Le deuxième principe peut aussi être perçu à travers l'action de l'œstrogène, une hormone qui contribue à maintenir les femmes en bonne forme jusqu'à la ménopause, étape à laquelle le vieillissement s'accélère et le taux de mortalité augmente. L'œstrogène agit comme de l'essence à fort indice d'octane dans une voiture de sport : le moteur connaît alors d'excellentes performances, mais au prix d'une usure plus rapide. Chez les femmes, cette usure se manifeste parfois par des cancers du sein. Les injections d'œstrogène sont d'ailleurs connues pour augmenter le risque d'en développer un.

Récemment, une série de découvertes prometteuses a été effectuée sur les gènes et le vieillissement. Les chercheurs ont d'abord montré qu'il était possible de donner naissance à des générations d'organismes vivant plus longtemps que la moyenne. Michael Rose, de l'université de Californie à Irvine, a ainsi ébahi la communauté scientifique en annonçant qu'il avait pu augmenter, par croisements sélectifs, la durée de vie d'une drosophile de 70 pour 100. Il est apparu que sa « super-mouche », ou mouche Mathusalem, présentait de plus grandes quantités de superoxyde dismutase (SOD), un antioxydant capable de ralentir le rythme des dégâts causés par les radicaux libres. En 1991, Thomas Johnson, de l'université du Colorado à Boulder, avait auparavant isolé un gène, baptisé age-1, qui semble responsable du vieillissement chez les nématodes et permet d'accroître leur durée de vie de 110 pour 100. « S'il existe quelque chose comme le gène age-1 chez les humains, nous pourrions être en mesure de faire quelque chose de réellement spectaculaire[2] », avait-il souligné.

1. Kurzweil, *op. cit.*, p. 344.
2. Kaku, *op. cit.*, p. 289.

Les chercheurs ont isolé depuis un certain nombre de gènes (age-1, age-2, daf-2) qui contrôlent et régulent le processus de vieillissement chez des organismes inférieurs, et qui trouvent aussi leur pendant chez l'homme. En fait, un chercheur a remarqué qu'augmenter la durée de vie de cellules de levure revenait presque à appuyer sur un interrupteur : en activant un certain gène, la cellule vit plus longtemps ; désactivé, elle meurt plus rapidement.

Travailler sur l'homme est nettement plus difficile que sur la levure, du fait de la longueur de notre espérance de vie, qui rend les tests presque impossibles. Mais la quête des gènes responsables de notre vieillissement pourrait connaître à l'avenir une accélération sensible, et spécialement quand les génomes d'une large fraction de la population auront été rassemblés dans une gigantesque base de données. Par l'exploration et la comparaison informatique de milliards de gènes appartenant à des personnes jeunes aussi bien qu'âgées, les chercheurs pourront localiser le vieillissement à son niveau génétique. Une recherche préliminaire a déjà permis d'isoler soixante gènes environ qui semblent jouer un rôle particulier dans le processus.

Les chercheurs savent ainsi que la longévité présente un certain caractère héréditaire : les personnes qui vivent longtemps ont tendance à avoir des parents qui vivent longtemps. L'effet n'est pas énorme mais il est mesurable. Les chercheurs qui étudient les vrais jumeaux séparés à la naissance remarquent aussi ce phénomène à un niveau plus génétique. Mais notre espérance de vie n'est pas déterminée à 100 pour 100 par nos gènes. Les spécialistes estiment que la génétique compte ici pour 35 pour 100. Ainsi, à l'avenir, quand chacun disposera de son génome pour 100 dollars, l'informatique permettra d'explorer les gènes de millions de personnes et d'isoler ceux qui contrôlent partiellement notre espérance de vie.

De plus, ces études informatisées serviront à localiser les sites principaux du vieillissement. Ainsi, de la même façon que, dans une voiture, l'usure a principalement pour siège le moteur, où le carburant est oxydé et brûlé, l'analyse génétique montre que le vieillissement se concentre dans le « moteur » de la cellule, c'est-à-dire dans sa centrale énergétique qu'est la mitochondrie. C'est fort de cette information que les chercheurs restreignent déjà aux mitochondries leur quête des « gènes de l'âge » et la recherche de moyens efficaces de réparation.

En 2050, divers outils, comme l'usage des cellules souches pour remplacer des organes ou la thérapie génique pour réparer des gènes endommagés, permettront probablement de ralentir le processus de vieillissement. Nous pourrons vivre jusqu'à cent cinquante ans et même plus. En 2100, il se pourrait même que l'accélération des mécanismes de réparation cellulaire nous autorise à renverser les effets de l'âge et à vivre encore beaucoup plus longtemps que cela.

Restriction calorique

Cette approche génétique pourrait aussi expliquer une observation assez remarquable : une restriction calorique, et plus précisément une baisse de 30 pour 100 du nombre des calories ingérées, accroît la durée de vie de 30 pour 100. Tous les organismes étudiés jusqu'à présent – cellules de levure, araignées, insectes, lapins, chiens et plus récemment singes – obéissent à cette règle étonnante. Les animaux soumis à ce type de régime sont moins sujets aux tumeurs, aux maladies cardiaques, au diabète et aux maladies liées à l'âge. En fait, la restriction calorique est le *seul* mécanisme connu qui garantisse une augmentation de l'espérance de vie. L'opération a fait l'objet de nombreux tests, répétés presque partout dans le règne animal, et elle fonctionne à chaque fois. Jusqu'à récemment, il ne restait guère que les primates, dont font partie les humains, qui n'avaient pu être étudiés, et cela en raison de leur longue espérance de vie qui ne facilite pas les observations.

Les spécialistes attendaient donc avec impatience les résultats d'un régime de restriction calorique administré à des macaques rhésus. En 2009, ils tombèrent enfin. Une étude de l'université du Wisconsin montrait que les singes soumis à vingt ans de restriction calorique souffraient moins d'affections très diverses, et notamment de diabètes, de cancers et de maladies cardiaques. De manière générale, ces macaques se portaient mieux que ceux qui avaient été normalement alimentés[1].

Une théorie explique cette observation en considérant que la nature offrirait aux animaux la possibilité d'exploiter leur énergie de deux manières : pour la reproduction durant les périodes d'abondance, et pour la survie durant les temps de disette. Le manque de nourriture, très commun dans le règne animal, pousserait les organismes à cesser de se préoccuper de reproduction pour mieux se concentrer sur le ralentissement de leur métabolisme, afin de survivre le plus longtemps possible jusqu'à l'arrivée de jours meilleurs.

Le Graal de la recherche sur le vieillissement consiste en quelque sorte à conserver les avantages que procure la restriction calorique sans pour autant en subir les inconvénients, c'est-à-dire les affres de la faim ! La tendance naturelle chez les humains, apparemment, consiste à prendre du poids, et non à en perdre. De fait, vivre sous un régime de restriction calorique ne présente rien de particulièrement réjouissant, hormis peut-être pour quelques individus au tempérament d'ascète. Les animaux soumis à des régimes stricts et sévères deviennent léthargiques, apathiques et perdent tout intérêt pour la sexualité. Les chercheurs essaient donc de trouver le gène qui contrôle le mécanisme, de manière à court-circuiter la restriction calorique et certains de ses tristes effets.

Un pas important dans cette direction a été franchi en 1991 par une équipe qui recherchait un gène augmentant l'espérance de vie d'une cellule de levure. Leonard P. Guarente, chercheur au MIT, David Sinclair, chercheur à Harvard, et leurs coéquipiers ont en effet découvert un gène qui joue un rôle dans les effets de la restriction calorique : le SIR2. Ce gène, plus précisément, assure la détection des réserves d'énergie de la cellule. Quand cette réserve est faible, comme durant une époque de famine, le gène est activé : c'est là très précisément ce qu'il faut attendre d'un gène qui contrôle les effets de la restriction calorique. Ces chercheurs ont aussi constaté que des contreparties de ce gène, baptisées gènes SIRT, existent chez la souris et l'homme et produisent

1. Nicholas Wade, « Tests Begin on Drugs That May Slow Aging », *New York Times*, 17 août 2009, p. D4, www.nytimes.com/2009/08/18/science/18aging.html.

des protéines appelées sirtuines. Ils ont ensuite cherché le composé qui activait les sirtuines, ce qui les a menés au resvératrol.

Ce résultat était étonnant, car les chercheurs voyaient par ailleurs en cette molécule un responsable potentiel des effets bénéfiques du vin rouge et une explication au *French paradox*. Chacun sait en effet que la cuisine française est réputée pour ses sauces riches, à haute teneur en graisses et huiles, ce qui n'empêche pas les Français de vivre aussi longtemps que la moyenne. Ce mystère s'expliquerait peut-être par la consommation de vin rouge, une autre particularité de la culture française, qui contient précisément du resvératrol.

Les chercheurs ont trouvé que les activateurs de la sirtuine protègent les souris d'un nombre impressionnant de maladies : cancers du poumon ou du côlon, mélanomes, lymphomes, diabète de type 2, maladies cardio-vasculaires, maladie d'Alzheimer, etc.[1]. Qu'une simple fraction de ces maladies puissent être traitées chez l'homme grâce aux sirtuines révolutionnerait la médecine.

Une théorie a récemment été proposée pour expliquer les remarquables propriétés du resvératrol. Selon Sinclair, le principal objet de la sirtuine consisterait à prévenir l'activation de certains gènes. Il faut se souvenir que les chromosomes sont des molécules de taille astronomique, qui atteindraient près de deux mètres s'ils étaient entièrement étirés. À un instant donné, seule une faible portion des gènes portés par un chromosome est nécessaire. Tout le reste doit être inactif. La cellule bâillonne donc l'expression des gènes inutiles en enveloppant le chromosome de chromatine, elle-même précisément maintenue par la sirtuine.

Il arrive toutefois que les fragiles chromosomes subissent des dommages catastrophiques : la cassure totale d'un brin, par exemple. La sirtuine entre alors en action et contribue à réparer le chromosome brisé. Mais, ce faisant, elle quitte son premier emploi qui consiste à taire l'expression des gènes. Ces derniers s'activent donc, ce qui entraîne un chaos génétique. Ici se trouverait, selon Sinclair, l'un des principaux mécanismes du vieillissement.

---

1. Nicholas Wade, « Quest for a Long Life Gains Scientific Respect », *New York Times*, 29 septembre 2009, p. D4, www.nytimes.com/2009/09/29/science/29aging.html.

Si cela se confirmait, la sirtuine pourrait alors non seulement arrêter les effets de l'âge, mais aussi les renverser. Car si les dommages de l'ADN de nos cellules sont difficiles à réparer, il serait à l'inverse très facile, selon Sinclair, de pallier la diversion des sirtuines.

Une fontaine de jouvence ?

Cette découverte a déchaîné une tempête médiatique. De grosses émissions de télévision comme *60 Minutes* ou *The Oprah Winfrey Show* ont rapidement porté le resvératrol sur le devant de la scène, ce qui a poussé une nuée de compagnies véreuses, montées du jour au lendemain, à proposer sur Internet rien de moins qu'un élixir de vie. On aurait dit que tous les charlatans s'étaient donné rendez-vous pour sauter en marche dans le train du resvératrol.

L'intérêt soutenu que provoquait la recherche sur le vieillissement a néanmoins poussé l'école de médecine de Harvard à organiser en 2009 une conférence scientifique sur le sujet. Certains des meilleurs chercheurs du domaine y ont participé. Le public comptait un certain nombre de personnes qui, frêles et décharnées, s'essayaient à un régime de restriction calorique, ainsi que des membres du club 120, qui affichaient leur volonté de vivre jusqu'à cent vingt ans. L'attention s'est particulièrement focalisée sur Sirtris Pharmaceuticals, une société cofondée par David Sinclair et Christoph Westphal, au sein de laquelle sont conduits des tests cliniques sur des substituts du resvératrol. Westphal a fait une annonce très claire : « Dans cinq, six ou sept ans, nous disposerons de médicaments qui augmenteront la longévité[1]. »

Des molécules dont on ne soupçonnait pas l'existence il y a quelques années font l'objet d'études très suivies. Le SRT501 est essayé pour contrer le myélome multiple ou le cancer du côlon, le SRT2104 pour contrer le diabète de type 2… Et ce ne sont pas seulement les sirtuines, mais également une multitude d'autres

1. *Ibid.*

gènes, de protéines et de molécules (dont l'IGF-1 et la rapamycine) qui sont étudiés de près par divers groupes.

Le temps dira si ces essais cliniques porteront leurs fruits. L'histoire de la médecine est jalonnée de déceptions, de fraudes et de détours en matière de recherche sur le processus de vieillissement. Mais la science, à l'inverse de la superstition, est fondée sur des résultats reproductibles, testables et réfutables. Comme l'Institut national du vieillissement, aux États-Unis, met en place des programmes pour tester l'effet de diverses substances, nous verrons si le résultat de ces étonnantes études se transfère des animaux aux humains.

La mort est-elle inéluctable ?

William Haseltine, l'un des pionniers des biotechnologies, m'a confié un jour que « la mortalité n'est pas dans la nature de la vie. C'est l'immortalité. L'ADN est une molécule immortelle. Cette molécule est apparue il y a peut-être 3,5 milliards d'années. Cette même molécule, duplication après duplication, existe encore aujourd'hui… Il est vrai que nos corps s'usent, mais divers moyens pourront y remédier à l'avenir. Nous vivrons d'abord deux ou trois fois plus longtemps. Et peut-être même, si nous comprenons bien le cerveau, que notre corps et notre esprit dureront indéfiniment. Et je ne pense pas que ce cheminement aille à l'encontre la nature. »

Les biologistes remarquent que, d'un point de vue de l'évolution, un animal compte surtout pendant ses années de reproduction. Cette période passée, il pèse, d'une certaine manière sur la vie du groupe, si bien que la nature a pu faire en sorte qu'il meure. Peut-être donc que l'évolution nous a programmés pour mourir. Mais peut-être aussi que nous pourrons nous reprogrammer pour vivre plus longtemps.

En fait, l'étude des mammifères, par exemple, montre que plus imposant est un animal, plus faible est son métabolisme relatif, et plus longue est sa vie. La souris, par exemple, qui consomme une énorme quantité de nourriture compte tenu de son poids, ne vit que quatre petites années. L'éléphant, au métabolisme relatif plus faible, atteint l'âge vénérable de soixante-dix ans. Que le métabolisme aille de pair avec une accumulation des erreurs expliquerait ce phénomène. (De même que l'expression « brûler la chandelle par les deux bouts ». J'ai lu un jour une nouvelle dans laquelle un génie proposait à un homme d'exaucer un vœu de son choix. L'homme demande à vivre mille ans. Et hop, voilà que le génie le transforme en arbre.)

Les biologistes évolutionnaires essaient d'expliquer la durée de vie par l'avantage que procure la longévité à une espèce en milieu naturel. Pour ces spécialistes, une durée de vie particulière est génétiquement déterminée parce qu'elle contribue à la survie et l'épanouissement d'une espèce. Une souris vit brièvement, dans leur optique, parce qu'elle est chassée en permanence par une grande variété de prédateurs, et qu'elle meurt souvent de froid en hiver. Mais la souris qui transmet ses gènes à une génération suivante est celle qui produit une descendance, et non pas celle qui vit le plus longtemps. (Si cette théorie est correcte, on s'attend à ce que des souris qui parviendraient à s'envoler devant leurs prédateurs vivent plus longtemps. Et de fait, les chauves-souris vivent trois fois et demie plus longtemps que leurs cousines.)

Cette règle connaît pourtant une exception avec les reptiles. Certains d'entre eux, apparemment, n'ont pas de durée de vie connue. Ils pourraient même vivre éternellement. Les alligators et les crocodiles voient leur taille s'accroître avec le temps, mais ils restent alertes et vigoureux indéfiniment. (Il est souvent indiqué dans les livres que les alligators vivent soixante-dix ans, un chiffre qui reflète peut-être davantage l'espérance de vie des gardiens de zoo. D'autres sources, plus honnêtes, disent simplement que la durée de vie de ces reptiles dépasse les soixante-dix ans mais qu'elle n'a jamais pu être mesurée avec toute la rigueur scientifique requise.) En réalité, ces animaux ne sont pas immortels, car ils meurent d'accident, de famine, de maladie, etc. Il n'empêche que les spécimens gardés en zoo affichent de très longues durées de vie, et semblent même vivre éternellement.

L'horloge biologique

Un autre axe de recherche prometteur passe par les télomères, qui agissent dans la cellule comme une véritable horloge biologique. À l'instar des morceaux de plastique collés à l'extrémité des lacets de chaussures, les télomères se trouvent placés au bout des chromosomes. Mais ils présentent en outre la particularité de raccourcir à chaque cycle de reproduction. Les télomères d'une cellule de peau, par exemple, disparaissent complètement après une soixantaine de cycles. La cellule entre alors en phase de sénescence et cesse de fonctionner correctement. Du point de vue de la longévité, les télomères font donc penser à la mèche d'un bâton de dynamite.

La disparition du télomère marque ce qu'on appelle la « limite de Hayflick », et paraît imposer aux cellules un nombre maximal de cycles vitaux. Ou du moins à certaines d'entre elles : les cellules cancéreuses, par exemple, ne connaissent pas de limite de Hayflick, grâce à la production d'une enzyme, appelée télomérase, qui empêche les télomères de raccourcir.

La télomérase peut être synthétisée. Et quand on l'applique à des cellules de peau, ces dernières semblent se reproduire perpétuellement. Elles accèdent à l'immortalité.

Mais un danger menace alors. Les cellules cancéreuses, qui se divisent indéfiniment au sein d'une tumeur, présentent aussi cette propriété d'immortalité. C'est même tout ce qui fait leur dangerosité. Aussi la télomérase doit-elle être étudiée avec soin, de même que toute utilisation thérapeutique visant à remonter l'horloge biologique.

Immortellement jeune

Si certains appellent de leurs vœux un allongement sensible de notre espérance de vie, d'autres s'en effraient en songeant à l'explosion de la population et au vieillissement de la société qui en résulterait.

Il se pourrait toutefois que l'usage thérapeutique combiné de la biologie, de la mécanique et des nanotechnologies nous permette non seulement d'allonger notre durée de vie, mais aussi de conserver une certaine jeunesse. Selon Robert A. Freitas Jr., un spécialiste des nanotechnologies appliquées à la médecine, de telles utilisations conjointes « seront sûrement courantes dans quelques décennies. Grâce à des contrôles de santé annuels et à certaines réparations importantes, votre âge biologique pourrait être maintenu une fois par an à l'âge physiologique constant que vous auriez choisi. Mourir d'une cause accidentelle sera toujours possible, mais l'espérance de vie sera dix fois plus longue que maintenant[1]. »

Plutôt qu'en buvant à l'eau de la mythique fontaine de jouvence, l'allongement de la durée de vie que nous promet l'avenir sera probablement atteint par l'emploi simultané des différentes méthodes suivantes.

1. Culture de nouveaux organes, via le génie tissulaire et les cellules souches, pour remplacer les organes usés ou malades.
2. Ingestion d'un cocktail de protéines et d'enzymes conçues pour améliorer les mécanismes de réparation cellulaire, réguler le métabolisme, réinitialiser l'horloge biologique et réduire l'oxydation.
3. Utilisation de thérapies géniques pour agir sur les gènes qui ralentissent le processus de vieillissement.
4. Bonne hygiène de vie (sport et régime alimentaire).
5. Utilisation de nanocapteurs pour détecter la présence de maladies comme le cancer, des années avant qu'elles ne posent réellement problème.

Résurrection de formes de vie éteintes

Non contents de déjouer la mort en tentant d'allonger la durée de la vie humaine, certains chercheurs envisagent aussi de ressusciter des créatures éteintes depuis très longtemps.

Le film *Jurassic Park* présentait déjà, il y a une vingtaine d'années, des scientifiques qui ramenaient des dinosaures à la vie en insérant un extrait de leur ADN dans des œufs de reptiles. Bien que de l'ADN utilisable de dinosaure n'ait encore jamais été retrouvé, une opération de ce type n'est peut-être pas aussi farfelue qu'il y paraît de prime abord. De fait, à la fin du siècle, nos réserves animalières pourraient très bien abriter des créatures qui n'avaient plus foulé le sol depuis bien longtemps.

En 2003, à la demande du zoo de San Diego, Robert Lanza, chercheur célèbre à divers titres et directeur scientifique de la

1. Kurzweil, *op. cit.*, p. 272.

société Advanced Cell Technology, a déjà cloné un banteng, une espèce de bœuf sauvage en voie d'extinction, en implantant dans une vache du matériel génétique prélevé sur un animal mort vingt-cinq ans avant. Selon lui, il serait honteux de laisser disparaître cette espèce très rare. Il envisage donc de donner vie à un autre clone, mais du sexe opposé cette fois. Il croit pouvoir y parvenir en bricolant les chromosomes de cellules prélevées sur la même carcasse. Par ce genre de techniques, les zoos du monde pourraient voir revivre des espèces disparues depuis longtemps, et capables de se reproduire naturellement.

J'ai dîné un jour avec Richard Dawkins. Ce chercheur réputé de l'université d'Oxford et auteur non moins réputé du *Gène égoïste* pousse l'idée un cran plus loin. Nous pourrions, selon lui, ressusciter non seulement des espèces en voie de disparition, mais aussi des espèces éteintes depuis longtemps. Il remarque d'abord que le nombre de gènes séquencés double tous les vingt-sept mois et que, dans les années à venir, le coût du séquençage de tout génome passera sous la barre des 160 dollars. Viendra alors un temps où les biologistes porteront un petit kit leur permettant de séquencer en quelques minutes le génome de n'importe quelle forme de vie rencontrée en chemin.

Mais ce ne serait qu'un début. Ainsi que Dawkins l'a lui-même écrit : « Je crois que nous serons capables de lire le langage [de la vie] en 2050. Nous donnerons le génome d'un animal inconnu à un ordinateur qui reconstruira non seulement la forme de l'animal, mais aussi les détails du monde dans lequel [...] vivaient ses ancêtres, ce qui comprendra ses prédateurs et ses proies, ses parasites ou ses hôtes, ses sites de reproduction, et même ses peurs et ses espoirs[1]. » En se fondant sur les travaux de Sydney Brenner, Dawkins estime aussi que nous pourrons reconstruire le génome du « chaînon manquant » entre le singe et l'homme.

Ce serait pour le coup une avancée vraiment remarquable, car les observations fossiles et génétiques indiquent qu'un fossé de six millions d'années nous sépare du singe.

1. Richard Dawkins, *A Devil's Chaplain: Reflections on Hope, Lies, Science, and Love*. New York: Houghton Mifflin Mariner, 2004, p. 113.

Comme notre ADN et celui du chimpanzé diffèrent seulement de 1,5 pour 100, une analyse informatique permettrait de reconstruire mathématiquement l'ADN approximatif de l'ancêtre commun aux deux espèces. Ce génome serait alors soumis à un autre logiciel qui nous fournirait une représentation de l'animal et la liste de ses principales caractéristiques. Pour rappeler un célèbre fossile d'australopithèque, Dawkins a baptisé l'opération Projet génome Lucy.

Le chercheur britannique imagine même de matérialiser ce génome théorique, et que l'ADN du chaînon manquant soit ensuite implanté dans un ovule humain et porté par une femme, qui donnerait ainsi naissance à notre ancêtre.

Si ce scénario pouvait paraître bien fumeux il y a quelques années, plusieurs avancées récentes montrent qu'il n'est peut-être pas aussi inenvisageable que cela.

D'abord, parce que la poignée de gènes cruciaux qui nous sépare du chimpanzé a été étudiée en détail. Le gène ASPM, qui contrôle la taille du cerveau, se montre particulièrement riche d'enseignements. Le cerveau de l'homme s'est accru il y a plusieurs millions d'années, pour des raisons qui demeurent mystérieuses. Or une mutation du gène ASPM entraîne une microcéphalie, c'est-à-dire un développement anormalement faible du crâne et un cerveau réduit de 70 pour 100, ce qui correspond à peu près à la taille de celui de notre ancêtre, il y a des millions d'années. Une analyse informatique de l'histoire de ce gène, déjà possible, a été effectuée. Elle révèle qu'il a connu quinze mutations durant les cinq ou six millions d'années qui nous séparent du chimpanzé, celles qui ont vu la taille de notre cerveau augmenter. Ce gène clef a varié plus rapidement chez l'homme que chez ses cousins primates, ce qui ne manque pas d'intriguer.

Plus intéressante encore est l'étude d'une région du génome dénommée HAR1, constituée de 118 lettres seulement[1]. En 2004, on a découvert que l'homme et le chimpanzé diffèrent de 18 lettres ou nucléotides sur cette zone cruciale. Chez le chimpanzé et le poulet, dont les lignes ont pourtant divergé il y a 300 millions

1. Katherine S. Pollard, « Qu'est-ce qui nous rend humains ? », *Pour la Science*, août 2009, p. 34.

d'années, cette différence ne porte que sur deux lettres. En d'autres termes, la région HAR1 est restée remarquablement stable au cours de l'histoire évolutionnaire, du moins jusqu'à l'arrivée des humains. Il se peut donc que les gènes qui nous distinguent soient situés sur cette région.

Mais il est un progrès encore plus spectaculaire qui nous rapproche de l'accomplissement de l'idée de Dawkins. Le génome complet du Néandertalien, notre plus proche voisin génétique, éteint de longue date, a été séquencé. Une analyse informatique des génomes de l'homme, du chimpanzé et du Néandertalien nous permettra donc peut-être d'obtenir une reconstruction mathématique du génome du chaînon manquant…

Ressusciter l'homme de Neandertal ?

L'homme et le Néandertalien ont probablement divergé il y a environ 300 000 ans, ce qui n'empêche pas que les deux espèces aient cohabité en Europe très longtemps, jusqu'il y a environ trente mille ans. Néanmoins, compte tenu du laps de temps écoulé depuis leur extinction, on estimait généralement qu'il serait impossible d'extraire de l'ADN utilisable de Néandertaliens.

En 2009, pourtant, une équipe menée par Svante Pääbo, chercheur à l'Institut Max Planck pour l'anthropologie évolutionnaire de Leipzig, est parvenue à établir, par l'analyse de six spécimens, une première ébauche du génome complet du Néandertalien. C'est là une réussite remarquable. Ce génome, comme on pouvait s'y attendre, ressemble beaucoup à celui de l'homme – ils comptent tous deux 3 milliards de paires de bases –, mais en diffère également sur certains points notables.

Selon Richard Klein, anthropologue à Stanford, ce travail devrait permettre de répondre à des questions longtemps restées sans réponses sur les Néandertaliens, comme celle de savoir s'ils étaient capables de parler. Il se trouve que notre gène FOXP2 présente deux particularités qui contribuent pour partie à ce que nous puissions articuler des milliers de mots. Une analyse serrée montre que le gène FOXP2 du Néandertalien affiche aussi ces deux particularités. Il paraît donc concevable que le Néandertalien ait pu s'exprimer d'une manière comparable à la nôtre.

Le Néandertalien, en raison de son statut de plus proche parent génétique, suscite un intense intérêt de la part des chercheurs. Certains ont émis l'idée d'introduire une matérialisation de son ADN dans un ovule, en vue de donner naissance à un Néandertalien vivant. C'est ainsi qu'après des milliers et des milliers d'années de disparition, un Néandertalien pourrait de nouveau fouler le sol terrestre.

George Church, chercheur à l'école de médecine de Harvard, a même estimé le budget de l'opération à 30 millions de dollars. Une manière de procéder consisterait d'abord à diviser le génome humain en plusieurs gros morceaux de 100 000 paires de bases, à insérer chacun de ces fragments dans une bactérie et à les modifier génétiquement de façon à ce qu'ils correspondent au génome du Néandertalien. Une fois ainsi traitées, les différentes parties seraient ensuite réassemblées pour constituer un ADN de Néandertalien complet. Une cellule portant cet ADN serait ensuite reprogrammée pour retourner à son état embryonnaire, puis introduite dans l'utérus d'un chimpanzé femelle[1].

Ce projet a fait réagir Klein, le chercheur précité de Stanford, par une question plus profonde qu'il n'y paraît : « Et vous les mettrez à Harvard ou dans un zoo[2] ? »

Ce type de projets de résurrection d'espèces éteintes comme le Néandertalien « posera sans aucun doute de gros problèmes éthiques », prévient Dawkins[3]. De quels droits jouiront les Néandertaliens ? Qu'adviendra-t-il quand ils désireront se reproduire ? Qui sera responsable si l'un d'entre eux blesse quelqu'un ?

Et sans même parler des Néandertaliens, les chercheurs ouvriront-ils un zoo à l'intention des espèces animales éteintes de longue date tel le mammouth ?

1. Nicholas Wade, « Scientists in Germany Draft Neanderthal Genome », *New York Times*, 12 février 2009, p. A12, www.nytimes.com/2009/02/13/science/13neanderthal.html.

2. *Ibid.*

3. Dawkins, *op. cit.*, p. 114.

Résurrection du mammouth

L'idée de ressusciter un mammouth n'est pas aussi folle qu'elle en a l'air. Les chercheurs ont déjà réussi à séquencer l'essentiel du génome du mammouth laineux, une espèce disparue vivant jadis en Sibérie. Auparavant, seuls quelques minuscules fragments d'ADN avaient été extraits de carcasses congelées depuis des milliers d'années. Puis Webb Miller et Stephan C. Schuster, tous deux en poste à l'université d'État de Pennsylvanie, ont réalisé l'impossible : extraire 3 milliards de paires de bases d'ADN de ce même type de carcasse. Le précédent record de séquençage, pour une espèce disparue, totalisait seulement 13 millions de paires, c'est-à-dire moins du centième d'un génome animal. Ce progrès a été rendu possible par un nouveau type de séquenceurs, les séquenceurs à haut débit, qui analysent des milliers de gènes à la fois, et non plus un par un. Mais une autre astuce a été de savoir où prélever l'ADN ancien. Miller et Schuster ont trouvé leurs meilleurs échantillons dans les follicules pileux du mammouth, et non dans le corps proprement dit.

L'idée de ressusciter une espèce disparue relève aujourd'hui du domaine du possible. « Il y a un an, j'aurais dit que c'était de la science-fiction[1] », affirme Schuster. Mais désormais, avec un fragment d'ADN séquencé aussi important, la question devient moins problématique. Schuster a même sa petite idée sur la façon de procéder. Selon ses estimations, environ 400 000 modifications effectuées dans l'ADN d'un éléphant d'Asie permettraient, via l'insertion dans un ovule et l'implantation dans une femelle éléphant, de donner naissance à un animal présentant les caractéristiques essentielles du mammouth laineux.

La même équipe étudie aussi la possibilité de séquencer l'ADN d'une autre espèce disparue, le thylacine, un marsupial australien proche du diable de Tasmanie, qui s'est éteint en 1936. Il est aussi envisagé de séquencer le dodo, un oiseau éteint, à partir de

1. Kate Wong, « Scientists Sequence Half the Woolly Mammoth's Genome », *Scientific American*, janvier 2009, p. 26, www.scientificamerican.com/article.cfm?id=woolly-mammoth-genome-sequenced.

l'ADN extrait de tissus mous ou de carcasses conservées à Oxford ou ailleurs.

Jurassic Park ?

Tout cela nous ramène à notre question de départ, à savoir la possibilité de ressusciter des dinosaures. De fait, rien n'est encore définitif en la matière. Une opération à la *Jurassic Park* suppose de disposer de l'ADN intact d'une forme de vie qui s'est éteinte il y a plus de 65 millions d'années, ce qui n'arrivera peut-être jamais. Bien que des tissus mous aient été trouvés à l'intérieur de fémurs de dinosaures fossilisés, aucune molécule d'ADN n'a encore pu en être extraite à ce jour, seulement des protéines. Et même si ces protéines ont déjà prouvé une certaine proximité chimique entre le *Tyrannosaurus rex* et la grenouille ou le poulet, il y a encore du chemin à parcourir avant de récupérer de l'ADN de dinosaure.

Selon Dawkins, une autre option consisterait à comparer le génome de diverses espèces d'oiseaux et de reptiles pour ensuite reconstruire mathématiquement la séquence génétique d'un « dinosaure généralisé ». Il remarque qu'il est déjà possible d'amener des bourgeons dentaires à se développer dans le bec des poulets ou de faire croître des pattes aux serpents. Certaines particularités depuis longtemps disparues se trouvent en effet toujours conservées dans le génome.

Les biologistes ont compris que les gènes peuvent être activés ou non, ce qui signifie que des gènes associés à des caractéristiques anciennes subsistent encore à l'état latent. Il suffirait donc de réveiller ces gènes pour retrouver les traits correspondants.

Dans un passé lointain, par exemple, les poulets avaient les pattes palmées. Le gène responsable de ces palmes n'a pas disparu mais a simplement été éteint. En le réactivant, on pourrait en théorie obtenir des poulets à pattes palmées. De la même façon, la peau des hommes était jadis recouverte de fourrure. Nous l'avons perdue avec l'apparition de la sudation, un mécanisme très efficace pour réguler la température du corps. (Les chiens, dépourvus de glandes sudoripares, se refroidissent en haletant.) Nous possédons encore apparemment ce gène de la fourrure, mais il est éteint. En le réactivant, nous pourrions donc donner naissance à des hommes à fourrure. (Certains ont émis l'hypothèse que les légendes de loup-garou étaient liées à l'activation de ce gène.)

En supposant donc que les gènes désactivés de dinosaures soient toujours inscrits dans le génome des oiseaux, il serait alors possible, après des millions d'années, de les réactiver et de pousser les oiseaux à développer des caractéristiques de dinosaures. En dépit de sa nature hautement spéculative, la proposition de Dawkins ne relève ainsi pas de la folie pure.

Nouvelles formes de vie

Notre cheminement aboutit à une question ultime, où il ne s'agit plus seulement de ressusciter des espèces éteintes depuis longtemps, mais de donner vie à des espèces qui n'ont jamais existé par le passé. Verra-t-on des cochons avec des ailes ? Des animaux mythologiques ? Pas avant la fin de ce siècle en tout cas. Mais la science aura tout de même parcouru un long chemin en ce sens.

À ce jour, le facteur limitant reste notre capacité à transférer les gènes puisque seuls les gènes uniques peuvent être déplacés de manière fiable. Il en existe un, par exemple, qui fait luire certains insectes : il est possible de l'isoler et de l'introduire dans un autre animal de façon à le faire briller lui aussi. De fait, certaines recherches sont actuellement menées sur la manière dont des animaux domestiques pourraient être modifiés par l'addition d'un unique gène.

Mais la création d'un animal entièrement nouveau, comme la chimère de la mythologie grecque – une combinaison de trois animaux différents –, nécessite de déplacer des milliers de gènes. Pour fabriquer le cochon volant déjà mentionné, par exemple, il faudrait déplacer des centaines et des centaines de gènes pour lui faire pousser les ailes avec des muscles et des vaisseaux sanguins bien adaptés. Une telle opération se situe aujourd'hui très au-delà de nos possibilités.

Quelques incursions dans ces perspectives futuristes se montrent toutefois encourageantes. Les biologistes, par exemple, ont été très étonnés de constater que l'agencement du corps, de la tête aux pieds, se reflète dans la position des gènes correspondants sur les chromosomes. Avec les gènes HOX, qui décrivent la construction du corps, la nature a apparemment été adepte du plus court chemin, car l'ordre dans lequel ils sont disposés correspond à l'ordre vertical des organes. Cette observation a aussi le grand mérite de faciliter le déchiffrement de l'histoire évolutionnaire de ces gènes.

Il existe d'autre part des gènes qui semblent régir les propriétés de nombreux autres gènes. En intervenant sur une poignée de ces « gènes maîtres », il serait donc envisageable de modifier les propriétés de quantités d'autres.

Rétrospectivement, il apparaît que la nature a décidé de bâtir notre anatomie en dressant un plan à la manière d'un architecte. La disposition géométrique sur ce plan correspond à celle du bâtiment physique. Et les plans sont modulaires dans la mesure où des blocs de sous-plans sont contenus dans un unique plan maître.

Une autre idée consiste à appliquer nos connaissances en génétique non seulement pour concevoir de nouvelles formes animales, mais aussi pour ramener à la vie des personnalités historiques. Robert Lanza, le biologiste déjà cité, pense la chose possible dès lors qu'une cellule intacte peut être extraite du cadavre. À Westminster Abbey sont précieusement conservés nombre de corps de rois ou de reines, de poètes, d'autorités religieuses, de politiciens, et même de savants comme Isaac Newton. Un jour, ainsi que me l'a confié Lanza, il sera peut-être possible de trouver de l'ADN intact à l'intérieur de ces restes et de les ramener à la vie.

4

LES NANOTECHNOLOGIES
Ces petits riens qui feront tout

Les principes de la physique, pour autant que je puis en juger, ne s'opposent pas à la possibilité de manipuler les choses atome par atome.

Richard Feynman, Prix Nobel

Les nanotechnologies nous fournissent les outils nécessaires pour accéder au coffre à jouets ultime de la nature – les atomes et les molécules. Comme tout se construit à partir d'eux, les possibilités sont infinies.

Horst Stormer, Prix Nobel

Le rôle de l'infiniment petit est infiniment grand.

Louis Pasteur

La maîtrise des outils influence depuis toujours le cours de notre destinée. À l'aube de l'humanité, l'invention de l'arc a facilité la chasse et la quête de nourriture. Avec la métallurgie, apparue il y a environ sept mille ans, et les outils qu'elle nous a procurés, nous avons pu troquer de frêles abris contre des bâtiments plus grands et plus solides, et bâtir un empire qui a peu à peu gagné sur la nature.

Nous sommes aujourd'hui sur le point d'acquérir une autre gamme d'outils, bien plus puissants que tous ceux qui les ont précédés : les nanotechnologies. Grâce à elles, en effet, nous serons en mesure d'opérer directement au niveau atomique. Le fait de pouvoir manipuler un à un les constituants de la matière marquera sans doute le début d'une seconde révolution industrielle. Nous assisterons à une floraison d'usines moléculaires dédiées à la fabrication de matériaux nouveaux, à peine imaginables aujourd'hui, d'une résistance et d'une légèreté incroyables, et dotés de surprenantes propriétés électriques et magnétiques.

Pour reprendre les mots du Prix Nobel Richard Smalley : « Le plus grand rêve de la technologie est de bâtir avec l'atome pour brique[1]. » Plus précisément, comme l'indique Philip Kuekes, chercheur chez Hewlett-Packard : « En définitive, il ne s'agit pas simplement de construire des ordinateurs de la taille d'un grain de poussière. L'idée consiste aussi à en fabriquer de très élémentaires de la taille d'une bactérie. Vous disposerez alors d'autant de puissance dans un grain de poussière que dans tout votre ordinateur de bureau aujourd'hui[2]. »

Ces mots ne relèvent pas d'un simple espoir formulé par quelques visionnaires idéalistes, mais d'un objectif que le gouvernement américain prend très au sérieux. En 2009, conscient de l'énorme impact à venir des nanotechnologies en matière de médecine, d'industrie, d'aéronautique ou de commerce, l'initiative nationale pour les nanotechnologies a alloué un fonds d'un milliard et demi de dollars à la recherche en ce domaine. Et comme l'indique un rapport très officiel de la Fondation nationale pour la science : « La nanotechnologie a le potentiel d'accroître les performances humaines, de favoriser le développement durable des matériaux, de l'eau, de l'énergie et de la nourriture, de nous protéger contre des bactéries et des virus inconnus[3]... »

À terme, les nanotechnologies décideront probablement de l'économie du monde et du sort des nations. Vers 2020 ou peu

1. Carl T. Hall, « Brave New Nano-World Lies Ahead », *San Francisco Chronicle*, 19 juillet 1999, www.sfgate.com/default/article/Brave-New-Nano-World-Lies-Ahead-One-atom-at-a-2918337.php.

2. *Ibid.*

3. Cité dans Kurzweil, *op. cit.*, p. 244.

après, la loi de Moore va en effet commencer à faillir avant de s'effondrer complètement. Un effroyable désastre économique risquera alors de s'ensuivre, à moins que les physiciens ne trouvent une solution de rechange aux transistors en silicium. Les nanotechnologies viendront alors peut-être à la rescousse.

Et il se pourrait même qu'elles permettent, d'ici à la fin du siècle, de fabriquer une machine quasi divine, capable à son tour de tout fabriquer partir de rien ou presque.

Le monde quantique

L'histoire des nanotechnologies commence par une question en apparence anodine, posée par le Prix Nobel Richard Feynman : Quel degré de petitesse peut atteindre une machine ? Ce problème, à l'époque où il était formulé, dépassait déjà largement le seul cadre académique dans la mesure où la réduction progressive des ordinateurs changeait alors la face de l'industrie. Il devenait de plus en plus manifeste que la réponse à cette question aurait un profond impact sur l'économie et la société tout entière.

Dans une conférence prophétique intitulée « Il y a beaucoup d'espace en bas », prononcée en 1959 devant la Société américaine de physique, Feynman notait avec intérêt « qu'un physicien pourrait, en principe, synthétiser tout composé chimique proposé par un chimiste. Passez la commande, et le physicien l'exécutera. Comment ? Placez les atomes là où le chimiste l'a indiqué, et vous obtiendrez le composé. » Feynman concluait à la possibilité de construire des machines atome par atome, même si les lois de la physique quantique rendaient l'opération particulièrement délicate.

En dernier ressort, l'avenir du monde se trouve donc suspendu aux principes étranges et contre-intuitifs de cette théorie de l'extrêmement petit. On pourrait logiquement penser que les lois physiques restent valables à toutes les échelles, y compris les plus minimes. Mais il n'en est rien. Un film comme *Chérie, j'ai rétréci les gosses* nous laisse une impression trompeuse sur ce point. Une scène présente par exemple un héros miniaturisé qui chevauche une fourmi sous une pluie torrentielle. Les gouttes d'eau tombent sur le sol en y formant de petites flaques, exactement comme dans notre monde. En réalité, pourtant, la fourmi verrait ces gouttes comme d'énormes hémisphères. Et ces monticules ne crèveraient pas comme dans notre monde, car la tension superficielle, qui a tendance à retenir entre elles les gouttes plus fines, est, toutes choses égales par ailleurs, bien plus importante aux petites échelles.

Ainsi que le soulignait Feynman dans son exposé, d'autres paramètres encore dominent aux niveaux de petitesse extrême, comme les liaisons hydrogène et les forces de Van der Waals, qui résultent de petites forces électriques entre atomes et molécules. Leur valeur détermine de nombreuses propriétés physiques de la matière.

Le passe-muraille

D'autres étranges effets surviennent à l'échelle atomique. Même si nous ne la remarquons pas dans la vie quotidienne, la physique quantique agit tout le temps et en tous lieux. Un atome, par exemple, est largement constitué de vide : il n'existe rien entre le noyau et les couches électroniques qui l'environnent. Et si l'atome avait les dimensions d'un stade, le noyau équivaudrait à un grain de sable. En toute logique, nous devrions donc pouvoir passer à travers les murs, ce qui n'est manifestement pas le cas.

Alors pourquoi ? La réponse tient à un curieux phénomène, le principe d'exclusion de Pauli, qui affirme que deux électrons ne sauraient se trouver dans un même état quantique. En conséquence, deux électrons à peu près identiques se repoussent quand ils se rapprochent trop. C'est ce principe qui confère aux objets leur solidité alors même qu'ils sont presque entièrement construits de vide.

Quelqu'un qui s'assoit sur une chaise, par exemple, a l'impression de la toucher. En réalité, cette personne flotte à un nanomètre d'elle environ, repoussé par des forces quantiques et électriques. En d'autres termes, de minuscules forces atomiques nous empêchent toujours de vraiment « toucher » quelque chose. (Si quelqu'un savait neutraliser le principe d'exclusion, nous pourrions donc jouer les passe-murailles.)

La théorie quantique ne se contente pas d'éviter que les atomes ne tombent les uns sur les autres : elle leur permet aussi de se lier entre eux pour former des molécules. Représentons-nous pour l'occasion un atome comme un petit système solaire, constitué de planètes tournant autour d'une étoile. Si deux de ces systèmes venaient à se croiser, ils se détruiraient car les planètes se cogneraient les unes aux autres ou s'échapperaient dans toutes les directions. En toute logique, deux atomes devraient donc se détruire en se rencontrant.

En réalité, quand deux atomes s'approchent très près l'un de l'autre, ils rebondissent ou se combinent pour former une molécule stable. La seconde possibilité tient à ce qu'un électron se partage entre deux atomes. Cette idée semble absurde, et elle le serait certainement si l'électron obéissait aux lois de la gravitation de Newton. Mais le principe d'incertitude de Heisenberg rend la localisation exacte de l'électron impossible, et celui-ci s'étale donc, en quelque sorte, entre deux atomes, ce qui les retient l'un à l'autre.

En d'autres termes, si la physique quantique tombait subitement en panne, les molécules se démantibuleraient en se cognant les unes aux autres et nous disparaîtrions dans un gaz de particules. Cette théorie explique pourquoi les atomes, plutôt que de se désintégrer, se lient entre eux pour constituer de la matière.

Parmi les propriétés étonnantes de la théorie quantique, mentionnons au moins celles-ci.

- Il est impossible de connaître avec exactitude la position et la vitesse d'une particule – il subsiste toujours une incertitude.
- D'un certain point de vue, une particule peut se trouver à deux endroits différents en même temps.
- Une particule existe en tant que combinaison de différents états simultanés ; l'axe d'une particule en rotation, par exemple, peut pointer vers le haut et vers le bas en même temps.
- Il vous est possible de disparaître et de réapparaître ailleurs.

Toutes ces propositions paraissent invraisemblables de prime abord. En fait, selon Einstein lui-même : « Plus la théorie quantique fonctionne, plus elle paraît folle. » Personne ne sait d'où jaillissent ces lois étranges, qui ne sont que des postulats, admis sans autre forme d'explication. Mais la théorie quantique a au moins pour elle un grand avantage : sa justesse. Sa validité a été mesurée avec une précision de 1 sur 10 milliards, un record absolu en la matière.

Et si nous ne percevons rien de ce monde dans le cours de notre vie quotidienne, c'est que nous sommes composés de milliards et de milliards d'atomes, et que les effets quantiques, en un certain sens, se compensent mutuellement.

Comment déplacer des atomes un par un ?

Richard Feynman rêvait du temps où les physiciens sauraient assembler des atomes individuellement pour former la molécule de leur choix. Ce qui paraissait impossible en 1959 est en partie devenu réalité aujourd'hui.

J'ai eu moi-même la chance d'assister et de procéder à une opération de ce type, lors d'une visite au centre de recherches Almaden d'IBM, à San Jose en Californie. La manipulation s'exécute grâce à un microscope à effet tunnel, un remarquable dispositif inventé par deux chercheurs d'IBM, Gerd Binnig et Heinrich Rohrer, à qui il a valu le Prix Nobel en 1986.

Contrairement à ce que son nom pourrait laisser penser, le microscope à effet tunnel n'a rien d'un microscope. Il ressemblerait plutôt à un vieux phonographe. Une aiguille très fine, dont la pointe ne mesure qu'un atome de diamètre, passe lentement au-dessus du matériau à analyser. Un petit courant électrique circule de l'aiguille à la base de l'appareil en traversant le matériau, et l'intensité de ce courant varie légèrement à chaque fois que l'aiguille passe au-dessus d'un atome. Après de multiples passages, l'instrument est en mesure d'afficher une représentation étonnante des contours des atomes. En utilisant une aiguille similaire, il est aussi possible de les déplacer. Cette technique permet ainsi de disposer des atomes pour former les lettres IBM et même fabriquer quelques machines, encore très primitives.

Déplacer des atomes m'a semblé très facile. Je me suis assis devant un écran d'ordinateur sur lequel se distinguait une série de boules blanches, des espèces de balles de ping-pong de deux ou trois centimètres de diamètre. Chaque balle représentait un atome individuel. J'ai alors placé le curseur au-dessus d'une boule et l'ai déplacé dans une autre position. J'ai ensuite appuyé sur un bouton qui a activé l'aiguille, qui elle-même a déplacé l'atome. Le microscope a procédé à une nouvelle analyse au terme de laquelle une nouvelle image est apparue : la balle avait été déplacée exactement à l'endroit où je l'avais désiré.

Il m'a fallu seulement une minute pour déplacer un atome où je le voulais. En l'espace d'une heure, j'ai réussi à former un certain nombre de lettres de l'alphabet, puis des motifs plus complexes, riches d'une dizaine d'atomes environ.

Le plus difficile a été finalement de me remettre du choc d'avoir pu déplacer des atomes individuellement, une opération qui me semblait jadis tout à fait impossible.

MEMS et nanoparticules

En dépit de leur récente émergence, les nanotechnologies ont déjà provoqué un boom industriel et économique dans l'industrie des revêtements chimiques. La pulvérisation en couches très fines, de quelques molécules d'épaisseur à peine, de certains composés sur des produits commerciaux augmente leurs performances, en améliorant leur résistance à la rouille, par exemple, ou en modifiant leurs propriétés optiques. Cette technique est d'ores et déjà utilisée pour fabriquer des tissus antitaches, des vernis antirayures, des écrans d'ordinateurs de meilleure qualité ou des lames plus affûtées. Elle ne pourra que se développer dans les années à venir.

Une autre application des nanotechnologies commence à envahir notre quotidien : les microsystèmes électromécaniques, ou MEMS, qui équipent déjà des cartouches d'encre, des capteurs d'airbag et les gyroscopes embarqués dans les voitures ou les avions. Ils représentent déjà un poids économique de 40 milliards de dollars dans le monde entier. Les MEMS sont de minuscules machines qui tiendraient aisément sur une tête d'épingle. Elles sont fabriquées par gravure, de la même manière que les transistors dans l'industrie de la micro-informatique. Les ingénieurs spécialisés dans ce domaine travaillent avec des composants mécaniques invisibles à l'œil nu.

On doit également à une équipe du centre de recherches d'IBM à Zurich une version extraordinairement miniaturisée du boulier, ce vénérable outil de calcul asiatique, constitué de plusieurs tiges sur lesquelles coulissent des perles de bois. Il a été construit en manipulant des atomes un à un sous microscope à effet tunnel. Les billes de bois ont été remplacées par des molécules de buckminsterfullerène, une disposition d'atomes de carbone en forme de ballon de football, d'une taille inférieure à 5 000 fois le diamètre d'un cheveu.

À Cornell, des chercheurs ont même gravé une nanoguitare, dont les cordes, d'une épaisseur de 100 atomes chacune, peuvent être pincées. Les fréquences produites, on s'en doute, sont trop élevées pour être entendues par l'oreille humaine. Une vingtaine de ces guitares mises bout à bout pourraient tenir dans la section d'un cheveu.

L'application la plus courante de cette technologie concerne toutefois les airbags. Ces dispositifs de sécurité sont en effet dotés de minuscules accéléromètres MEMS, capables de détecter les soudains ralentissements d'un véhicule. Une petite bille est attachée à un ressort ou un levier. En cas de décélération brutale, le mouvement de la bille provoque une minuscule décharge électrique, qui à son tour déclenche une explosion libérant de grandes quantités d'azote. Le tout en moins de 1/25 de seconde. Une technologie qui a déjà sauvé des milliers de vies.

Futur proche (aujourd'hui à 2030)

Des nanomachines dans notre corps

Dans un premier temps, une armée de nanodispositifs devrait prendre d'assaut le champ de la médecine. Il y a une cinquantaine d'années déjà, le film intitulé *Le Voyage fantastique* narrait les aventures d'un vaisseau habité qui avait été miniaturisé et expédié dans le système sanguin d'un patient. Aujourd'hui, entre autres objectifs, les spécialistes cherchent à développer de petits chasseurs moléculaires, capables de se concentrer automatiquement sur les cellules cancéreuses et de les détruire proprement, sans affecter leurs voisines saines.

En 1992, Jerome Schentag, chercheur à l'université de Buffalo, avait mis au point la pilule intelligente que nous avons mentionnée plus haut. Cet instrument minuscule, de la taille d'un comprimé précisément, est avalé et suivi par voie électronique, ce qui permet de délivrer le médicament au bon endroit. De telles pilules ont aussi été équipées de caméras pour filmer leur progression à travers l'estomac et les intestins. Il est possible de les guider par des aimants, ce qui se révèle très utile pour rechercher des tumeurs et des polypes. À l'avenir, elles pourront même pratiquer de petites opérations chirurgicales – elles supprimeront alors toute anomalie rencontrée en chemin ou réaliseront des biopsies de l'intérieur, sans incision de la peau.

D'une taille bien plus réduite, les nanoparticules sont des molécules spécifiquement conçues pour dispenser sur place un traitement adapté. Véritables petites bombes moléculaires intelligentes, elles feront à terme exploser leurs charges chimiques avec une précision inégalée, limitant ainsi les dommages collatéraux. Le traitement du cancer s'en trouvera probablement radicalement transformé.

Il faut avoir subi les lourds effets secondaires d'une chimiothérapie pour comprendre le potentiel immense de ces nanoparticules en matière de qualité de vie. La chimiothérapie consiste à imbiber le corps entier de toxines qui détruisent avec presque autant d'efficacité les cellules saines que les cellules cancéreuses. Les dégâts annexes sont considérables. De fait, les effets secondaires d'une chimiothérapie – nausée, perte des cheveux, perte de poids, etc. – sont si sévères que certains patients préfèrent y renoncer, avec les conséquences irrémédiables que l'on sait.

Les nanoparticules devraient changer tout cela. Le traitement à délivrer sera placé dans une molécule en forme de capsule. La nanoparticule circulera alors dans le sang jusqu'à trouver sa destination et relâchera son principe actif au bon endroit.

La taille constitue le paramètre essentiel de ces nanoparticules[1]. Elles doivent mesurer entre 10 et 100 nanomètres pour rebondir

1. James R. Heath, Mark E. Davis et Leroy Hood, « Nanomedicine – Revolutionizing the Fight against Cancer », *Scientific American*, février 2009, p. 44.

sur les cellules saines et s'engager dans les larges pores dont les parois des cellules cancéreuses sont irrégulièrement criblées.

Cette solution joint la simplicité à l'efficacité. Point de méthode compliquée aux effets secondaires incertains… Point de systèmes de guidages sophistiqués… Simplement des nanoparticules de tailles adéquates : trop grosses pour attaquer les cellules saines, mais parfaites pour pénétrer dans les cellules cancéreuses.

La société BIND Biosciences, basée à Cambridge dans le Massachusetts, a déjà conçu des nanoparticules, composées d'acide polylactique ou d'acide copolylactique et d'acide glycolique, capables de retenir un médicament dans un filet moléculaire. Leur système de guidage est constitué par les peptides qui enveloppent la charge utile et se lient spécifiquement avec la cellule cible.

Ce travail présente un aspect très séduisant du fait que les nanoparticules se forment d'elles-mêmes, sans recourir à des usines ou des installations chimiques perfectionnées. Les divers composants sont mélangés, dans l'ordre qui convient, sous des conditions contrôlées, et la nanoparticule s'auto-assemble.

Ces particules sont donc très faciles à produire. « On peut les fabriquer à l'échelle du kilogramme, un résultat que personne n'avait obtenu auparavant[1] », précise Omid Farokhzad, chercheur chez BIND Biosciences ainsi qu'à l'école de médecine de Harvard.

Ces nanoparticules ont déjà prouvé leurs qualités sur les cancers de la prostate, du sein et du poumon chez le rat. Grâce à des colorants, il a été possible de visualiser leur trajet et de montrer qu'elles s'accumulent dans l'organe concerné et relâchent leur principe actif de la manière voulue. Les essais cliniques sur l'homme devraient commencer bientôt.

Haro sur les cellules cancéreuses

Il est aussi possible d'utiliser les nanoparticules pour détruire directement une cellule cancéreuse. La méthode repose sur un

1. Emily Singer, « Stealthy Nanoparticles Attack Cancer Cells », *MIT Technology Review*, 4 novembre 2009, www.technologyreview.com/news/416130/stealthy-nanoparticles-attack-cancer-cells.

principe simple : concentrer un faisceau laser sur les nanoparticules qui, en vibrant et en chauffant, détruisent toutes les cellules malades du voisinage. La principale difficulté consiste à bien positionner lesdites nanoparticules.

Plusieurs groupes ont déjà élaboré des prototypes. Des chercheurs du Laboratoire national d'Argonne, dans l'Illinois, et de l'université de Chicago ont conçu des nanoparticules de dioxyde de titane (une molécule qui se trouve communément dans les crèmes solaires) liées à un anticorps qui recherche naturellement une tumeur appelée glioblastome multiforme (GBM). Ces nanoparticules sont ainsi transportées en auto-stop vers les cellules cancéreuses. Une lumière blanche est ensuite émise pendant cinq minutes, ce qui, par réchauffement, finit par tuer les cellules cancéreuses. Les études ont montré que 80 pour 100 des cellules malades pouvaient être éliminées de cette façon.

Ces mêmes chercheurs sont à l'origine d'un second procédé : amener de minuscules disques sur les cellules cancéreuses, puis les soumettre à un faible champ magnétique externe, ce qui les fait vibrer et détruit du même coup les parois des cellules malades. Les tests ont montré que 90 pour 100 des cellules cancéreuses étaient éliminées après seulement dix minutes de traitement.

Ce résultat ne relève pas d'un coup de chance. Les chercheurs de l'université de Californie à Santa Cruz ont conçu un système similaire, fonctionnant avec des nanoparticules d'or. De forme sphérique, ces particules mesurent seulement de 20 à 70 nanomètres de diamètre pour quelques atomes d'épaisseur. En les connectant à un peptide connu pour être attiré par les cellules du cancer de la peau, l'équipe a pu les diriger vers celles d'une souris malade. L'action d'un laser infrarouge a ensuite chauffé les nanoparticules, tuant du même coup les cellules. « Cela revient au fond à verser de l'eau bouillante sur une cellule cancéreuse jusqu'à ce qu'elle meure. Plus la chaleur produite par les nanosphères est intense, mieux c'est », résume Jin Zhang, l'un des membres de l'équipe[1].

---

1. « Special Gold Nanoparticles Show Promise for "Cooking" Cancer Cells », www.eurekalert.org/pub_releases/2009-03/acs-sgn030909.php.

Des nanovoitures dans le sang

Après les nanoparticules circulant librement dans le système sanguin suivront les nanovoitures, qui, tels de minuscules drones télécommandés, pourront être conduites n'importe où dans le corps.

James Tour et ses collègues de l'université Rice ont déjà fabriqué un prototype doté de quatre molécules de buckminsterfullerène en guise de roues. À terme, leur travail vise à disposer d'un véhicule moléculaire associé à un robot qui éliminerait les cellules cancéreuses trouvées sur la route et délivrerait des traitements salvateurs dans le corps avec une précision extrême.

Le grand problème de la nanovoiture toutefois, c'est le moteur. Les chercheurs spécialisés fabriquent des machines de plus en plus sophistiquées, mais disposer d'une source d'énergie à l'échelle moléculaire reste l'un des plus grands obstacles à surmonter. La nature a résolu le problème en tirant son énergie de l'adénosine triphosphate (ATP), ou plutôt des liaisons entre les atomes qui constituent cette molécule. Mais une alternative synthétique se révèle très difficile à mettre au point.

Thomas Mallouk et Ayusman Sen ont trouvé une solution potentielle à ce problème[1]. Ces chercheurs de l'université d'État de Pennsylvanie ont conçu une nanovoiture capable de se déplacer à des dizaines de micromètres par seconde, soit la vitesse de la plupart des bactéries. Leur véhicule est constitué d'une nanotige en or et en platine, placée dans un mélange d'eau et de peroxyde d'hydrogène. Une réaction chimique s'enclenche alors, qui a pour effet de déplacer des protons d'un bout à l'autre de la tige. Comme la charge électrique de ces particules s'oppose à celle des molécules d'eau, la nanotige progresse, et ce mouvement dure autant qu'il subsiste du peroxyde d'hydrogène.

Les chercheurs dirigent également leur nanovoiture par voie électromagnétique. Ils adjoignent pour cela de petits disques de nickel à la nanotige, de sorte qu'elle se comporte comme l'aiguille

---

1. Thomas E. Mallouk et Ayusman Sen, « La propulsion des nanorobots », *Pour la Science*, juillet 2009, p. 58.

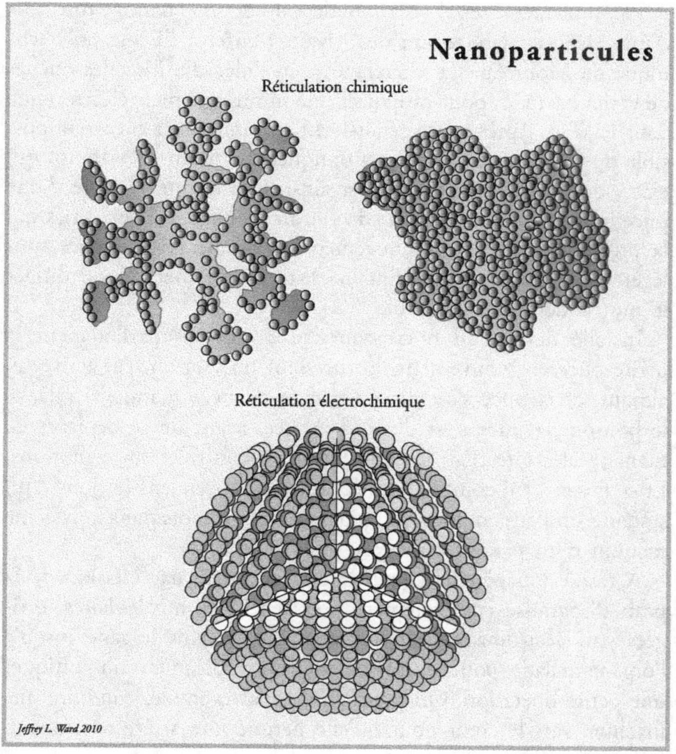

Figure 6. Les robots moléculaires patrouilleront dans le sang pour identifier et détruire les cellules cancéreuses et les agents pathogènes. Ils révolutionneront sans doute la médecine à eux seuls.

d'une boussole. Un petit aimant déplacé à proximité suffit alors pour la conduire à l'endroit voulu.

Il est aussi possible de la guider avec une lampe de poche. La lumière, en effet, décompose les molécules en ions positifs et en ions négatifs. Or ces deux types d'ions diffusent à travers le milieu à des vitesses différentes, ce qui engendre un champ électrique, lequel attire le véhicule. Ainsi, il suffit de pointer une lampe de poche dans telle ou telle direction pour diriger à sa guise le véhicule.

J'ai moi-même eu l'occasion de piloter une nanovoiture lors d'une visite au laboratoire de Sylvain Martel à l'École polytechnique de Montréal. Ce chercheur a eu l'idée d'utiliser les queues de vraies bactéries pour propulser une minuscule puce électronique dans le sang. Après tout, s'était-il dit, comme il est encore impossible de fabriquer un moteur atomique, autant en prendre un qui existe déjà à l'état naturel. C'est ainsi qu'il a doté l'arrière d'une puce informatique minuscule d'environ 80 queues de bactéries qui la propulsent par leurs mouvements. Comme ces bactéries sont légèrement chargées, des aimants externes permettent de diriger le mouvement de l'ensemble.

Installé devant un microscope, je distinguais parfaitement la petite puce en mouvement. En pressant un bouton, j'ai activé un aimant, et la puce s'est dirigée vers la droite. Quand j'ai relâché le bouton, la puce s'est d'abord arrêtée, avant de se déplacer de manière aléatoire. J'ai de cette façon pu contrôler ses évolutions. Et ce faisant, j'ai compris que des médecins useraient un jour d'un système similaire, mais pour guider des nanorobots dans le système sanguin d'un patient cette fois.

À terme, on peut imaginer que la chirurgie par incision de la peau disparaisse complètement. Les machines moléculaires, dirigées par électromagnétisme, se déplaceront dans le sang jusqu'à l'organe malade, pour ensuite délivrer un médicament ou pratiquer une petite opération. On pourra ainsi, par exemple, conduire une machine vers le cœur pour qu'elle nettoie une artère obstruée.

Puces à ADN

Comme je l'ai déjà indiqué au chapitre 3, de petits capteurs disposés dans nos vêtements, notre salle de bain, voire à l'intérieur de notre corps, surveilleront en permanence notre état de santé et détecteront les maladies comme le cancer, et ce des années avant qu'elles ne deviennent dangereuses. De minuscules « puces à ADN » porteront tout un laboratoire qui leur servira, à l'instar du tricordeur dans *Star Trek*, à établir un diagnostic en quelques minutes.

Aujourd'hui, le dépistage d'un cancer est un processus souvent coûteux et fastidieux, dont la durée s'étend parfois sur plusieurs semaines. Le nombre d'analyses pratiquées se voit donc sévèrement limité. Mais les progrès de la technologie informatique changent actuellement la donne. Les chercheurs ont déjà conçu des dispositifs capables de détecter des cancers à moindres frais, grâce un examen très rapide de certains biomarqueurs que produisent les cellules malades.

Par des techniques semblables à celles utilisées dans l'industrie informatique, il est en effet possible de graver une puce sur laquelle de minuscules fragments d'ADN détectent des séquences génétiques spécifiques et des cellules cancéreuses, en se liant avec les molécules de l'échantillon à analyser. Ce procédé, qui passe par un faisceau laser pour la lecture des résultats, offre l'avantage de pouvoir traiter de nombreuses séquences à la fois.

En 1997, la société Affymetrix a commercialisé une première puce à ADN, capable d'analyser rapidement 50 000 séquences d'ADN. En 2000, ce nombre était porté à 400 000 pour un coût de quelques milliers de dollars. En 2002, les prix avaient chuté à 200 dollars pour des puces encore plus puissantes. Les prix ont continué de plonger en raison de la loi de Moore, jusqu'à désormais atteindre quelques dollars.

Shana Kelley, professeur à l'école de médecine de l'université de Toronto, résume ainsi la situation : « Il faut aujourd'hui une pièce remplie d'ordinateurs pour évaluer un échantillon cliniquement pertinent de biomarqueurs du cancer, et les résultats ne sont pas disponibles rapidement. Notre équipe a été capable de mesurer les biomolécules sur une puce électronique de la taille d'un ongle[1]. » Elle entrevoit déjà le jour où tout l'équipement nécessaire à l'analyse de cette puce sera réduit aux dimensions d'un téléphone portable. À terme, c'est un laboratoire d'analyse comparable à celui d'un hôpital ou d'une université qui tiendra sur une simple puce utilisable dans notre salle de bain.

Les médecins de l'hôpital général du Massachusetts ont fabriqué sur mesure une biopuce cent fois plus puissante que toutes celles

---

1. Katherine Harmon, « Could a Microchip Help to Diagnose Cancer in Minutes? », *Scientific American* blog post, 28 septembre 2009, http://blogs.scientificamerican.com/observations/2009/09/28/could-a-microchip-help-to-diagnose-cancer-in-minutes.

qui existent aujourd'hui sur le marché. Dans le sang, la proportion de cellules tumorales circulantes (CTC) se chiffre normalement à un sur un million, mais leur prolifération est mortelle. De par sa sensibilité, la nouvelle biopuce détecte une CTC sur un milliard de cellules qui circulent dans le sang. Il est ainsi possible de déceler des cancers du poumon, de la prostate, du pancréas, du sein et du côlon par l'analyse d'un simple échantillon de sang.

La technologie standard permet de graver des puces contenant 78 000 picots microscopiques (mesurant chacune 100 micromètres de haut). Observées au microscope électronique, ces puces ressemblent à une forêt de pitons arrondis. Chaque picot est enduit d'un anticorps ciblant la molécule d'adhésion cellulaire épithéliale (EpCAM) – une protéine présente dans différents types de cellules cancéreuses mais non dans les cellules saines – dont le rôle est crucial pour la formation d'une tumeur. Lorsque du sang est placé sur la puce, les CTC se collent aux picots. Durant une série d'essais cliniques, la puce a correctement décelé des cancers sur 115 des 116 patients testés.

La production croissante de ces laboratoires sur puce va radicalement faire chuter le prix du diagnostic médical. Aujourd'hui, une biopsie ou une analyse représente plusieurs centaines de dollars et nécessite parfois plusieurs semaines. À l'avenir, il en coûtera seulement une poignée de centimes et l'examen durera quelques minutes à peine. Ces puces révolutionneront la vitesse et l'accès au diagnostic du cancer. À chaque fois que nous nous brosserons les dents, nous bénéficierons d'un check-up approfondi portant sur une grande variété de maladies, dont le cancer au premier chef.

Leroy Hood et ses collègues de l'université de Washington ont fabriqué une puce, de 4 millimètres de diamètre environ, capable de tester la présence de protéines spécifiques à partir d'une simple goutte de sang. Les protéines sont les briques de la vie. Les muscles, la peau, les cheveux, les hormones et les enzymes sont constitués de protéines. Détecter la présence de protéines caractéristiques de certaines maladies comme le cancer permettrait au patient de prendre rapidement conscience de son état. Aujourd'hui, la puce coûte seulement 10 cents et identifie une protéine spécifique en une dizaine de minutes, ce qui fait d'elle un système des millions de fois plus efficace que le précédent. Selon Hood, ce type de puces sera un jour capable d'analyser des centaines de milliers de protéines en un temps record, et nous serons ainsi rapidement alertés sur une large gamme de maladies.

Nanotubes de carbone

La puissance potentielle des nanotechnologies se mesure aussi avec les nanotubes de carbone. En théorie, ces tubes conduisent l'électricité tout en se montrant bien plus résistants que l'acier, ce qui ouvre la voie à une informatique fondée sur le carbone. Mais il faut pour cela un matériau sous une forme pure, ce qui pose un problème de production. De fait, aujourd'hui, les plus longues fibres pures ne dépassent guère quelques centimètres de long. Mais un jour, peut-être, des ordinateurs entiers seront composés de nanotubes de carbone et d'autres structures moléculaires.

Ces nanotubes sont constitués d'atomes de carbone individuels liés entre eux pour former un tube grillagé. Cette configuration étonnante se trouve naturellement dans la suie ordinaire, même si les chercheurs ont tardé à la remarquer.

C'est à leur structure à l'échelle atomique que les nanotubes doivent leur dureté presque miraculeuse. D'habitude, l'analyse d'un morceau de matière solide, comme une pierre ou du bois, montre un grand nombre de structures qui se chevauchent. Dans un tel composite, il est très facile de créer de petites fractures, et donc de le casser. La résistance d'un matériau dépend fondamentalement de sa structure moléculaire. Le graphite, par exemple, quoique constitué de carbone pur, est extrêmement friable car il est formé de couches qui peuvent glisser les unes sur les autres. Chaque couche est faite d'atomes de carbone, liés chacun à trois autres atomes de même nature.

Les diamants sont aussi composés de carbone pur, mais leur structure cristalline favorise cette fois une étroite imbrication des atomes, ce qui procure à l'ensemble une rigidité phénoménale. Les diamants sont les plus durs des minéraux naturels. De la même manière, les nanotubes de carbone doivent leurs propriétés étonnantes à la régularité de leur structure atomique.

Les nanotubes de carbone commencent déjà à trouver place dans l'industrie. Ils sont employés dans la fabrication de câbles pour lignes à haute tension en raison de leur conductivité, ou dans celle de tissus très résistants (davantage que le Kevlar) en raison de leur dureté.

Mais l'application la plus importante du carbone concernera sans doute l'industrie informatique. Le carbone est en effet l'un des rares prétendants au titre de successeur du silicium, au fondement de la technologie informatique. Et à terme, l'avenir de l'économie mondiale dépendra sans doute de la réponse à cette question : qu'est-ce qui remplacera le silicium ?

L'après-silicium

Comme je l'ai indiqué plus haut, la loi de Moore, l'un des piliers de la révolution informatique, ne durera pas éternellement. La donne économique mondiale jouera alors en faveur des pays qui auront su développer un successeur adéquat au silicium.

La question de savoir quand la loi de Moore s'effondrera donne des sueurs froides au monde économique[1]. En 2007, Gordon Moore lui-même fut interrogé sur le fait de savoir si la loi qui portait son nom se vérifierait indéfiniment. Bien sûr que non, a-t-il répondu, en ajoutant qu'il la voyait faillir dans dix ou quinze ans.

Cette estimation grossière s'accorde avec une évaluation antérieure, donnée par Paolo Gargini, le responsable des recherches extérieures chez Intel. Comme cette société fixe la marche de toute l'industrie informatique, son discours a connu une résonance particulière. En 2004, lors d'une conférence annuelle intitulée Semicon West, Gargini a indiqué : « Nous voyons que nous pourrons continuer à compter sur la loi de Moore pendant encore quinze ou vingt ans[2]. »

---

1. Liz Neely, « Moore Says There's More to Moore's Law », *EDN Network*, 18 septembre 2007, www.edn.com/electronics-news/4347532/Moore-Says-There-s-More-to-Moore-s-Law.

2. *Electronic News*, 13 juillet 2004. Voir aussi Kurzweil, *op. cit.*, p. 124 et www.nanotech-now.com/news.cgi?story_id=04803.

Le développement extraordinaire de l'informatique a principalement été porté par la capacité de la lumière ultraviolette à graver sur une tranche de silicium des transistors de plus en plus petits. Aujourd'hui, une puce Pentium en compte des centaines de millions sur une plaque de la taille d'un ongle. Comme la longueur d'onde de la lumière ultraviolette descend jusqu'à 10 nanomètres, il est possible, par cette technique, de tailler des composants d'une trentaine d'atomes de diamètre. Mais ce processus ne durera pas éternellement. Tôt ou tard, il atteindra ses limites, et ce pour plusieurs raisons.

D'abord parce que la chaleur produite par des puces puissantes finira par les faire fondre. Une solution naïve consisterait en effet à empiler les tranches les unes sur les autres pour former une puce cubique. Le procédé augmenterait sans doute la puissance de calcul de la puce, mais au prix d'une libération de chaleur certaine. De fait, la surface de ce cube atteindrait une température si élevée qu'il serait possible d'y faire cuire un œuf. Le problème est simple : une puce cubique présente trop peu de surface pour pouvoir être refroidie efficacement. D'une manière générale, que nous passions de l'eau ou de l'air froid sur une puce chaude, la température baisse d'autant plus que la surface de contact est importante. Il se trouve que la surface d'un cube est tout simplement trop petite. Doubler les dimensions d'une puce cubique revient de fait à multiplier la chaleur produite d'un facteur huit, car le cube contient alors huit fois plus de composants électriques, et sa surface n'est multipliée que par un facteur quatre. En d'autres termes, la chaleur émanant d'une puce cubique augmente plus vite que sa capacité à être refroidie. Plus le cube est volumineux, plus il est difficile à refroidir. Dans le meilleur des cas, les puces cubiques n'offriront qu'une solution partielle et temporaire.

Certains ont suggéré de graver les circuits en utilisant des rayons X plutôt que de la lumière ultraviolette. En principe, l'idée pourrait fonctionner, puisque les rayons X descendent à une longueur d'onde cent fois plus petite que les UV. Mais comme l'énergie du faisceau augmente aussi parallèlement d'un facteur cent environ, la gravure revient à ciseler une sculpture délicate au chalumeau. Par le contrôle très précis qu'elle demande, la lithographie aux rayons X ne fera donc au mieux que reculer légèrement l'échéance.

La gravure se heurte également au principe d'incertitude de la physique quantique, à savoir qu'il est impossible de connaître avec exactitude la position et la vitesse d'un atome ou d'une particule. Aujourd'hui, l'épaisseur d'une couche d'une puce Pentium descend à une trentaine d'atomes d'épaisseur. En 2020, elle atteindra cinq atomes : la position des électrons devenant alors incertaine, ils s'échapperont et créeront des courts-circuits. La physique quantique impose donc une limite à la taille minimale d'un transistor de silicium.

Une façon de contourner la difficulté consiste à recourir au calcul parallèle, c'est-à-dire à l'utilisation de plusieurs puces traitant indépendamment une partie d'un problème global.

De fait, notre cerveau fonctionne lui-même en parallèle. L'IRM révèle que des zones variées s'activent simultanément lors d'un travail intellectuel, ce qui signifie que le cerveau décompose une tâche en plusieurs parties et traite chacune de ces parties de manière autonome. Ce parallélisme explique d'ailleurs pourquoi les neurones, qui véhiculent des signaux électriques à la vitesse effroyablement lente de 300 kilomètres à l'heure, parviennent à surpasser un ordinateur qui les traite à la vitesse de la lumière. Ce que le cerveau perd en rapidité est compensé par sa faculté à exécuter des milliards de petites opérations simultanément et à les rassembler en un résultat global ensuite.

La difficulté du calcul parallèle tient à ce que chaque problème doit d'abord être décomposé avant de pouvoir être traité par des puces distinctes. Il se trouve que ce fractionnement est souvent extraordinairement compliqué à opérer, et qu'il présente en outre le désavantage de dépendre spécifiquement de chaque problème considéré. Une procédure générale reste difficile à trouver. Le cerveau humain y parvient certes sans effort, mais la nature a eu devant elle des millions d'années pour aboutir à ce résultat, quand les ingénieurs ne travaillent sur la question que depuis une décennie environ.

Transistors atomiques

Et pourquoi ne pas remplacer les puces de silicium par des transistors construits à partir d'atomes individuels ? Après tout, si la miniaturisation de câbles et de couches se heurte à une limite infranchissable, pourquoi ne pas repartir de zéro et calculer directement sur des atomes ?

C'est ce type de solution qu'offre le transistor moléculaire. De manière générale, un transistor est un commutateur qui contrôle le flux d'électrons circulant dans un fil. Or un transistor de silicium peut être remplacé par une molécule de benzènethiol, par exemple, qui présente la particularité de ressembler à un long tube doté d'une espèce de valve. En mode normal, l'électricité circule librement dans le tube, ce qui en fait un conducteur. Mais il est aussi possible de « fermer le robinet », ce qui arrête le courant électrique. La molécule agit ainsi comme commutateur qui autorise ou non le passage de l'électricité, c'est-à-dire qu'elle est capable de représenter des 0 et des 1. Des messages numériques peuvent donc être transmis par voie moléculaire.

Plusieurs sociétés ont déjà annoncé la fabrication de transistors moléculaires. Avant de les commercialiser, encore faut-il savoir les connecter correctement et assurer une production de masse.

De grands espoirs reposent aussi sur le graphène, une molécule isolée du graphite en 2004 par Andre Geim et Kostya Novoselov, deux chercheurs de l'université de Manchester à qui cette découverte a valu le Prix Nobel. Le graphène est une couche ultramince de graphite. Alors que les nanotubes de carbone sont constitués de feuilles d'atomes de carbone enroulées en longs tubes étroits, le graphène est formé d'une simple feuille d'un atome de carbone d'épaisseur. Mais, à l'instar des nanotubes, le graphène est un matériau étonnant dont les chercheurs découvrent toujours plus avant les remarquables propriétés, comme sa conductivité électrique ou sa résistance mécanique, la plus importante qui ait jamais été testée en sciences. Un éléphant en équilibre sur un crayon ne suffirait pas à percer une feuille de graphène. Selon Novoselov lui-même : « Du point de vue de la physique, le graphène est une vraie mine d'or. On n'a pas fini de l'étudier[1]. »

1. Alexis Madrigal, « Scientists Build World's Smallest Transistor, Gordon Moore Sighs With Relief », *Wired*, www.wired.com/wiredscience/2008/04/scientists-buil.

En utilisant les outils standards de l'industrie informatique, le groupe de Novoselov a gravé dans le graphène des transistors parmi les plus petits du monde : un atome d'épaisseur et dix atomes de diamètre.

De fait, ces transistors de graphène sont d'une taille si réduite qu'ils pourraient bien atteindre la limite ultime de ce type de technologie. Au-delà, le principe d'incertitude commencerait à jouer et provoquerait des fuites fatales d'électrons. « Il est difficile de faire plus petit », résume Novoselov[1].

Reste que se pose encore le problème plus terre à terre de savoir comment connecter et assembler les transistors moléculaires en un produit commercial fiable. Un transistor moléculaire n'est pas une fin en soi. Et avec leur taille des milliers de fois inférieures au diamètre d'un cheveu, on conçoit qu'ils soient difficiles à manipuler. Quant à la production de masse, elle s'annonce cauchemardesque… La technologie n'est tout simplement pas encore au point.

Le graphène lui-même est un matériau tellement nouveau que les chercheurs ne savent pas encore le produire en quantité industrielle. On peut espérer trouver un processus qui permette au transistor moléculaire de s'auto-assembler. Il arrive souvent dans la nature que des réseaux de molécules se condensent presque par magie selon un motif précis. Mais en l'espèce, personne à ce jour n'a réussi à produire un tel miracle.

L'ordinateur quantique

La voie la plus ambitieuse consiste finalement à s'orienter vers l'ordinateur quantique, c'est-à-dire un ordinateur qui calcule sur les atomes individuels eux-mêmes. D'aucuns prétendent que l'ordinateur quantique est l'ordinateur ultime, puisque l'atome est la plus petite unité sur laquelle on puisse calculer.

Un atome est une sorte de toupie dont l'axe de rotation pointe vers le haut ou vers le bas. En principe, il est donc possible d'assigner la valeur 0 à un axe pointant vers le haut et la valeur 1 à

1. *Ibid.*

un axe pointant vers le bas. En retournant cette toupie, on convertirait alors un 0 en 1, c'est-à-dire qu'on réaliserait une opération.

Mais dans le monde étrange de la physique quantique, cet axe pointe en quelque sorte simultanément dans les deux directions. (Dans le monde quantique, l'ubiquité est courante.) Un atome ne représente donc pas simplement 0 ou 1, mais plutôt un mélange de ces deux états. En conséquence, les ordinateurs quantiques traitent des « qubits » plutôt que des bits. Un atome, par exemple, pourra pointer à 25 pour 100 vers le haut et à 75 pour 100 vers le bas. Un qubit porte ainsi bien plus d'informations qu'un bit traditionnel.

La puissance des ordinateurs quantiques est telle que la CIA a étudié leurs capacités potentielles en matière de déchiffrement. Tout le problème, pour briser un code, consiste à retrouver la clef avec lequel le message a été chiffré, et ces clefs font souvent appel à beaucoup d'ingéniosité. Un procédé courant pour les construire utilise la factorisation d'un grand nombre. Il est facile, par exemple, de décomposer un entier comme 21 en produit de deux facteurs premiers comme 7 et 3. Mais avec un nombre à 100 chiffres, un ordinateur classique pourrait y passer un siècle. Un ordinateur quantique, lui, devrait pouvoir en théorie casser sans peine n'importe quel code bâti sur ce modèle. Ce type de machines surpasse rapidement les ordinateurs classiques quand il s'agit d'exécuter des tâches titanesques.

Les ordinateurs quantiques ne relèvent pas de la science-fiction mais existent déjà aujourd'hui. J'ai même eu la chance d'en voir un de mes propres yeux lors d'une visite au MIT, dans le laboratoire de Seth Lloyd, un des pionniers de ce champ de recherche. Si l'endroit est rempli d'un capharnaüm d'ordinateurs, de pompes à vide et de capteurs divers, le cœur du dispositif est constitué d'une machine ressemblant à un IRM standard, quoique de taille plus réduite. À l'instar de l'appareil médical, deux grandes bobines de fil disposées sur les côtés créent un champ magnétique uniforme. L'échantillon qui y est placé voit ses atomes s'aligner comme des toupies en rotation. Un atome qui pointe vers le haut correspond à un 0, à un 1 s'il pointe vers le bas. Une impulsion électromagnétique est alors envoyée dans l'échantillon, ce qui modifie l'orientation des atomes. Certains des atomes se renversent, transformant des 0 et des 1 : c'est ainsi que la machine exécute concrètement une opération.

Alors pourquoi des ordinateurs quantiques n'ont-ils pas encore envahi nos bureaux et résolu tous les mystères de l'Univers ? Ainsi que Lloyd me l'a lui-même expliqué, la recherche en matière d'ordinateurs quantiques doit triompher des redoutables perturbations du monde extérieur, qui viennent troubler le délicat équilibre des atomes de l'échantillon.

Le simple passage d'un rayon cosmique ou le grondement d'un camion à l'extérieur du laboratoire suffit en effet pour que les atomes ne vibrent plus en phase, pour qu'ils « décohèrent », détruisant ainsi leur fragile orientation et le calcul avec lui.

Ce problème de décohérence est le seul obstacle vraiment difficile à franchir qui se dresse encore sur la route de l'ordinateur quantique. Celui qui saura le résoudre, en plus de gagner le Prix Nobel, deviendra sans doute l'un des hommes les plus riches du monde.

À ce jour, le calcul le plus complexe qu'ait jamais exécuté un ordinateur quantique est 3 × 5 = 15. On a certainement connu résultat plus spectaculaire, mais il faut garder en tête que l'opération a été faite directement sur l'atome.

Une autre complication étonnante de la physique quantique fait que tous les calculs effectués par un ordinateur quantique sont incertains. Il faut donc les répéter plusieurs fois. En réitérant l'opération 2 + 2, on obtiendra 4 en moyenne comme résultat. L'arithmétique y perd un peu de sa netteté.

Personne ne sait vraiment quand ce problème de décohérence sera résolu. Vint Cerf, l'un des créateurs de l'Internet, a formulé un jour cette prédiction : « En 2050, nous saurons sans doute pratiquer le calcul quantique à température ambiante[1]. »

Il nous faut enfin remarquer que, vu la mesure des enjeux, les chercheurs ont exploré de nombreux autres types d'ordinateurs. Citons parmi eux :

- **l'ordinateur optique**, qui calcule avec des photons plutôt que des électrons. Comme les faisceaux lumineux se croisent entre eux sans problème, les puces optiques se passent de fils et se

1. Vint Cerf, « One Is Glad to Be of Service », *in* Denning, *op. cit.*, p. 229.

laissent monter en cube. Les lasers peuvent en outre être fabriqués par les mêmes techniques lithographiques que les transistors ordinaires, ce qui ouvre la possibilité, en principe, d'en placer des millions par puce ;

- **l'ordinateur à points quantiques** (*quantum dots*), qui utilise des semi-conducteurs gravés en points minuscules, constitués de quelque chose comme 100 atomes. À cette échelle, les atomes commencent à vibrer à l'unisson. Ces points quantiques ont déjà fait preuve d'une certaine valeur dans le domaine des diodes électroluminescentes et des moniteurs. À l'avenir, correctement disposés, ils pourraient conduire à la création d'un ordinateur quantique ;
- **L'ordinateur à ADN**, dont le premier exemplaire a été fabriqué en 1994 à l'université de Californie du Sud. L'idée repose sur le fait qu'un brin d'ADN peut être vu comme un ruban informatique portant des lettres A, T, C et G au lieu de chiffres 0 et 1. De même que de grands nombres binaires sont manipulés et traités par un ordinateur, des opérations sont exécutées dans des tubes à essai par des réactions qui coupent et recollent l'ADN de diverses manières. La lenteur inhérente au processus est compensée par le fait que plusieurs milliards de molécules agissent en parallèle, de sorte que l'ordinateur à ADN vient à bout de certains calculs bien plus rapidement que les ordinateurs classiques. Les ordinateurs numériques, néanmoins, restent plus pratiques à manier.

Moyen terme (2030 à 2070)

Morphing

Dans le film *Terminator 2*, Arnold Schwarzenegger combat un robot en provenance du futur, un T-1000, entièrement composé de métal liquide. Cette masse frémissante argentée change ainsi de forme à volonté afin de se glisser à travers toutes sortes d'obstacles, s'infiltrer dans la moindre fissure, confectionner des armes mortelles en remodelant ses mains et ses pieds, avant de retrouver subitement sa forme originale et continuer son activité destructrice dans un déchaînement de violence. Une machine à tuer parfaite et quasiment invincible.

Bien sûr, tout cela relève encore de la science-fiction. D'ici au milieu du siècle, pourtant, une technologie visant à donner aux objets une certaine souplesse de forme pourrait bien devenir d'application courante. Intel est l'une des plus grandes sociétés à s'y intéresser de près.

En 2050, curieusement, les nanotechnologies nous faciliteront partout la vie, mais de façon très souvent imperceptible à nos yeux. Tous les produits ou presque auront été perfectionnés grâce à des techniques moléculaires industrialisées, et auront ainsi acquis des propriétés supplémentaires de résistance, de conductivité ou de flexibilité. Grâce aux nanotechnologies, des capteurs disposés partout dans l'environnement nous aideront et nous protégeront sans même que nous en ayons conscience. Nous marcherons dans la rue, normalement, sans plus vraiment nous rendre compte à quel point les nanotechnologies ont changé le monde qui nous entoure.

Une application des nanotechnologies trouvera pourtant une visibilité manifeste. Le robot tueur T-1000 représente de manière très spectaculaire ce à quoi pourrait aboutir la « matière programmable », un champ de recherche qui nous permettra peut-être un jour de changer la forme, la couleur et les propriétés physiques d'un objet très simplement. À un niveau très primitif, une enseigne au néon utilise de la matière programmable, en ce sens que l'électricité produite en pressant l'interrupteur excite des atomes de gaz, qui libèrent de la lumière avant de revenir à leur état normal. Une version plus sophistiquée du phénomène est mise en œuvre dans les écrans LCD qui équipent nos ordinateurs. Le LCD contient un liquide cristallin qui devient opaque quand il est traversé par un petit courant électrique. En régulant ce courant, on parvient donc à créer des couleurs et des images à volonté.

Les chercheurs d'Intel sont autrement plus ambitieux. Ils espèrent se servir de la matière programmable pour changer vraiment la forme d'un objet solide, exactement comme dans les films de science-fiction. Le tout repose sur une idée simple : fabriquer une puce informatique de la taille d'un grain de sable, dont la charge électrique puisse être modifiée. Il serait ainsi possible de faire en sorte que deux grains s'attirent ou se repoussent. Dans une certaine configuration électrique, les grains s'aligneront ou formeront tel ou tel réseau. Mais que l'on reprogramme la charge de ces puces, et voilà que leur disposition change immédiatement pour tracer une figure complètement différente. Ces grains sont appelés des « catomes », une abréviation de *claytronic atoms* (« atomes argilectroniques »), pour rappeler qu'ils adoptent une grande variété de formes (comme l'argile) simplement par changement de charge (comme les atomes). De fait, la matière programmable s'apparente plutôt aux robots modulaires que nous avons rencontrés au chapitre 2, à ceci près qu'elle vise à opérer avec des briques de taille au plus submillimétrique et non centimétrique.

Jason Campbell, chercheur senior chez Intel, promeut ainsi les avantages de cette technologie : « Voyez mon téléphone portable : il est trop grand pour que je le glisse facilement dans ma poche et trop petit pour mes doigts. C'est encore pire si je veux regarder un film ou consulter mes courriels. Mais avec 200 ou 300 millilitres de catomes, je pourrais l'avoir dans la forme qui me convient le mieux à un moment donné[1]. » À tel instant, nous aurons donc un téléphone à la main, à l'instant suivant, il se sera métamorphosé en un autre objet. De cette façon, nous n'aurons pas à nous encombrer de multiples gadgets électroniques.

À titre expérimental, Intel travaille déjà sur des catomes de deux centimètres de diamètre environ. La surface de ces structures cubiques est régulièrement recouverte de minuscules électrodes qui, en fonction de leur charge, parfaitement modifiable, autorisent toutes sortes d'assemblages selon toutes sortes de directions. Avec telle configuration de charges, les cubes se combinent en un cube plus volumineux. Modifions la charge des électrodes, et voilà que les catomes se réarrangent rapidement d'eux-mêmes en une autre forme, complètement différente, celle d'un bateau, par exemple.

Tout le problème consiste à réduire le catome aux dimensions d'un grain de sable, voire en deçà. Si un jour la tech-

1. Sharon Gaudin, « Intel Sees Future with Shape-shifting Robots, Wireless Power », *Computerworld*, 22 août 2008, www.computerworld.com/s/article/9113301/Intel_sees_future_with_shape_shifting_robots_wireless_power.

nologie permettait de parvenir à la taille d'une cellule, nous serions alors en mesure de passer d'une forme à une autre de manière réaliste, en appuyant simplement sur un bouton. Selon Justin Rattner, lui aussi chercheur senior chez Intel : « Viendra un moment dans les quarante prochaines années où cette technologie s'utilisera au quotidien. » Le travail des ingénieurs en aérodynamique, des designers, des architectes et de tous ceux qui doivent construire des maquettes tridimensionnelles et les faire évoluer s'en trouvera grandement facilité. Un concepteur d'automobiles, par exemple, pourra partir d'un moule de berline à quatre portes et l'étirer pour ajouter un hayon, ou le compresser pour obtenir une voiture de sport. Ce sera bien plus pratique qu'avec de la terre glaise, qui ne possède ni mémoire ni intelligence. La matière programmable conserve en mémoire ses formes antérieures, s'adapte à de nouvelles idées et répond à tous les désirs des designers. Et une fois le moule finalisé, les instructions qui le façonnent seront envoyées par courriel à des milliers d'autres designers, dès lors en mesure d'en créer des répliques exactes.

Cette technologie affectera sans doute en profondeur le marché des produits de consommation. Pour changer de jouet, par exemple, il suffira de changer de logiciel. Les enfants ne fêteront donc plus Noël en ouvrant des cadeaux sous le sapin, mais en téléchargeant le logiciel du jeu dont ils rêvent. Bon nombre de biens de consommation finiront ainsi par se réduire à des logiciels transitant par Internet. Plutôt que de nous faire livrer des meubles ou des appareils ménagers, nous téléchargerons un logiciel qui recyclera nos produits anciens. L'entretien et la rénovation de nos foyers deviendront un jeu d'enfant avec la matière programmable : il suffira d'appuyer sur un bouton pour remplacer le carrelage de la cuisine, les sets de table ou le vieux mixer.

Cette technologie permettra également de réduire l'élimination des déchets. Plus besoin de jeter les objets dont nous ne voulons plus, puisqu'il suffira de les reprogrammer pour les modifier. Qu'un appareil ou qu'une pièce d'un meuble se casse, une petite reprogrammation, et hop, les voilà de nouveau comme neuf...

Mais l'équipe d'Intel a encore du pain sur la planche. Il faut par exemple savoir orchestrer les mouvements de tous ces milliers de catomes. Des problèmes de bande passante se poseront également quand il faudra télécharger dans la matière programmable toute l'information nécessaire aux modifications. Il est aussi vrai qu'un certain nombre de raccourcis pourront être empruntés.

Le procédé du « morphing », par exemple, est très couramment utilisé dans les films de science-fiction pour transformer progressivement, disons, une personne en un monstre effrayant. Autrefois complexe et laborieux, le processus est aujourd'hui presque un jeu d'enfant grâce à l'informatique. Il faut d'abord identifier certains vecteurs qui marquent des points cruciaux du visage, comme les nez ou les yeux, tant pour l'homme que pour le monstre. À chaque fois qu'un vecteur est modifié, c'est tout le visage qui change graduellement. L'ordinateur est donc programmé pour déplacer ces vecteurs d'un visage à l'autre, et transformer ainsi progressivement le visage de l'être humain en celui du monstre. Ce même genre de raccourcis pourrait être adapté au changement de forme d'un objet tridimensionnel.

Un autre problème tient à la faiblesse des forces électrostatiques entre catomes, devant les forces interatomiques qui assurent pour l'essentiel la cohésion des solides. Comme nous l'avons vu, les forces quantiques, responsables de la résistance d'un matériau ou de sa plasticité, sont loin d'être négligeables. Dupliquer leur effet par des forces électrostatiques pour assurer une stabilité aux produits risque de poser une sérieuse difficulté.

En supposant que les problèmes de programmation et de stabilité soient résolus, se profile alors, vers la fin du siècle, la possibilité de bâtir des bâtiments entiers, et même des villes, d'un simple clic. Il suffira d'aplanir le site, de creuser les fondations, et laisser des milliards de catomes s'assembler pour qu'une ville entière surgisse de la forêt ou du désert.

Les ingénieurs d'Intel imaginent même que les catomes puissent prendre un jour une forme humaine : « Pourquoi pas ? C'est un objet de spéculation intéressant », explique Rattner[1]. Et le robot T-1000 deviendra alors peut-être réalité...

Futur lointain (2070 à 2100)

La quête du Saint Réplicateur

Pour 2100, les partisans des nanotechnologies imaginent un appareil encore plus puissant, un assembleur moléculaire, ou un « réplicateur », capable de tout fabriquer. Il suffirait de placer des matériaux bruts dans la machine (de la taille d'un lave-vaisselle par exemple) et d'appuyer sur un bouton. Des milliards de milliards de nanorobots préprogrammés convergeraient alors pour les démanteler, molécule après molécule, et les réassembler en un produit entièrement nouveau. La machine produirait tout ce qu'on voudrait. Ce réplicateur marquerait le triomphe ultime de l'ingénierie et de la science, la fin d'un long processus qui avait débuté avec les premiers outils des hommes préhistoriques.

L'un des problèmes à surmonter tient au nombre faramineux d'atomes qui doivent être réarrangés pour fabriquer un objet. Le corps humain, par exemple, est composé de plus de 50 mille milliards de cellules, ce qui correspond à plus de 10^{26} atomes. Le stockage des positions de ce nombre stupéfiant de constituants demande à lui seul une quantité de mémoire colossale.

Une solution envisageable consiste à fabriquer un nanorobot, un robot moléculaire qui reste encore à inventer. D'abord ce robot pourrait se reproduire lui-même. Il suffirait donc d'en construire un pour disposer d'autant d'exemplaires que désiré. Ensuite, cette petite machine serait capable d'identifier les molécules et de les couper en des points précis. Enfin, grâce à son maître code, elle pourrait réarranger les atomes de manière différente. La tâche consistant à réassembler 10^{26} atomes se réduit ainsi à la fabrication d'un nombre comparable de nanorobots, conçus pour manipuler

1. *Ibid.*

des atomes individuellement. Sous cette perspective, le nombre astronomique d'atomes du corps ne représente plus un obstacle aussi intimidant. Le cœur du problème consiste à concevoir le premier de ces nanorobots, qu'il suffira ensuite de laisser se reproduire.

La communauté scientifique se divise pourtant sur le fait de savoir si la construction d'un tel nanofabricateur est physiquement réalisable. Certains, comme Eric Drexler, pionnier des nanotechnologies et auteur de l'essai intitulé *Engins de création*, imaginent un futur en forme de corne d'abondance, à peine envisageable aujourd'hui, où tous les produits seraient manufacturés au niveau moléculaire. La création d'une machine capable de tout fabriquer bouleverserait ainsi en profondeur la société.

D'autres chercheurs se montrent plus sceptiques. Feu le Prix Nobel Richard Smalley, par exemple, a soulevé le problème des « doigts collants » et des « gros doigts » dans un article de *Scientific American* en 2001. Pour lui, les « doigts » de ces nanorobots ne pourraient s'affranchir des minuscules forces attractives, comme celles de Van der Waals, qui collent les atomes les uns aux autres. Comment réparer le délicat mécanisme d'une montre avec des pinces couvertes de miel ? En second lieu, les doigts de ces nanorobots se révéleraient sans doute trop gros pour manipuler les atomes. Il s'agirait cette fois de vouloir réparer une montre avec des gants de boxe sur les mains... Verdict de Smalley : « De la même façon qu'il ne suffit pas de pousser un garçon et une fille l'un vers l'autre pour qu'ils tombent amoureux, il ne suffit pas d'un simple mouvement mécanique entre deux objets moléculaires pour qu'une chimie précise opère comme voulu. La chimie, comme l'amour, est bien plus subtile que ça[1]. »

L'argument va droit au cœur du problème. Comme nous l'avons déjà vu, la physique de notre quotidien ne se traduit pas simplement et directement au niveau moléculaire. Des effets négligeables à notre échelle, comme les forces de Van der Waals, la tension superficielle,

1. « Nanotechnology: Drexler and Smalley make the case for and against 'molecular assemblers' », *Chemical & Engineering News*, n° 81, 1er décembre 2003, pp. 37-42, http://pubs.acs.org/cen/coverstory/8148/8148counterpoint.html.

le principe d'incertitude, le principe d'exclusion de Pauli, etc. prennent toute leur importance.

Pour nous donner une idée du problème, imaginons une piscine remplie d'atomes de la taille d'une bille. Nager dans un tel bain procurerait une sensation étrange, d'autant que les billes seraient en vibration constante et nous heurteraient dans tous les sens en raison du mouvement brownien. À chaque fois que nous essaierions d'attraper une bille, une combinaison complexe de forces ferait qu'elle s'échapperait ou au contraire se collerait à nos doigts.

En définitive, les chercheurs se sont accordés dans leurs désaccords. Bien que Smalley n'ait pas décoché un direct qui aurait définitivement laissé le réplicateur sur le carreau, la situation s'est éclaircie après que la poussière du combat se fut dissipée. D'abord, les adversaires ont tous deux admis qu'il fallait abandonner l'idée naïve d'un nanorobot armé d'une paire de pinces qui couperait et collerait des molécules. Des forces quantiques trop importantes entrent en jeu au niveau atomique.

Ensuite, et même si le réplicateur, ou le fabricateur universel, reste encore aujourd'hui du domaine de la science-fiction, il en existe déjà une version préliminaire. La nature, par exemple, transforme des hamburgers et des légumes en bébé, et cela en neuf mois à peine. Ce processus est effectué grâce à des molécules d'ADN (dans lesquelles le plan d'ensemble du bébé est codé) qui guident l'action de ribosomes (coupant et plaçant les molécules dans le bon ordre) en utilisant les protéines et les acides aminés présents dans la nourriture.

Enfin, un assembleur moléculaire pourrait bien voir le jour, mais dans une version plus sophistiquée que celle imaginée au départ. Smalley avait remarqué à juste titre qu'il ne suffit pas d'approcher deux atomes pour assurer une réaction chimique. La nature contourne souvent ce problème en se servant d'une tierce partie qui la facilite, en l'occurrence une enzyme en solution aqueuse. Smalley avait également souligné que de nombreuses substances chimiques utilisées dans l'industrie de l'électronique et de l'informatique ne sont pas solubles dans l'eau. Mais Drexler a contré l'argument en disant que l'eau et les enzymes ne sont pas nécessaires à toutes les réactions chimiques.

Une solution possible, par exemple, ferait appel à l'auto-assemblage, une approche dite aussi « ascendante ». Cette démarche est usuelle en construction depuis l'Antiquité. Avec des outils comme un marteau ou une scie, on commence par couper du bois et assembler des planches jusqu'à fabriquer des structures plus importantes, comme une maison, en suivant un plan donné. Le processus est soigneusement guidé, étape après étape, depuis le début.

En approche ascendante, les choses s'assemblent d'elles-mêmes. Dans la nature, par exemple, les flocons de neige cristallisent spontanément lors d'un orage. Des milliards de milliards d'atomes se réordonnent pour créer de nouvelles formes. Personne ne se cache derrière un flocon pour le sculpter. Le phénomène se rencontre aussi très souvent dans des systèmes biologiques. Les ribosomes bactériens, par exemple, formés d'au moins cinquante-cinq molécules de protéines différentes et de plusieurs molécules d'ARN, s'assemblent sans intervention dans une éprouvette.

L'auto-assemblage est également mis à profit dans l'industrie des semi-conducteurs. Les composants utilisés dans les transistors s'assemblent parfois tout seuls. En appliquant diverses techniques et divers procédés dans un ordre précis (comme la trempe, la cristallisation, la polymérisation, le dépôt en phase vapeur, la solidification, etc.), on parvient à produire divers composants d'ordinateurs commercialisables. Et comme nous l'avons vu plus haut, la méthode est aussi valable pour produire certaines nanoparticules qui luttent contre les cellules cancéreuses.

L'auto-assemblage reste cependant un processus relativement rare, qui a seulement été observé sur une minuscule fraction de nanomatériaux. On ne peut pas ordonner à une machine de s'auto-assembler comme on passe une commande au restaurant. Les progrès en ce sens seront donc sans doute constants, mais assez lents.

En résumé, l'existence d'assembleurs moléculaires ne semble violer aucune loi physique, mais leur construction pose un défi extraordinairement difficile à relever. Les nanorobots ne verront pas le jour dans un proche avenir, mais ce moment venu (s'il vient), ils pourraient bien changer la société telle que nous la connaissons.

La construction d'un réplicateur

À quoi ressemblerait donc un réplicateur ? Comme il s'en faut encore de plusieurs décennies avant que nous ne soyons en mesure d'en construire un, personne ne le sait exactement. J'ai toutefois pu me faire une idée de son apparence possible à l'occasion d'une émission sur Science Channel, au cours de laquelle une copie tridimensionnelle en plastique de mon visage était exécutée. Dans une phase préliminaire, un logiciel de reconstruction d'image a analysé la réflexion d'un faisceau laser balayant ma peau. Ma tête, divisée en de multiples tranches horizontales, est alors apparue sur l'écran d'un ordinateur avec une précision qui atteignait peut-être le dixième de millimètre. L'information fut ensuite envoyée à une machinerie capable de fabriquer une représentation tridimensionnelle en plastique de n'importe quoi ou presque. Le dispositif présentait un mince bec qui se déplaçait horizontalement et pulvérisait une petite quantité de plastique en fusion. Passage après passage, cette imprimante 3D dupliquait l'image originale de mon visage. En une dizaine de minutes et un nombre significatif de va-et-vient, un moulage est sorti de la machine, qui me correspondait de manière troublante.

Les applications commerciales de cette technologie, capable de fabriquer une copie réaliste de tout objet tridimensionnel, sont potentiellement énormes. Des parties complexes de n'importe quel mécanisme peuvent être reproduites en quelques minutes. D'ici à quelques dizaines d'années, si ce n'est quelques siècles, on peut donc imaginer qu'une imprimante similaire parvienne à construire des répliques absolument identiques, dans les matériaux originaux, en intervenant aux niveaux cellulaire et atomique.

Dans un tout autre domaine, il est possible d'utiliser ces imprimantes 3D pour fabriquer des organes du corps humain. Des chercheurs de l'université de Wake Forest ont fait œuvre de pionniers en la matière, et sont parvenus à créer du tissu cardiaque avec une imprimante à jet d'encre. Il leur a d'abord fallu concevoir un logiciel qui parvienne à pulvériser très précisément les cellules cardiaques à chaque passage du bec. Avec des cartouches remplies d'un mélange de fluide et de cellules, et par une succession de multiples va-et-vient, ils ont effectivement réussi à fabriquer des couches de tissu cardiaque.

Gelée grise ?

Certaines personnes, dont Bill Joy, l'un des fondateurs de la société Sun Microsystems, ont émis certaines réserves sur les nanotechnologies, et prétendu qu'elles finiraient, avec le temps, par s'emballer et engloutir tous les minéraux de la planète pour ne recracher qu'une infâme « gelée grise ». Même le prince Charles d'Angleterre s'est élevé contre les nanotechnologies et a évoqué ce type de scénario destructeur.

Le danger réside dans la faculté d'autoreproduction des nanorobots. Une fois lâchés dans l'environnement, ils pourraient se reproduire sauvagement et indéfiniment, et finir par détruire la Terre.

Pour ce qui me concerne, je pense que la mise au point d'un réplicateur nécessitera de longues années, de sorte que les inquiétudes sur la transformation du monde en gelée grise me paraissent un peu prématurées. Nous avons encore du temps devant nous pour réfléchir à l'élaboration de garde-fous qui empêcheraient les nanomachines de se débrider. Nous pourrions, par exemple, concevoir un mécanisme de sûreté intégré pour les rendre inopérants en cas d'urgence. Ou construire des robots tueurs, spécialement conçus pour traquer et détruire les nanorobots dont le contrôle aurait été perdu.

Une autre façon de gérer le problème consisterait à s'inspirer de la nature, qui a acquis une expérience de milliards d'années en la matière. Après tout, notre monde est rempli des formes de vie moléculaires autoréplicantes que sont les virus ou les bactéries, capables de proliférer de manière inconsidérée et même de muter. Notre corps sait à sa manière fabriquer les « nanorobots » que sont les anticorps et les globules blancs de notre système immunitaire, qui traquent et détruisent les formes de vie étrangères. Tout cela manque sans doute un peu de perfection, mais fournit au moins un modèle pour traiter les problèmes de prolifération de nanorobots non désirée.

Impact social des réplicateurs

Lors d'une émission de télévision que j'ai eu le plaisir d'animer sur la BBC-TV et Discovery Channel, Joel Garreau, l'auteur d'un essai intitulé *Radical Evolution* (« Évolution radicale »), n'a pas mâché ses mots : « Si un auto-assembleur devient un jour possible, ce sera un p… de moment de l'histoire. Le monde entrera pour le coup dans une nouvelle phase[1]. »

Selon un vieux proverbe, il faut bien prendre garde à ses désirs, car ils risquent toujours de devenir réalité. La fabrication d'un assembleur moléculaire, ou d'un réplicateur, représente aujourd'hui le Graal des nanotechnologies, mais une fois qu'il sera inventé, cet outil pourrait bien saper les fondements mêmes de nos sociétés. Toutes les philosophies et tous les systèmes sociaux reposent en fin de compte sur la rareté et la pauvreté. Ce thème du manque a dominé toute l'histoire humaine et forgé notre culture, notre philosophie et notre religion. Parfois, la prospérité est vue comme une récompense divine et la pauvreté comme une juste punition. Le bouddhisme, à l'inverse, est fondé sur la nature universelle de la souffrance et la manière de l'affronter. Et chez les chrétiens, le Nouveau Testament n'affirme-t-il pas qu'il « est plus facile pour un chameau de passer par le chas d'une aiguille que pour un riche d'entrer dans le royaume des cieux » ?

La distribution des richesses définit aussi la structure d'une société. Le féodalisme est fondé sur la préservation des biens par une poignée d'aristocrates et la pauvreté d'une immense majorité de paysans. Le capitalisme repose sur l'idée que des individus énergiques et productifs sont récompensés de leurs efforts par la création de sociétés qui les enrichissent. Mais si chacun peut tout avoir ou presque sans davantage d'efforts à fournir que d'appuyer sur un bouton, le système ne fonctionnera plus. Un réplicateur chamboulera la société de fond en comble. Les distinctions entre riches et pauvres disparaîtront, et avec elles la notion de statut et de pouvoir social et politique.

Cette thématique a fait l'objet d'un épisode de *Star Trek*, « La nouvelle génération », au cours duquel l'équipage de l'*Enterprise* rencontre une capsule à la dérive dans l'espace depuis le XXe siècle. À l'intérieur se trouvent des individus qui, atteints de maladies incurables en leur époque lointaine, avaient été congelés dans l'attente de jours meilleurs. Les médecins du vaisseau ont tôt fait de guérir et ranimer ces voyageurs du temps. L'un d'entre eux est

1. BBC-TV/Discovery Channel, *Visions of the Future*, Part II, 2007.

un ardent capitaliste. Après s'être félicité comme ses compagnons de l'heureuse conclusion de ce pari aventureux, il s'enquiert de l'époque à laquelle il vit désormais. Au XXIVe siècle… Comprenant très vite que ses investissements doivent maintenant valoir une fortune, il demande à être mis en contact avec son banquier sur la Terre. L'équipage de l'*Enterprise* se trouve désorienté… De l'argent ? Des investissements ? La notion n'a plus cours dans le futur. Au XXIVe siècle, pour avoir quelque chose, il suffit de le demander.

L'histoire soulève aussi le problème de la quête d'une société parfaite, ou de l'utopie, pour reprendre le mot forgé dans un roman de Sir Thomas More, publié en 1516, précisément intitulé *Utopia*. Consterné par la souffrance et la misère qu'il voyait autour de lui, l'auteur imagine une île paradisiaque, perdue dans l'océan Atlantique. Au XIXe siècle, en Europe, de nombreux groupes ont cherché à former des sociétés utopiques, et certains sont même partis aux États-Unis, où il reste, aujourd'hui encore, des traces de leurs établissements.

D'un côté, un réplicateur nous permettrait d'accéder à une forme d'utopie imaginée par certains visionnaires du XIXe siècle. Les tentatives précédentes en la matière ont échoué en raison du manque et de la rareté, qui ont conduit à l'inégalité, puis à la querelle et finalement à l'anéantissement. De ce point de vue, en supprimant le problème de la rareté, le réplicateur nous placera peut-être à portée de l'utopie. L'art, la musique et la poésie fleuriraient… Chacun pourrait explorer ses rêves et ses désirs les plus chers…

D'un autre côté, sans la rareté comme facteur de motivation, notre société risquerait de sombrer au plus profond d'une jouissance complaisante, fondamentalement improductive. Seule une petite poignée d'individus, particulièrement motivés par l'art, trouverait le courage de composer de la poésie. Les autres, ainsi que le craignent les détracteurs de l'abondance, deviendraient rapidement bons à rien, paresseux et fainéants.

Les principes sur lesquels se fondaient les utopistes perdraient eux-mêmes toute pertinence. Le socialisme, par exemple, s'est longtemps réclamé de ces quelques mots : « De chacun selon ses moyens, à chacun selon sa contribution. » Un peu plus à gauche, le communisme avait pour devise : « De chacun selon ses moyens, à chacun selon ses besoins. » Avec l'avènement du réplicateur, le mot d'ordre deviendra simplement : « À chacun selon son désir. »

Mais la question peut être abordée par une tierce voie. En vertu du Principe de l'Homme des cavernes, notre personnalité n'a pas fondamentalement évolué ces dernières cent mille années. Or l'époque préhistorique ne connaissait pas le travail, au sens moderne du terme. Les anthropologues nous apprennent que les sociétés primitives reposaient largement sur des principes communautaires, sur un partage équitable des biens et des épreuves. Le rythme de la vie quotidienne n'était pas gouverné par des horaires de bureau et une paie à la fin du mois, puisque rien de tout cela n'existait encore.

Mais les hommes des cavernes n'en étaient pas devenus paresseux pour autant. D'abord parce qu'ils seraient morts de faim. Ceux qui ne partageaient rien se voyaient simplement mis au ban de la tribu et périssaient rapidement. Ensuite parce que nos ancêtres éprouvaient de la fierté devant leurs réalisations, et trouvaient même un sens à leurs tâches. Enfin parce que la pression sociale les incitait fortement à pratiquer une activité utile à la communauté. Les individus productifs pouvaient se marier et transmettre leurs gènes à la génération suivante, alors que ceux des paresseux mouraient souvent avec eux.

Alors pourquoi demeurerions-nous productifs quand les réplicateurs auraient été inventés et que chacun pourrait avoir ce qu'il voudrait ? Il est vrai que les réplicateurs garantiront que même les paresseux ne mourront pas de faim. Mais les gens voudront probablement continuer à travailler pour montrer ce qu'ils sont capables de faire et parce qu'ils trouveront un sens à leur labeur. Quant à la troisième raison, la pression sociale, elle perdurera difficilement sans contrevenir aux libertés de la personne. Il faudra plutôt s'attendre à ce que l'éducation change en profondeur notre relation au travail et à la récompense.

Par chance, la société a encore du temps devant elle pour débattre des mérites et des conséquences du réplicateur, et pour s'adapter à une réalité qui pourrait la désintégrer.

Très probablement, d'ailleurs, les premiers réplicateurs seront hors de prix. Selon Rodney Brooks, expert en robotique du MIT :

« Les nanotechnologies se développeront plus ou moins comme la photolithographie – dans un contexte très coûteux et contrôlé, plutôt que de manière anarchique dans un marché de masse[1]. » L'abondance illimitée des biens ne posera pas un problème très aigu. La sophistication de ces machines atteindra un tel niveau qu'il faudra encore attendre des dizaines d'années après leur invention pour voir leur coût baisser de façon drastique.

J'ai eu un jour l'occasion de m'entretenir avec Jamais Cascio, un futurologue respecté qui réfléchit depuis longtemps aux grandes lignes de l'avenir. Il m'a d'abord confié douter de la théorie de la singularité, évoquée au chapitre 2. Selon lui, la nature humaine et la dynamique sociale sont trop compliquées, désordonnées et imprévisibles pour s'accorder à une théorie aussi simplement tracée. Mais il a aussi admis que les remarquables progrès en matière de nanotechnologies, et spécialement en ce qui concerne les robots et les réplicateurs, pourraient conduire à une surabondance de biens. Je lui ai donc demandé ce qu'il adviendrait de la société si tout devenait presque gratuit et s'il n'était plus nécessaire de travailler.

Sa réponse a tenu en deux points. D'abord, cette abondance garantirait à chacun un revenu minimal décent, même à ceux qui ne travaillent pas. Alors peut-être, effectivement, qu'une partie de la population se prélasserait dans l'inactivité. Mais il prévoit surtout une explosion de l'esprit d'entreprise. Libérés de la peur de sombrer dans la ruine et la pauvreté, les individus pourraient prendre de plus grandes initiatives et courir le risque de créer de nouvelles industries, multipliant ainsi de nouvelles opportunités pour les autres. Selon lui, l'esprit créatif libéré de la peur de la banqueroute apporterait à la société une vigueur nouvelle.

Dans mon propre domaine, la physique, je constate que la plupart d'entre nous n'avons pas choisi ce métier pour l'argent, mais pour le plaisir sans prix de découvrir et d'innover. Souvent, nous n'avons pas donné suite à des propositions de postes plus lucratifs dans d'autres secteurs, tout simplement parce que nous préférons suivre nos rêves plutôt que le dollar. Et les artistes ou intellectuels que je connais pensent de même – leur but n'est pas d'amasser

---

1. Rodney A. Brooks, « Flesh and Machines », *in* Denning, *op. cit.*, p. 63.

le plus d'argent possible mais de se montrer créatif et d'ennoblir l'esprit humain.

Personnellement, je crois que la société réagirait de la même manière si elle devenait infiniment riche en 2100. Il se formerait peut-être une couche permanente de paresseux qui refuseraient de travailler. D'autres, libérés de la contrainte de la pauvreté, s'accompliraient dans des œuvres scientifiques ou artistiques. Pour eux, la joie inestimable de se sentir créatif surpasserait le bonheur factice du monde matériel. Mais la majorité continuerait à travailler et à se montrer utile simplement en raison de notre héritage génétique, de ce Principe de l'Homme des cavernes que nous portons inscrit en nous.

Et il restera encore un problème que les réplicateurs ne pourront pas résoudre. Celui de l'énergie. Toutes ces technologies miraculeuses nécessitent d'immenses quantités d'énergie pour fonctionner. Alors d'où les tireront-elles ?

5

L'AVENIR DE L'ÉNERGIE
Le feu des étoiles

L'âge de pierre ne s'est pas achevé par manque de pierres. Et l'ère du pétrole se terminera bien avant que le monde ne tombe en panne sèche.

James Canton.

Dans mon esprit, [la fusion] se classe au même niveau que la découverte du feu, jadis, dans les brumes de la préhistoire.

Ben Bova.

La fin du pétrole ?

La marche de notre planète dépend aujourd'hui étroitement du pétrole, du gaz naturel et du charbon, c'est-à-dire des énergies fossiles. En tout, le monde consomme environ 14 000 milliards de watts, dont 33 pour 100 à partir du pétrole, 25 pour 100 du charbon, 20 pour 100 du gaz, 7 pour 100 du nucléaire, 15 pour 100 de la biomasse et de l'hydroélectrique, et 0,5 pour 100 seulement de l'énergie solaire et des autres énergies renouvelables[1].

Autant dire que sans les énergies fossiles, l'économie mondiale connaîtrait un net ralentissement.

1. Kurzweil, *op. cit.*, p. 261.

Nous ne tomberons jamais, bien sûr, tout à fait en panne de pétrole. De nouveaux gisements seront toujours découverts, mais les coûts d'extraction et de raffinage vont progressivement s'élever jusqu'à devenir hors de prix. Le Canada, par exemple, abrite d'énormes dépôts de sables bitumineux, capables de subvenir aux besoins en pétrole de la planète entière durant les dix ans à venir. Leur exploitation, toutefois, ne serait pas rentable. De même, les États-Unis détiennent une réserve de charbon qui leur permettrait de tenir trois cents ans, si son extraction ne se heurtait à certaines lois et si le traitement des polluants n'en faisait grimper le prix.

En outre, le pétrole se trouve souvent dans des régions politiquement instables de la planète, ce qui n'est pas non plus sans incidence en matière de coûts. La courbe des prix du pétrole, dressée au fil des décennies, évoque quelque circuit de montagnes russes. Elle présente un pic à 140 dollars le baril en 2008, avant de plonger en raison de la récession. S'il est certain que les fluctuations sauvages du cours du pétrole dépendent des aléas politiques, de la spéculation, des rumeurs, etc., une chose au moins reste claire : son prix moyen continuera d'augmenter à long terme.

Cette tendance perpétuelle à la hausse ne va pas manquer d'affecter profondément l'économie mondiale. La civilisation moderne doit son émergence rapide au XXe siècle à la conjugaison de deux facteurs : le faible prix du pétrole et la loi de Moore. L'impact de l'augmentation des prix de l'énergie se fera particulièrement sentir en matière d'approvisionnement alimentaire et de régulation de la pollution. Ainsi que le romancier Jerry Pournelle l'a fort bien expliqué : « La nourriture et la pollution ne sont pas des problèmes primaires, ce sont des problèmes énergétiques. Avec de l'énergie en quantité suffisante, nous pouvons produire toute la nourriture que nous voulons, et, si nécessaire, par des moyens hautement efficaces comme la culture hors sol ou sous serre. Idem avec la pollution. Avec suffisamment d'énergie, les polluants peuvent être transformés en produits gérables, voire, si nécessaire, décomposés en éléments simples[1]. »

Nous devons aussi tenir compte d'un autre paramètre : la montée des classes moyennes en Chine et en Inde. Cette évolution

1. Sheffield, *op. cit.*, p. 179.

démographique, l'une des plus importantes de l'après-guerre, aura probablement des conséquences immenses sur les prix du pétrole et des autres articles. La vision des McDonald's et des garages à deux places dans les films hollywoodiens encourage ces populations à vouloir prendre elles aussi leur part du rêve américain, et à vivre dans une débauche de consommation d'énergie.

Futur proche (aujourd'hui à 2030)

Le marché du solaire et de l'hydrogène

Alors, qu'est-ce qui remplacera le pétrole ? À cette question entêtante que se posent tous les gouvernements, il n'y a pas de réponse claire. Le manque actuel d'un bon substitut aux énergies fossiles fait que nous devrions assister, à court terme, à l'exploitation de diverses solutions sans qu'aucune prenne franchement le pas les autres.

Le candidat le plus prometteur à la succession reste cependant le couple solaire/hydrogène, par l'utilisation d'énergies renouvelables du type énergie solaire, éolien, hydroélectrique et hydrogène.

Aujourd'hui, l'électricité produite par des cellules photovoltaïques coûte sept fois plus cher que celle produite par le charbon. Mais le prix du solaire/hydrogène ne cesse de baisser en raison des progrès technologiques, alors que celui des énergies fossiles, en moyenne, ne fait qu'augmenter. On estime que les deux courbes se croiseront dans dix ou quinze ans. Les lois du marché économique feront alors le reste.

Dès que le vent soufflera

À court terme, les énergies renouvelables du type éolien devraient bien tirer leur épingle du jeu. La capacité de production de l'éolien, au plan mondial, est passée de 17 milliards de watts en 2000 à 121 milliards en 2008. L'énergie du vent, en dépit du rôle ultraminoritaire qu'on a pu lui prédire, prend une place sans cesse croissante. Les fermes éoliennes ont gagné en efficacité et en productivité grâce à des progrès sur les turbines, de sorte que ce secteur du marché de l'énergie est l'un de ceux qui se développent le plus rapidement.

En dépit de toutes ses qualités, l'éolien ne pourra toutefois pas subvenir à lui seul aux besoins du monde entier. Dans le meilleur des cas, il offrira une possibilité parmi d'autres. Deux inconvénients jouent en effet contre lui : d'abord le fait que le vent souffle par intermittence, et seulement dans certaines régions du monde. Ensuite, pour minimiser les pertes durant le transport de l'électricité, il faut que les centrales éoliennes soient construites près des villes, ce qui limite d'autant leur efficacité.

Le soleil brille, brille, brille

Au bout du compte, toute notre énergie vient du soleil. Même le pétrole et le charbon concentrent, à leur manière, la lumière reçue par les plantes et les animaux il y a des millions d'années.

Les cellules photovoltaïques, elles, convertissent directement la lumière solaire en électricité, par un processus qui a été expliqué par Einstein en 1905 : quand une particule lumineuse, un photon, heurte un métal, elle éjecte un électron, ce qui amorce un courant électrique.

Les cellules photovoltaïques ne sont guère efficaces. Leur rendement stagne autour de 15 pour 100 malgré les efforts continus des chercheurs et des ingénieurs des décennies durant. Outre l'amélioration de l'efficacité des cellules, la recherche a donc également visé la réduction des coûts de fabrication et d'installation des parcs solaires.

Techniquement, par exemple, il serait possible de subvenir aux besoins électriques des États-Unis en couvrant l'Arizona de cellules photovoltaïques. La chose, bien sûr, est impraticable. Dans le Sahara, en revanche, le droit foncier a connu un coup de projecteur inattendu, et les investisseurs ont déjà commencé à installer d'immenses parcs solaires destinés à répondre aux besoins des consommateurs européens.

Dans les villes, il serait également possible de réduire le coût de l'énergie solaire en couvrant les maisons et les immeubles de cellules photovoltaïques. L'idée présente plusieurs avantages, dont celui d'éliminer les pertes que suppose l'acheminement dans les lignes électriques à partir d'une centrale. Le vrai problème reste celui de la réduction des coûts. Un rapide calcul montre en effet qu'il faudrait rogner sur le moindre détail pour que l'opération atteigne son seuil de rentabilité.

Bien que l'énergie solaire n'ait pas encore tenu toutes ses promesses, son marché a été stimulé par la récente instabilité des prix du pétrole. Un large mouvement pourrait donc s'enclencher. Le fait est que des records tombent chaque mois ou presque. La production photovoltaïque augmente de 45 pour 100 par an et double donc presque tous les deux ans. Divers vastes projets de développement ont été annoncés ces dernières années. La compagnie BrightSource Energy, basée à Oakland, prévoit par exemple de construire 14 centrales solaires qui généreront 2,6 milliards de watts (GW) à travers la Californie (celle du désert Mojave est entrée en fonctionnement au début de 2014), le Nevada et l'Arizona. En Chine, au nord de la Grande Muraille, devrait être installée la plus grande centrale solaire du monde. Le contrat qui engage la société First Solar, l'un des premiers producteurs de cellules voltaïques, mentionne une production de 2 milliards de watts, soit l'équivalent de deux centrales à charbon – de quoi subvenir aux besoins de 3 millions de foyers. Les 27 millions de panneaux solaires de la centrale couvriront une surface de 65 000 mètres carrés en Mongolie-Intérieure. Et ce projet ne constitue qu'une pièce d'un plus large ensemble, non exclusivement dédié au solaire. Les officiels chinois précisent que la centrale, par l'apport complémentaire de l'éolien, de la biomasse et de l'hydroélectrique, délivrera à terme une puissance de 12 milliards de watts.

Il reste encore à voir si ces programmes ambitieux triompheront des inévitables problèmes d'environnement et de dépassement des coûts, mais il est déjà certain que les grosses sociétés, en envisageant sérieusement que le solaire puisse rivaliser avec les énergies fossiles, donnent un sérieux coup de fouet au marché.

Voitures électriques

Comme la moitié du pétrole est consommée par les voitures, les camions, les trains et les avions, le secteur du transport fait l'objet d'une attention particulière. Il paraît assuré que les carburants fossiles disparaîtront au profit de l'électricité. Une première étape passe par la voiture hybride, déjà commercialisée, qui exploite une combinaison d'essence et d'électricité stockée dans des batteries. La présence d'un moteur à combustion interne vise à résoudre au mieux les problèmes que posent encore les batteries en matière d'accélération et d'autonomie.

Le véhicule hybride rechargeable pointe aussi le bout de son nez. Sa puissante batterie permet de parcourir 80 kilomètres avant de basculer sur un fonctionnement à essence. Comme la voiture est le plus souvent utilisée pour des trajets courts, le carburant est rarement sollicité.

La General Motors s'est récemment lancée dans la course à l'hybride rechargeable avec sa Chevy Volt, qui dispose d'une autonomie de 65 kilomètres sur une batterie lithium-ion et de près de 500 kilomètres sur un petit moteur à essence.

La Tesla Roadster se passe quant à elle de tout moteur à essence. Elle est fabriquée par Tesla Motors, une société de la Silicon Valley, la seule en Amérique du Nord à commercialiser des voitures de série entièrement électriques. La Roadster est une voiture de sport effilée qui, avec sa batterie lithium-ion, le dispute sur tous les points aux modèles à essence.

Le bon accueil réservé à la Tesla a contraint les grands fabricants automobiles à oublier le dédain qu'ils avaient longtemps affiché pour la voiture électrique, et à mettre les bouchées doubles pour rattraper le temps perdu. Le témoignage de Robert Lutz, vice-président de la General Motors, est éloquent à cet égard : « Nos génies prétendaient que la technologie lithium-ion prendrait encore dix ans, ce qui se disait aussi chez Toyota, et boum, voilà que débarque la Tesla. Alors, je leur ai demandé : “Comment une minuscule start-up californienne, dirigée par des types qui ne connaissent rien au marché de l'automobile, peut le faire et pas nous[1] ?" »

Nissan est entré dans la course avec une voiture entièrement électrique destinée au consommateur moyen. Baptisée Leaf, elle dispose d'une autonomie de 160 kilomètres et affiche une vitesse de pointe de 140 kilomètres à l'heure.

Au tout électrique devraient succéder les voitures à pile à combustible, autrement parfois dénommées voitures du futur. En juin 2008, Honda a lancé la commercialisation de la première voiture de ce type, la FCX Clarity. Elle joint tous les équipements d'une berline à une autonomie de 380 kilomètres et une vitesse de pointe de 160 kilomètres à l'heure. Son moteur fonctionne à l'hydrogène, sans essence ni électricité. Mais comme les infrastructures pour délivrer de l'hydrogène restent à bâtir, elle est seulement disponible à la location dans le sud de la Californie. Honda promeut également une version sport de cette voiture, la FC Sport.

La General Motors, après avoir viré l'équipe de direction qui l'avait menée à la faillite, a relevé la tête et annoncé en 2009 que son modèle à pile à combustible, la Chevy Equinox, avait déjà roulé 1 million et demi de kilomètres. Pendant les 25 mois précédents, 5 000 personnes avaient en effet testé 100 exemplaires de la voiture. Detroit, souvent à la traîne du Japon en matière de petits modèles et d'hybrides, tâche de mettre un pied dans le futur.

En apparence, la voiture à pile à combustible est la voiture parfaite. Elle roule en combinant hydrogène et oxygène, puis en transformant ce mélange en énergie électrique, avec de l'eau pour tout déchet. Elle ne rejette pas la moindre fumée. Observer le tuyau d'échappement d'une voiture à hydrogène procure même un sentiment étrange : aucun risque d'être étouffé par des dégagements toxiques, puisque seules perlent des gouttes d'eau transparentes et inodores. « C'est cool », conclut Mike Schwabl, qui a testé l'Equinox pendant dix jours[2].

1. Tad Friend, « Plugged In », *The New Yorker*, 24 août 2009, pp. 50-59.

2. « GM Convinced the Future Is in Fuel Cells », *CBS News*, 11 septembre 2009, www.cbsnews.com/2100-205_162-5302610.html.

La technologie de la pile à combustible ne présente pourtant rien de bien nouveau. Elle repose sur un principe fondamental qui avait déjà été mis en évidence en 1839. La NASA l'exploite d'ailleurs depuis des dizaines d'années pour alimenter en énergie ses instruments dans l'espace. La nouveauté réside plutôt dans la détermination des constructeurs automobiles, dans leur volonté d'augmenter la production et de faire baisser les coûts.

Les promoteurs de la voiture à hydrogène devront aussi surmonter un problème affronté par Henry Ford lors du lancement de la Ford T. Des critiques avaient alors pointé les dangers de l'essence et prétendu que les utilisateurs de la voiture allaient périr brûlés vifs dans d'atroces accidents. Et puis il allait falloir installer des pompes à essence à tous les coins de rue. Ces détracteurs, bien sûr, avaient raison sur tous les points. Des milliers et des milliers de morts se comptent chaque année dans de terribles accidents de la route, et les stations-service pullulent. Mais la commodité et l'utilité de la voiture l'emportent.

Des objections du même type s'élèvent aujourd'hui contre la voiture à pile à combustible. L'hydrogène est volatil et explosif ; il faudra des stations à tous les coins de rue… Cette fois encore, les arguments sont parfaitement justes. Mais quand les infrastructures pour l'hydrogène seront en place, le public trouvera ces voitures non polluantes si pratiques qu'il en oubliera leur dangerosité potentielle. Aux États-Unis, en avril 2013, il n'existait encore que 76 stations capables de fournir de l'hydrogène. Comme ces voitures ont une autonomie d'environ 250 kilomètres par plein, il vaut donc mieux conduire en gardant toujours un œil sur sa jauge. Mais la situation va progressivement évoluer, surtout si le prix de la voiture à hydrogène commence à baisser, tant du fait de la massification de sa production que des progrès de la technologie.

Pour en revenir à la voiture électrique, son vrai problème, c'est que sa batterie ne tire pas l'énergie du néant. Il faut d'abord la charger, et l'électricité requise pour cette opération provient souvent d'une centrale à charbon. Donc, même si la voiture électrique n'émet pas de gaz polluants, elle fonctionne au bout du compte à l'énergie fossile.

Quant à l'hydrogène, ce n'est pas un producteur d'énergie à proprement parler, mais plutôt un vecteur de transport. L'utilisation de l'hydrogène suppose d'abord d'en disposer, par exemple en le séparant de l'oxygène dans l'eau, ce qui nécessite là encore de l'électricité. En d'autres termes, et bien que les voitures électriques et à hydrogène nous promettent une conduite sans émission toxique, l'énergie qu'elles consomment provient largement de la combustion du charbon. Au bout du compte on se heurte à la première loi de la thermodynamique : la quantité totale de matière ou d'énergie ne peut pas être détruite ou créée à partir du néant. On n'a rien sans rien.

Se passer de l'essence et de l'électricité suppose donc aussi que nous remplacions les centrales à charbon par une forme entièrement nouvelle d'énergie.

Fission nucléaire

Un moyen de produire de l'énergie, et non simplement de la transmettre, consiste à diviser un noyau d'uranium. Ce procédé de fission, s'il offre l'avantage sur les centrales à charbon ou à pétrole de ne pas dégager de gaz à effet de serre, pose toutefois un certain nombre de problèmes techniques et politiques qui ne seront pas résolus avant des dizaines d'années. Aux États-Unis, la construction de la dernière centrale nucléaire a été lancée en 1977, juste avant que le tragique accident de Three Mile Island ne paralyse le développement du nucléaire civil. L'accident dévastateur de Tchernobyl en 1986 a encore scellé le destin de l'énergie nucléaire pour une génération. Les projets ont été bloqués aux États-Unis et en Europe, même s'ils ont été maintenus en France, au Japon et en Russie grâce à de généreux subsides des gouvernements. Et le récent accident de Fukushima n'a pas arrangé les choses…

Sans même parler de ce type de catastrophes, le problème de l'énergie nucléaire tient pour une large part aux quantités importantes de déchets qu'engendre la fission d'un noyau d'uranium, et à leur radioactivité qui dure des dizaines de millions d'années. Un réacteur typique de 1 000 mégawatts produit environ 30 tonnes de déchets par an, et de nature si hautement radioactive qu'ils luisent littéralement et doivent être conservés dans des bassins de refroidissement. Aux États-Unis, le parc civil compte environ 100 réacteurs commerciaux, ce qui crée des milliers de tonnes de déchets fortement contaminés chaque année.

Alors, où les mettre ? Cinquante ou soixante ans après les débuts de l'ère atomique, une réponse satisfaisante se fait toujours attendre. Par le passé, des erreurs commises ont été chèrement payées. À l'origine, les États-Unis ou la Russie les déversaient parfois dans l'océan ou les enfouissaient dans des fosses peu profondes. Une décharge spécialisée dans les déchets produits par le plutonium a même explosé en 1957 dans les montagnes de l'Oural. L'accident a nécessité une évacuation massive et provoqué une contamination radioactive entre Sverdlovsk et Tcheliabinsk, soit une région couvrant plus de mille kilomètres carrés.

Durant les années 1970, les États-Unis ont commencé à enterrer leurs déchets radioactifs dans des mines de sel à Lyons, au Kansas. Il apparut un peu plus tard que le grand nombre de trous forés par les prospecteurs de gaz et de pétrole rendait le site impropre à cette utilisation. Il a donc fallu le fermer. Un revers plutôt embarrassant…

Pendant les vingt-cinq années suivantes, les États-Unis ont dépensé 9 milliards de dollars pour concevoir et construire le gigantesque site de traitement des déchets de la Yucca Mountain dans le Nevada, et tout cela pour le voir annulé par le président Barack Obama en 2009. Des géologues ont en effet certifié que les déchets nucléaires ne pourraient être conservés sur ce terrain pendant dix mille ans, et le site n'a jamais été ouvert, laissant du même coup les opérateurs civils de centrales nucléaires sans solution de stockage permanent.

L'avenir de l'énergie nucléaire aux États-Unis n'est pas très clair aujourd'hui. Wall Street se fait tirer l'oreille quand il s'agit d'investir plusieurs milliards de dollars pour une centrale. Mais l'industrie prétend que la dernière génération de centrales est plus sûre que la précédente. Le département de l'Énergie, quant à lui, ne ferme aucune option…

Prolifération nucléaire

L'histoire a déjà montré qu'un État qui maîtrise le nucléaire à usage civil est à même, si les circonstances politiques s'y prêtent, de le développer à des fins militaires. Avec le temps, la prolifération de l'armement nucléaire risque donc d'atteindre des régions du monde politiquement très instables.

Du temps de la Seconde Guerre mondiale, seule une grande puissance possédait les ressources et les compétences nécessaires à la fabrication d'une bombe atomique. Mais à l'avenir, en raison de la dégringolade du coût de l'enrichissement de l'uranium due aux progrès de la technologie, l'accès à ce type d'armes se verra grandement facilité. Inutile de nier le danger : une bombe atomique se trouvera peut-être un jour en de mauvaises mains.

La principale difficulté, pour construire un tel engin, consiste à se procurer de grandes quantités d'uranium et à le purifier. Plus spécifiquement, il s'agit de séparer l'uranium 238 (99,3 pour 100 de l'uranium naturel) de l'uranium 235 (0,7 pour 100 restant), plus adapté à la fabrication d'une bombe. Pour cela, on exploite le fait que l'uranium 235 pèse environ 1 pour 100 de moins que son cousin.

Durant la Seconde Guerre mondiale, la seule façon de séparer ces isotopes de l'uranium passait par un laborieux processus de diffusion gazeuse. L'uranium était transformé en gaz, l'hexafluorure d'uranium, puis envoyé dans des centaines de kilomètres de tubes et de membranes. L'uranium 235, plus léger, et donc plus rapide, finissait ce long périple devant l'uranium 238. Le gaz contenant l'uranium 235 était alors extrait, puis le processus réitéré, jusqu'à ce que le niveau d'enrichissement de l'uranium 235 passe de 0,7 à 90 pour 100, le niveau requis pour la fabrication d'une bombe. Pendant la guerre, pour réaliser l'opération, il a fallu dévier une partie non négligeable de la production de l'électricité américaine vers le laboratoire national d'Oak Ridge. Les gigantesques usines de traitement occupaient près de 200 000 mètres carrés et employaient 12 000 travailleurs.

Après le conflit, seuls les États-Unis et l'Union soviétique maîtrisaient l'art de la diffusion gazeuse. Les deux superpuissances ont ainsi pu accumuler d'énormes stocks d'armes nucléaires, jusqu'à 30 000 unités dans chaque camp.

Avec la mise au point des ultracentrifugeuses, la seconde génération de centrales d'enrichissement d'uranium a bénéficié d'une technologie plus sophistiquée et moins coûteuse. Le principe consiste à faire tourner une capsule contenant de l'uranium à la vitesse de 100 000 tours par minute, ce qui a pour effet d'accentuer la légère différence de masse entre l'uranium 235 et l'uranium 238. Après un grand nombre de révolutions, l'uranium 238 se trouve au fond de la capsule et l'uranium 235 à un niveau supérieur, d'où il est extrait.

Par rapport à la diffusion gazeuse, l'utilisation des ultracentrifugeuses a permis de diviser par deux le coût énergétique de l'opération. Environ 54 pour 100 de l'uranium mondial est aujourd'hui traité de cette façon.

Fort de cette technologie, il suffit ainsi de 1 000 centrifugeuses tournant à plein régime pendant un an pour produire la quantité d'uranium enrichi que requiert la construction d'une bombe atomique. Et cette technologie peut être facilement volée. Dans l'un des pires épisodes de l'histoire de la sûreté nucléaire, un obscur ingénieur nommé A. Q. Khan a réussi à subtiliser, pour les vendre au plus offrant, les plans d'une ultracentrifugeuse et de certains composants de la bombe atomique. En 1975, alors qu'il travaillait à Amsterdam pour l'URENCO, un organisme créé par l'Angleterre, l'Allemagne de l'Ouest et les Pays-Bas pour fournir de l'uranium aux réacteurs européens, il transmit ces plans secrets au gouvernement pakistanais, qui le traita aussitôt en héros national. Il est aussi suspecté d'avoir vendu cette information ultraconfidentielle à Saddam Hussein et aux gouvernements d'Iran, de Corée du Nord et de Libye.

Ce vol de technologie a permis au Pakistan de se lancer dans la création d'un petit arsenal d'armements nucléaires. Les premiers essais, en 1998, ont marqué le début d'une rivalité avec l'Inde. Chaque pays a fait exploser une série de bombes atomiques, ce qui les a presque menés à une confrontation inquiétante.

Divers témoignages montrent que l'Iran, peut-être grâce à une technologie acquise auprès de Khan, a accéléré son programme nucléaire. Le pays a fabriqué 8 000 centrifugeuses en 2010 et affiché son intention d'en assembler 30 000 de plus ; il en possédait en tout cas 18 000 en activité en août 2013. Cette politique ne peut que pousser les autres États du Moyen-Orient à disposer de leur propre bombe atomique, et augmenter ainsi l'instabilité générale.

Une nouvelle technique d'enrichissement de l'uranium pourrait encore venir modifier la situation géopolitique du XXIe siècle : l'enrichissement laser. Son principe repose sur une minuscule séparation en énergie qui existe entre les nuages électroniques de l'uranium 235 et de l'uranium 238. Il se trouve qu'un faisceau laser extraordinairement bien ajusté permet de déloger des électrons de l'uranium 235 sans toucher à ceux de l'uranium 238. Une fois les atomes d'uranium 235 ainsi ionisés, un champ électrique les sépare aisément des atomes d'uranium 238, neutres.

Mais cette différence énergétique entre les deux types d'uranium est si ténue que la technologie reste difficile à mettre au point. Dans les années 1980 et 1990, les États-Unis, la France, l'Angleterre, l'Allemagne et l'Afrique du Sud se sont appliqués en vain à la maîtriser. Aux États-Unis, un essai en cours emploie 500 chercheurs sur un budget global de 2 milliards de dollars.

Parallèlement, en 2006, des chercheurs australiens ont déclaré avoir trouvé une solution au problème et annoncé leur intention de la commercialiser. Comme l'enrichissement représente 30 pour 100 du coût de l'uranium, un marché émergera peut-être pour cette technologie. La société australienne Silex a déjà signé un premier contrat avec la General Electric. Elle espère produire jusqu'au tiers de l'uranium mondial par cette méthode. En 2008, la General Electric, alliée à Hitachi, a annoncé son intention de construire la première centrale d'enrichissement par laser à Wilmington en Caroline du Nord. L'administration a par la suite donné son feu vert en septembre 2012. À terme, la centrale occupera 800 000 mètres carrés sur un site de 5,5 millions de mètres carrés[1].

Pour l'industrie de l'énergie nucléaire, c'est là une bonne nouvelle, car cette technologie inédite devrait dans quelques années tirer les prix de l'uranium enrichi vers le bas. Mais d'aucuns s'inquiètent aussi du fait que la mise en œuvre du procédé se répande rapidement dans des régions politiquement sensibles. Le monde gagnerait certainement à profiter de l'opportunité pour signer des traités encadrant la production d'uranium enrichi. En l'absence d'une telle régulation, les bombes atomiques continueront

1. www.businesswire.com/portal/site/home. Voir aussi www.swampfox.ws/node/26502.

à proliférer, jusqu'à ce que, qui sait, l'une d'entre elles se retrouve entre les mains d'un groupe terroriste.

Moyen terme (2030 à 2070)

Réchauffement global

Au milieu du siècle, l'impact des énergies fossiles sur le réchauffement global devrait être maximal. Car il est désormais indiscutable que la Terre se réchauffe. Durant le dernier siècle, la température s'est élevée de 0,7 °C et le rythme de la hausse s'accélère. Les signes du réchauffement se décèlent partout où se porte le regard.

- L'épaisseur de la glace arctique a été divisée par deux ces cinquante dernières années. Cette glace, pour l'essentiel, flotte sur l'eau, à une température tout juste au-dessous du point de congélation. Elle est donc très sensible aux petites variations de température des océans, et fait ainsi office, comme jadis les canaris dans les mines, de signal avant-coureur. Aujourd'hui, la calotte glaciaire arctique disparaît partiellement durant les mois d'été, et elle pourrait bien disparaître en totalité dans quelques années à peine. D'ici à la fin du siècle, cette disparition deviendrait permanente, ce qui perturberait le climat mondial et modifierait les courants marins et aériens qui circulent autour de la planète.
- La glace du Groenland s'est réduite de soixante kilomètres carrés en 2007, puis de 180 kilomètres carrés en 2008, etc. (Si toute la glace du Groenland fondait, le niveau des mers monterait de 6 à 7 mètres tout autour du monde)[1].
- De larges morceaux de la glace antarctique, restés stables durant des milliers d'années, se détachent : en 2000, un morceau de la taille du Connecticut, soit environ 11 000 kilomètres carrés ; en 2002, un morceau de la taille du Rhode Island, etc. (Si

1. Brown, Lester. *Plan B 4.0: Mobilizing to Save Civilization.* New York: Norton, 2009, p. 63.

toute la glace de l'Antarctique se mettait à fondre, le niveau de la mer monterait de 55 mètres partout dans le monde[1].)

- Pour chaque mètre d'augmentation verticale, l'océan se déploie horizontalement sur cent mètres environ. Le niveau des mers a déjà augmenté de 20 centimètres au siècle passé, principalement par la dilatation de l'eau consécutive à l'augmentation de la température. Selon les Nations unies, l'augmentation du niveau des mers pourrait atteindre de 20 à 60 centimètres en 2100. Certains chercheurs prétendent même que les Nations unies pèchent par optimisme. Une équipe de l'Institut de recherche arctique et alpine de l'université du Colorado prévoit que le niveau des mers aura pu augmenter de 1 à 2 mètres en 2100. En conséquence, la physionomie des côtes va graduellement se modifier[2].
- Les températures ont été relevées avec une certaine fiabilité à partir de la fin du XVIIIe siècle. Les années 1995, 2005 et 2010 se sont classées parmi les plus chaudes qui aient jamais été enregistrées. La décennie 2000-2009 a été la plus chaude de toutes. Parallèlement, les taux de dioxyde de carbone ont augmenté de façon spectaculaire. Ils n'ont jamais été aussi élevés en cent mille ans.
- À mesure que la Terre se réchauffe, les maladies tropicales progressent vers le nord. La récente propagation du virus du Nil occidental (transmis par les moustiques) ne donne probablement qu'une pâle image des événements à venir. Les responsables des Nations unies sont particulièrement préoccupés par la diffusion de la malaria vers le nord. Chaque année, d'habitude, les œufs de nombreux insectes nuisibles meurent quand le sol gèle. Mais avec une saison hivernale de plus en plus courte, ces insectes montent inexorablement vers le nord.

Dioxyde de carbone, gaz à effet de serre…

Selon le Groupe d'experts intergouvernemental sur l'évolution du climat (GIEC) de l'ONU, il est quasiment certain que le

1. *Ibid.*, p. 64.
2. *Ibid.*, p. 65.

réchauffement climatique résulte de l'activité humaine, et plus particulièrement de la production de dioxyde de carbone via la combustion du pétrole et du charbon. La lumière du soleil traverse facilement le dioxyde de carbone, mais, en réchauffant la Terre, elle induit un rayonnement infrarouge qui, lui, ne repasse pas aussi facilement. Faute de pouvoir repartir dans l'espace, cette énergie reste donc piégée.

Un effet similaire s'observe d'ailleurs dans les serres ou les voitures : l'air est réchauffé par la lumière solaire, mais ne peut s'échapper à cause du verre.

La quantité de dioxyde de carbone émise a augmenté de façon explosive, et principalement au cours de ces cent dernières années, ce qui ne laisse pas d'inquiéter. Avant la Révolution industrielle, l'air contenait 270 parties par million (ppm) de dioxyde de carbone. Ce taux a grimpé à 395 ppm à la fin de 2013. (En 1900, le monde consommait 150 millions de barils de pétrole. En 2000, ce nombre avait augmenté pour atteindre 28 milliards de barils, soit 185 fois plus. En 2008, 9,4 milliards de tonnes de dioxyde de carbone ont été rejetées dans l'atmosphère du fait de la combustion des carburants fossiles et de la déforestation, mais seulement 5 milliards de tonnes ont été recyclées dans les océans, les sols ou la végétation. Le solde restera dans l'atmosphère durant les prochaines décennies et réchauffera la planète[1].)

Par malheur, même si nous arrêtions aujourd'hui toute production de dioxyde de carbone, le gaz déjà relâché ferait perdurer le réchauffement global pendant encore des dizaines d'années.

Au milieu du siècle, la situation pourrait donc devenir catastrophique. Par une série d'animations, les chercheurs ont représenté la physionomie que prendraient les villes côtières, au milieu du siècle et plus tard, si le niveau des océans continuait à monter. Certaines disparaîtraient entièrement. Il faudrait évacuer de larges parties de Manhattan. Wall Street serait tout simplement submergé. Les gouvernements devraient décider des villes à sauver et des villes à abandonner. Certaines trouveraient leur salut dans une combinaison de digues et de déversoirs. D'autres, dans une situation plus désespérée, disparaîtraient, englouties par l'océan, ce qui

---

1. *Ibid.*, pp. 56-57.

entraînerait des migrations humaines de grande ampleur. Comme la plupart des grands centres du monde sont situés à proximité des mers, les conséquences économiques se révéleraient également catastrophiques.

Solutions techniques

La situation est critique, mais le point de non-retour n'a peut-être pas encore été atteint. De fait, le contrôle des gaz à effet de serre se heurte moins à des problèmes techniques qu'à des problèmes politiques et financiers. La production de dioxyde de carbone est liée à l'activité économique, c'est-à-dire en fin de compte à la richesse. Les États-Unis, par exemple, engendrent environ 25 pour 100 du dioxyde de carbone mondial, ce qui correspond en gros à leur poids dans l'activité économique. En 2009, la Chine les a surpassés en production de gaz à effet de serre, principalement en raison du boom économique qu'a connu le pays[1]. Et si les pays rechignent à prendre à bras-le-corps le problème du réchauffement global, c'est qu'il interfère avec le développement économique et la prospérité.

Divers scénarios ont été proposés pour résoudre cette crise planétaire. En fin de compte, il paraît clair qu'une rustine de fortune ne suffira pas et qu'il faille drastiquement changer notre manière de consommer l'énergie. Quelques mesures techniques ont bien été proposées par des chercheurs reconnus, mais aucune n'a encore gagné une large approbation. Voici quelques-unes de ces propositions.

- **Le lancement de polluants dans l'atmosphère.** Une idée consiste à lancer une armada de fusées dans la haute atmosphère afin qu'elles y relâchent un polluant comme le dioxyde de soufre. Les rayons en provenance du Soleil se réfléchiraient alors et repartiraient dans l'espace, ce qui refroidirait la Terre du même coup. Paul Crutzen, le Prix Nobel qui a proposé cette option, convient lui-même qu'il s'agirait d'un « dispositif apocalyptique » à n'utiliser qu'en dernier recours. Cette solution

1. www.gwec.net.

a émergé en 1991, après que les chercheurs eurent constaté que la gigantesque éruption volcanique du mont Pinatubo aux Philippines, en rejetant des tonnes de poussières et de débris dans la haute atmosphère, avait assombri le ciel et fait baisser d'un degré en moyenne la température autour du globe. Il a donc été possible de calculer la quantité de polluants nécessaire à la réduction de la température mondiale. Bien que cette proposition soit très sérieuse, certains doutent de son succès. On en sait très peu sur la manière dont une énorme quantité de polluants affecterait la température globale. Peut-être que la baisse ne durerait guère, ou que des effets secondaires rendraient le remède pire que le mal. Juste après l'éruption du mont Pinatubo, par exemple, les précipitations mondiales ont baissé en moyenne. Qui sait, donc, si nous ne connaîtrions pas des sécheresses désastreuses ? Sur le plan économique, les essais en situation coûteraient 100 millions de dollars à eux seuls. Compte tenu du caractère temporaire des effets des aérosols sulfatés, il faudrait un budget d'au moins 8 milliards par an pour en injecter régulièrement d'énormes quantités dans l'atmosphère.

- **La fertilisation des océans.** Certains préconisent aussi de déverser de grandes quantités de fer dans les océans, ce qui pousserait les algues à proliférer et à absorber un taux plus important de dioxyde de carbone. La société Planktos, basée en Californie, a même annoncé son intention de fertiliser de cette manière une partie de l'Atlantique Sud. Mais les pays liés par la convention de Londres, qui régule le rejet des déchets en mer, se sont élevés contre un tel projet[1]. Un groupe des Nations unies a également demandé un moratoire sur ce type d'expériences. L'affaire a connu une fin au moins provisoire quand la société Planktos s'est trouvée à court de fonds.
- **La séquestration du carbone.** Une autre solution passerait par la séquestration du carbone, une opération par laquelle le dioxyde de carbone émis par les centrales à charbon est liquéfié,

1. Cornelia Dean, « Experts Ponder the Hazards of Using Technology to Save the Planet », *New York Times*, 12 août 2008, p. F4, www.nytimes.com/2008/08/12/health/12iht-ethics.3.15212327.html.

puis soustrait de l'environnement, en étant enfoui profondément dans le sol, par exemple. Bien que l'idée fonctionne en théorie, elle reste très coûteuse à mettre en œuvre, et présente l'inconvénient de ne pas agir contre le dioxyde de carbone déjà rejeté dans l'atmosphère. Une expérience pilote a été mise en place en Virginie-Occidentale, sur l'énorme centrale thermique de Mountaineer, construite en 1980, et reconfigurée en 2009 pour assurer l'injection du dioxyde de carbone liquéfié à plus de 2 kilomètres sous terre, dans une couche de dolomite[1]. Le projet a malheureusement fini par être abandonné en juillet 2011. À terme, le liquide aurait dû former une couche de 9 à 12 mètres de haut sur des centaines de mètres de long. American Electric Power, le propriétaire de la centrale, prévoyait d'injecter 100 000 tonnes de dioxyde par an durant une période probatoire de quelques années. Cela ne représente encore qu'un très faible pourcentage de l'émission de la centrale, environ 1,5 pour 100, mais ce chiffre aurait pu monter jusqu'à 90 pour 100 dans la phase qui a été annulée. L'investissement initial s'est élevé à 73 millions de dollars. C'est une somme importante, certes, mais si l'expérience s'était montrée concluante, ce modèle aurait pu rapidement être adapté à d'autres sites, et notamment aux quatre gigantesques centrales qui se trouvent à proximité, lesquelles génèrent à elles seules 6 milliards de watts (une capacité de production si impressionnante que cette zone est appelée la Megawatt Valley). Demeurent toujours certaines inconnues… L'avenir du carbone séquestré, par exemple, n'est pas très clair. Va-t-il finir par migrer ? Va-t-il se recombiner avec de l'eau pour former de l'acide carbonique susceptible d'empoisonner les nappes d'eau souterraines ? Il reste que, en cas de succès, ce dispositif pourrait trouver sa place parmi l'arsenal des technologies de lutte contre le réchauffement global.

- **Le génie génétique.** Une autre idée consisterait à créer par génie génétique des formes de vie spécialement conçues pour absorber de grandes quantités de dioxyde de carbone. Ce type de solution

---

1. Matthew L. Wald, « Refitted to Bury Emissions, Plant Draws Attention », *New York Times*, 22 septembre 2009, p. A 19, www.nytimes.com/2009/09/22/science/earth/22coal.html.

a trouvé un promoteur enthousiaste en la personne de J. Craig Venter, qui a acquis sa gloire et sa fortune en développant des techniques qui permettent de séquencer des génomes très rapidement. Selon lui, le génome est « comme un logiciel, ou même comme un système d'exploitation, de la cellule[1] ». Il propose donc de réécrire le logiciel de certains micro-organismes, ou même de les fabriquer de toutes pièces, pour faire en sorte que le dioxyde de carbone produit par les centrales à charbon soit absorbé et converti en substance utile, du gaz naturel, par exemple. Après tout, ajoute-t-il, « notre planète abrite des milliers d'organismes, peut-être des millions, qui savent déjà faire ce genre de chose ». Il suffirait de modifier leur génome pour augmenter leur rendement et les faire s'épanouir dans une centrale à charbon. « Le potentiel de ce champ est énorme. Il pourrait remplacer toute l'industrie pétrochimique, et peut-être même d'ici à dix ans », conclut Venter avec optimisme.

Freeman Dyson, un célèbre physicien de Princeton, s'est fait l'avocat d'une variante du projet, avec des arbres génétiquement conçus pour absorber le dioxyde de carbone. Selon lui, peut-être que de tels arbres, plantés par milliards, assureraient la maîtrise des rejets. Dans un article intitulé « Pouvons-nous contrôler le dioxyde de carbone dans l'atmosphère ? », il a préconisé la création d'une « banque de carbone » constituée d'arbres « à croissance rapide » afin de réguler les niveaux de dioxyde de carbone[2]. Comme tout projet utilisant le génie génétique à large échelle, cependant, il faut prendre garde aux possibles effets secondaires. On ne fait pas revenir une forme de vie inapte à une tâche donnée comme une voiture dans un garage. Une fois lâché dans la nature, l'organisme génétiquement modifié est susceptible d'interférer de manière inattendue avec l'environnement, en se substituant à des espèces locales

1. Ici et pour les deux citations qui suivent : J. Craig Venter, cité dans *Oil and the Future of Energy: Climate Repair, Hydrogen, Nuclear Fuel, Renewable and Green Sources, Energy Efficiency*, éd. du Scientific American. Guilford, Conn.: Lyons Press, 2007, pp. 220-221.

2. Freeman Dyson, « Can We Control the Amount of Carbon Dioxide in the Atmosphere? », *Energy* 2 (1977), pp. 287-291.

de plantes, par exemple, et en perturbant l'équilibre de la chaîne alimentaire.

Globalement, il est malgré tout assez triste de constater que les hommes politiques portent assez peu d'attention à ce type de projets. Un jour, sans doute, la question du réchauffement climatique deviendra si douloureuse qu'ils se verront dans l'obligation d'en mettre certains en œuvre.

La période critique se situe dans les quelques décennies à venir. Au milieu du siècle prochain, nous devrions avoir atteint l'ère de l'hydrogène, qui, par l'utilisation de la fusion, du solaire et d'autres énergies renouvelables, nous rendra moins dépendants de la consommation de carburants fossiles. Les forces économiques se conjugueront alors avec les avancées technologiques en matière d'hydrogène pour résoudre à long terme le problème du réchauffement global. La période dangereuse se situe aujourd'hui, et durera le temps que l'économie de l'hydrogène se mette en place. À court terme, rien ne sera plus simple et plus économique que les carburants fossiles pour produire de l'énergie. La menace du réchauffement global planera donc encore dans les décennies à venir.

L'énergie de fusion

Au milieu du siècle, l'émergence de la fusion devrait changer la donne. Cette nouvelle option apparaît comme la plus viable des solutions au problème du réchauffement global, et le résoudra peut-être même définitivement. Alors que l'énergie de fission résulte de la division de noyaux d'uranium, l'énergie de fusion se libère lors du mariage de noyaux d'hydrogène très chauds. Elle est bien plus colossale, et présente en outre l'avantage de ne produire que très peu de déchets.

En fait, c'est au cœur de l'atome d'hydrogène que se cache la source d'énergie de l'Univers. La fusion fait briller le Soleil et illumine les cieux. Tel est le secret des étoiles. Quiconque maîtrise l'énergie de fusion peut libérer une quantité d'énergie illimitée et éternelle. Et le carburant des centrales à fusion est fourni par l'eau de mer ordinaire. À poids égal, la fusion libère 10 millions de fois plus d'énergie que l'essence. L'équivalent de 500 000 barils de pétrole dans un verre d'eau[1].

Quand une étoile se forme, une boule de gaz riche en hydrogène se comprime graduellement en raison de la gravité, ce qui augmente fortement sa température. Quand cette dernière atteint environ 50 millions de degrés – le seuil varie selon les circonstances –, les noyaux d'hydrogène du gaz sont écrasés les uns contre les autres et fusionnent pour donner de l'hélium. De grandes quantités d'énergie sont relâchées durant ce processus, ce qui enflamme le gaz. (Plus précisément, la compression doit satisfaire au critère dit de Lawson, selon lequel il faut comprimer le gaz d'hydrogène d'une certaine densité jusqu'à une certaine température pendant un certain temps. Si ces trois conditions sur la densité, la température et la durée sont réunies, une réaction de fusion s'enclenche, que ce soit dans une bombe à hydrogène, une étoile ou un réacteur à fusion.)

La recette est simple dans son principe : il faut chauffer et compresser de l'hydrogène jusqu'à ce que les noyaux des atomes fusionnent et relâchent une énergie énorme.

Mais la puissance des étoiles, malgré de nombreuses tentatives, ne s'est encore jamais laissé domestiquer à ce jour. Car c'est une tâche d'une difficulté diabolique que de chauffer de l'hydrogène jusqu'aux dizaines de millions de degrés que requiert sa fusion en hélium.

Le public se montre par ailleurs assez dubitatif sur la question, car on lui prédit l'avènement de la fusion pour dans vingt ans tous les vingt ans. Après des décennies d'un optimisme sans doute quelque peu exagéré, les chercheurs sont pourtant de plus en plus convaincus de son émergence, peut-être même dès 2030. Quelque part vers le milieu du siècle, des centrales à fusion devraient donc pousser comme des champignons.

On ne peut pas donner tort au public de se montrer sceptique sur la fusion, car son histoire est émaillée de nombreuses fraudes, canulars et échecs divers.

1. Sheffield, *op. cit.*, p. 158.

Le cas le plus célèbre reste celui de Stanley Pons et Martin Fleischmann, deux respectables chimistes de l'université d'Utah qui, en 1989, avaient prétendu maîtriser la « fusion froide », c'est-à-dire la fusion à température ambiante. Selon eux, du palladium, un métal, placé dans l'eau comprimait comme par magie les atomes d'hydrogène jusqu'à ce qu'ils fusionnent en hélium. En somme, il était possible de relâcher l'énergie du Soleil sur un coin de table.

Leur annonce a eu un effet foudroyant. Elle a fait la une de tous les journaux du monde ou presque. Du jour au lendemain, les journalistes ont aligné les articles sur la fin de la crise de l'énergie et le début d'une ère nouvelle. Le monde médiatique s'est déchaîné. L'État de l'Utah a immédiatement débloqué 5 millions de dollars pour la création d'un Institut national de la fusion froide. Même les constructeurs automobiles japonais ont commencé à distribuer des millions de dollars pour promouvoir ce champ de recherche riche de promesses. L'engouement autour de la fusion froide a été général.

Pons et Fleischmann étaient bien établis dans la communauté scientifique et ont partagé leurs résultats de bonne grâce. Leurs équipements et leurs données ont été ouverts à qui voulait les voir.

Puis les choses se sont compliquées. Comme la manipulation était assez simple, des équipes à travers le monde ont essayé de la reproduire et de retrouver les étonnants résultats annoncés. Malheureusement, la plupart d'entre elles ne décelaient pas la moindre trace d'énergie relâchée et annoncèrent la fin de la fusion froide. L'histoire suivit pourtant son petit bonhomme de chemin car, sporadiquement, d'autres groupes déclarèrent avoir reproduit l'expérience avec succès.

Finalement, la communauté des physiciens a décidé de trancher l'affaire. Les chercheurs ont donc analysé attentivement le dossier et ont déniché quelques incohérences. D'abord, si le résultat annoncé avait été véridique, une salve de neutrons brûlants aurait rayonné du verre d'eau et tué Pons et Fleischmann sur le coup. (Dans une réaction de fusion typique, deux noyaux d'hydrogène produisent de l'énergie, ainsi qu'un noyau d'hélium et un neutron.) Le fait que les deux chercheurs vivaient encore montrait à lui seul le résultat négatif de l'expérience. En second lieu, il était plus que probable que Pons et Fleischmann aient mis en évidence une réaction chimique plutôt qu'une réaction thermonucléaire. Et finalement, conclurent les physiciens, le palladium, à moins de violer les lois de la physique quantique, ne pouvait approcher les atomes d'hydrogène au point de les faire fusionner en hélium.

Mais la controverse ne s'est jamais vraiment tout à fait éteinte. De temps à autre, on entend encore quelqu'un annoncer la réussite d'une fusion froide. Mais personne n'arrive à réitérer l'opération à la demande… Alors, après tout, quel serait l'intérêt de fabriquer un moteur de voiture qui ne fonctionnerait que sporadiquement ? La science est fondée sur des résultats reproductibles, testables et réfutables, qui se retrouvent à chaque fois.

La fusion chaude

De fait, l'énergie de fusion présente de si grands avantages que les chercheurs sont nombreux à céder à ses charmes.

Par exemple, la fusion ne pollue que très peu. La réaction produit de l'hélium, un gaz qui n'est d'ailleurs pas dénué d'une certaine valeur commerciale. Il est vrai que l'acier radioactif de la chambre de fusion devra être enterré en fin de parcours, mais il n'est que relativement dangereux, et pendant quelques dizaines d'années seulement. Une centrale à fusion produit des déchets nucléaires en quantité insignifiante par rapport à une centrale à fission standard (laquelle crée pour mémoire 30 tonnes de déchets hautement radioactifs par an, qui restent dangereux durant des dizaines de millions d'années).

Les centrales à fusion sont aussi intrinsèquement plus sûres. Une « fusion du réacteur » n'a pour le coup aucun sens. Si quelqu'un voulait arrêter le champ magnétique d'une centrale à fusion, par exemple, le plasma chaud heurterait les parois de la chambre et le processus de fusion s'arrêterait instantanément. Bien loin de connaître l'emballement d'une réaction en chaîne, le cœur de la centrale s'éteindrait de lui-même en cas d'accident.

Selon Farrokh Najmabadi, directeur du centre de recherches en énergie de l'université de Californie à San Diego, « même si la centrale était écrasée, le niveau de radiation au-delà d'un kilomètre serait si faible qu'une évacuation ne serait pas nécessaire[1] ».

Mais les nombreux avantages de la fusion ne sauraient cacher le petit détail qu'il reste à régler : on ne sait pas la produire. Personne, à ce jour, n'a encore réussi à construire une centrale à fusion opérationnelle.

Aussi les physiciens font-ils preuve d'un optimisme prudent. Selon David E. Baldwin, qui supervise l'un des plus gros réacteurs à fusion des États-Unis, le DIII-D : « Il y a dix ans, certains chercheurs se demandaient encore si la fusion était possible, ne serait-ce qu'en laboratoire. Nous savons maintenant que la fusion va fonctionner. La question est plutôt de savoir si elle est praticable d'un point de vue économique[2]. »

NIF – Fusion par laser

La situation pourrait radicalement évoluer d'ici à quelques années. Après de multiples tentatives et des décennies de faux espoirs, les chercheurs sont désormais convaincus que la fusion est à leur portée. En France, le projet ITER (*International Thermonuclear Experimental Reactor* – « Réacteur thermonucléaire expérimental international »), financièrement soutenu par de nombreux pays européens, les États-Unis, le Japon et d'autres, est en cours de construction, tandis qu'aux États-Unis le NIF (*National Ignition Facility* – « Installation nationale d'allumage ») est entré en phase de test.

J'ai moi-même eu la chance de contempler la formidable machine à lasers qu'est le NIF. En raison d'une certaine proximité technologique, le réacteur est installé au Laboratoire national Lawrence Livermore, le lieu où les militaires conçoivent les têtes de bombe H. J'ai dû franchir de multiples barrières de sécurité avant d'accéder au site.

1. W. Wayt Gibbs, « Plan B for Energy: 8 Revolutionary Energy Sources », *Scientific American*, septembre 2006, réimp. 2 avril 2009, www.scientificamerican.com/article.cfm?id=plan-b-for-energy-8-ideas.

2. *Ibid.*

Mais le voyage en valait vraiment la peine. Les lasers me sont familiers, et j'en ai vu dans de nombreux laboratoires universitaires. L'un des principaux équipements de l'État de New York se situe même juste sous mon bureau. Rien de comparable pourtant avec les aménagements littéralement écrasants du NIF. Le réacteur est hébergé dans un bâtiment dont la surface équivaut à trois terrains de football et la hauteur à un immeuble de dix étages. Il est essentiellement constitué par 192 lasers de forte puissance. C'est le plus grand système de ce genre au monde, et il délivre soixante fois plus d'énergie que tous les dispositifs précédents.

Les faisceaux tirés par les lasers heurtent un réseau de miroirs qui les concentrent sur une minuscule cible de la taille d'une tête d'épingle, constituée de deutérium et de tritium, deux isotopes de l'hydrogène. Cela paraît incroyable, mais les 500 000 milliards de watts (500 térawatts) des lasers visent une microcapsule à peine visible à l'œil nu pour la chauffer à 100 millions de degrés, une température bien supérieure à celle qui règne au cœur du Soleil. L'énergie de cette impulsion colossale équivaut à la production, pendant un instant très bref, d'un demi-million de centrales nucléaires. La surface de la cible minuscule est promptement vaporisée, ce qui déclenche une onde de choc qui détruit la microcapsule et libère la puissance de la fusion.

L'installation proprement dite est achevée, mais nécessite encore une batterie de tests et de réglages avant d'être pleinement opérationnelle. Cette machine sera peut-être la première à délivrer autant d'énergie qu'elle en consomme – des signes dans ce sens ont été constatés en septembre 2013 selon la BBC[1], puis en février 2014 après une nouvelle définition du rendement de l'opération toutefois. Même si elle n'est pas conçue pour distribuer de l'électricité dans le parc civil, elle montrera que des faisceaux laser, focalisés sur des matériaux riches en hydrogène, sont capables de produire de l'énergie.

J'ai pu interroger Edward Moses, l'un des dirigeants du NIF, sur les espoirs et les rêves qu'il conçoit autour du projet. Avec son casque, il ressemblait plus à un ouvrier de chantier qu'à un physicien nucléaire renommé, en charge du plus grand laboratoire à lasers du monde. Il a admis que ce domaine de recherche avait

1. www.bbc.co.uk/news/science-environment-24429621

connu un certain nombre d'échecs, mais a dit avoir toute confiance en son installation. Son équipe allait à terme entrer dans les livres d'histoire comme la première à s'être pacifiquement rendu maître sur Terre de la puissance du Soleil. En parlant à cet homme, on sent tout ce que les projets comme le NIF doivent à la passion et à l'énergie de ceux qui y croient. Il savourait à l'avance le jour, m'a-t-il confié, où il inviterait le président des États-Unis au laboratoire pour lui annoncer qu'une étape historique venait tout juste d'être franchie.

Mais, depuis le début, le NIF souffre de certaines difficultés. La plus étrange d'entre elles reste sans doute la démission forcée, en 1999, de l'un de ses dirigeants, E. Michael Campbell, qui avait menti en prétendant avoir obtenu un doctorat à Princeton. Ensuite, les travaux, dont la fin était initialement prévue pour 2003, ont accumulé des retards. Parallèlement, les coûts ont enflé, passant du milliard de dollars à une somme quatre fois plus importante.

Le diable, dit-on, se niche dans les détails. Le problème est ici que les 192 faisceaux laser doivent toucher leur cible minuscule avec une précision extrême, à 30 mille milliardièmes de seconde d'écart l'un de l'autre. Le moindre défaut d'alignement des lasers ou la plus mince irrégularité sur la cible cause une dissymétrie de température qui conduit à une explosion latérale plutôt qu'une implosion sphérique.

Il suffit par exemple que l'irrégularité de la microcapsule dépasse les 50 nanomètres (environ 150 atomes) pour que l'implosion ne se produise pas correctement[1]. Cela équivaut en gros à lancer une balle de base-ball dans la zone de strike depuis une distance de 560 kilomètres. L'alignement des lasers et l'uniformité de la microcapsule sont les deux gros problèmes dont la fusion par laser doit triompher.

L'Union européenne travaille aussi sur sa propre version de fusion par laser avec le projet HIPER (*HIgh Power Laser Energy Research Facility* – « Projet laser haute puissance »), un réacteur plus petit mais peut-être plus efficace que le NIF, et dont la construction ne sera pas achevée avant plusieurs années.

1. Seife, Charles. *Sun in a Bottle: The Strange History of Fusion and the Science of Wishful Thinking.* New York: Viking Penguin, 2008, p. 211.

De solides espoirs sont fondés sur le NIF. Cependant, même si la fusion par laser ne fonctionnait pas comme prévu, il resterait une autre solution, d'ailleurs plus avancée, pour parvenir à contrôler la fusion.

ITER – La fusion par confinement magnétique

Une autre voie, actuellement explorée en France avec le projet ITER, consiste à se servir d'un énorme champ magnétique pour confiner et doucement comprimer de l'hydrogène chaud. La machine ressemble à une gigantesque chambre à air en acier bordée de bobines magnétiques. Un courant électrique est envoyé dans l'hydrogène confiné, ce qui a pour effet de le chauffer. La combinaison de la compression du gaz par le champ magnétique et du passage du courant électrique porte le gaz à une température de plusieurs millions de degrés.

Loin d'être nouvelle, l'idée d'utiliser une telle « bouteille magnétique » pour parvenir à la fusion remonte en fait aux années 1950. Alors pourquoi la maîtrise et la commercialisation de l'énergie de fusion prend-elle autant de temps ?

Le problème tient à l'ajustement très précis que nécessite le champ magnétique pour que la compression du gaz soit uniforme, sans aucun renflement ni aucune irrégularité. Pensons à un ballon de baudruche que nous essaierions de comprimer avec les mains de la façon la plus égale possible : le moindre espace entre nos doigts provoque une boursouflure, rendant l'opération presque impossible.

Cette difficulté paraît bien étrange, car la nature comprime aisément l'hydrogène pour former les milliards et les milliards d'étoiles que nous observons dans l'univers. Alors pourquoi n'est-ce pas aussi facile de procéder sur Terre ? En raison d'une subtile mais profonde différence entre la gravité et l'électromagnétisme.

La gravitation, comme l'a montré Newton, est strictement attractive. Ainsi, dans les étoiles, l'hydrogène se comprime par gravité uniformément en une sphère. (C'est la raison pour laquelle les étoiles et les planètes ne sont pas triangulaires.) Mais les charges électriques se présentent quant à elles sous deux formes : positives et négatives. Si l'on collectait des charges négatives dans l'intention d'en faire une boule, elles se repousseraient les unes les autres et s'échapperaient dans toutes les directions. En approchant une charge négative d'une charge positive, on obtient au contraire un « dipôle », avec un ensemble de lignes de champ électrique dont la disposition complexe rappelle celle d'une toile d'araignée. Les champs magnétiques forment eux aussi un dipôle, ce qui explique précisément pourquoi il est si extraordinairement difficile de comprimer uniformément un gaz chaud dans une chambre en forme de bouée. La représentation des champs électriques et magnétiques d'une configuration simple d'atomes nécessite déjà à elle seule l'usage d'un superordinateur…

Tout est là. La gravitation est attractive et comprime un gaz en une boule parfaite. Les étoiles se forment donc facilement. Mais l'électromagnétisme est à la fois attractif et répulsif, de sorte qu'un gaz se déforme de manière complexe quand il est comprimé. La fusion est donc extrêmement difficile à contrôler. Voilà le problème fondamental qui a résisté aux physiciens pendant une cinquantaine d'années.

En fait jusqu'à maintenant. Mais les chercheurs prétendent avoir enfin résolu ce problème d'instabilité du confinement magnétique avec ITER.

Ce projet scientifique international compte parmi les plus importants qui aient jamais été entrepris. Le cœur de la machine est donc formé d'une chambre métallique en forme de bouée. L'ensemble pèsera 23 000 tonnes, soit bien plus que les 7 300 tonnes de la tour Eiffel.

Certaines pièces sont si lourdes, jusqu'à 900 tonnes, que des routes doivent être spécialement aménagées pour les transporter. La taille du composant le plus haut équivaut à celle d'un immeuble de 4 étages, celle du bâtiment principal à un immeuble de 19 étages. Cette construction sera installée sur une énorme plateforme dont la surface équivaut à 60 terrains de football ! Son coût prévisionnel est de 13 milliards d'euros, un budget partagé entre l'Union européenne, les États-Unis, la Chine, l'Inde, le Japon, la Corée et la Russie.

Quand le réacteur sera mis en marche, il portera l'hydrogène à une température de 150 millions de degrés celsius environ, soit dix fois celle qui règne à l'intérieur du Soleil. Si tout se passe bien, il générera 500 mégawatts, soit une puissance environ dix fois supérieure à celle initialement envoyée au réacteur[1]. (Le record actuel pour la fusion est de 16 mégawatts. Il est détenu par le JET – *Joint European Torus,* « Tore commun européen » – un réacteur situé à Culham dans l'Oxfordshire au Royaume-Uni.) Sa construction a connu quelques retards, mais devrait être achevée en 2020.

Le projet ITER n'est pas conçu pour délivrer de l'électricité dans le parc civil. Son objectif est strictement scientifique[2]. Mais les physiciens pensent déjà à l'étape suivante, celle de la commercialisation de l'énergie de fusion. Farrokh Najmabadi, qui dirige un groupe de travail sur la question, propose par exemple de construire ARIES-AT, une installation plus modeste qu'ITER, capable de produire un milliard de watts pour un coût de 5 cents le kilowatt-heure environ, qui rivalise donc avec celui de l'énergie fossile. Najmabadi, cependant, quoique très optimiste sur l'avenir de la fusion, admet qu'elle ne sera pas commercialisée à grande échelle avant le milieu du siècle.

Le projet DEMO vise aussi à introduire l'énergie de fusion sur le marché. Contrairement à ITER, DEMO délivrera de l'énergie en continu. Pour cela, une étape sera ajoutée au processus. Une réaction de fusion, en effet, produit aussi un neutron qui s'échappe rapidement. L'idée consiste à couvrir la chambre du réacteur d'un revêtement spécial, parcouru de tuyaux d'eau, spécifiquement étudié pour absorber l'énergie de ces neutrons. En chauffant, cette couverture ferait bouillir l'eau. La vapeur ainsi libérée serait ensuite dirigée vers les pales d'une turbine afin de produire de l'électricité.

Dans le meilleur des cas, DEMO sera mis en route en 2040. Son réacteur dépassera en taille celui d'ITER de 15 pour 100 et il produira 25 fois plus d'énergie qu'il n'en consommera. Tout compris, DEMO devrait délivrer 2 milliards de watts (GW), une puissance comparable à celle d'une centrale classique. La réussite de ce projet conduirait peut-être à un essor rapide de l'énergie de fusion.

---

1. ITER, www.iter.org/fr/factsfigures.
2. Gibbs, *op. cit.*

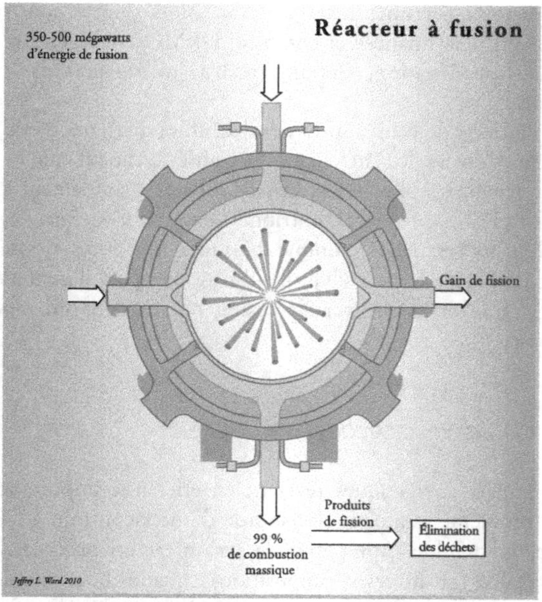

Figure 7. Deux types de fusion. En haut, les lasers compriment une microcapsule de matériel riche en hydrogène. En bas, un champ magnétique comprime un gaz contenant de l'hydrogène. Au milieu du siècle, le monde tirera peut-être son énergie de la fusion.

Demeurent certaines incertitudes… Alors que la construction d'ITER est déjà financée et entamée, DEMO en est encore à une phase de planification. Certains retards ne seraient pas surprenants…

En tout état de cause, après des décennies d'erreurs d'évaluation et d'échecs divers, les chercheurs spécialisés estiment que la fusion ne leur échappera plus. Deux installations déjà solidement fondées (NIF et ITER) devraient contribuer à porter l'énergie de fusion dans nos foyers. Mais, comme ni l'une ni l'autre ne délivrera d'électricité dans le parc civil, il subsiste une part d'inattendu, et, qui sait, une ouverture vers la fusion opérée dans un mouchoir de poche.

Fusion dans un mouchoir de poche

Les enjeux énergétiques revêtent en effet une importance telle que le problème sera peut-être abordé d'une façon tout à fait nouvelle et inattendue. Après tout, la fusion est un processus clairement établi, et diverses propositions, quand bien même elles n'émaneraient pas des courants scientifiques les mieux financés, pourraient se révéler très intéressantes. Et peut-être que l'une d'entre elles permettra d'obtenir une fusion sans passer par de gigantesques installations ?

Dans la scène finale de *Retour vers le futur*, Doc, le savant fou, fait le plein de sa DeLorean, une voiture qui lui sert aussi de machine à remonter le temps. Il ne remplit pas le réservoir d'essence mais jette, dans une grosse boîte étiquetée Mr. Fusion, des canettes vides, des peaux de bananes et autres déchets qu'il tire d'une poubelle.

Alors, dans une centaine d'années, disposera-t-on, comme dans ce film, d'un réacteur de la taille d'une machine à café ?

Une piste sérieuse passe par la sonoluminescence, un phénomène par lequel une bulle qui s'effondre brutalement sur elle-même dégage une chaleur intense. C'est ce qu'on appelle aussi la fusion sonique ou la fusion à bulles. Ce comportement curieux est connu depuis longtemps. Il a été mis en évidence en 1934, par des chercheurs de l'université de Cologne qui étudiaient l'effet des ultrasons sur le développement des films photographiques, dans l'espoir d'accélérer le processus. Ils ont remarqué des points minuscules, dus à de petites explosions de lumière que produisaient des bulles créées par des ultrasons. Plus tard, des militaires allemands ont noté que les bulles émises par les pales de leurs hélices présentaient souvent une certaine luminescence, ce qui signifiait qu'elles relâchaient une énergie que, d'une façon ou d'une autre, elles avaient emmagasinée.

Plus tard encore, il fut montré que cette lumière résultait de l'effondrement uniforme des bulles sur elles-mêmes, qui, ce faisant, comprimaient l'air qu'elles contenaient à des températures incroyablement hautes. Or l'accès à la fusion chaude, comme nous l'avons vu plus haut, dépend de manière cruciale de l'uniformité de la compression de l'hydrogène, qu'elle soit obtenue par un alignement parfait des faisceaux laser qui frappent la microcapsule ou par tout autre moyen. Quand une bulle se contracte, le mouvement des molécules devient si rapide que la pression de l'air s'uniformise très rapidement sur toute la paroi. En principe, l'effondrement d'une bulle dans des conditions aussi idéales devrait permettre d'atteindre la fusion.

Les expériences menées sur la sonoluminescence sont déjà parvenues à produire des températures de plusieurs dizaines de milliers de degrés. L'emploi de gaz rares augmente l'intensité de la lumière émise par les bulles. Mais l'idée que la température de fusion puisse être obtenue ne fait pas l'unanimité. Une controverse a surgi en 2002 quand Rusi Taleyarkhan, qui travaillait alors au Laboratoire national d'Oak Ridge, a prétendu avoir réussi une fusion avec un dispositif sonique. Il disait avoir détecté des neutrons lors de son expérience, signe certain de réussite. Ce résultat, malheureusement, n'a jamais pu être reproduit par les chercheurs qui se sont succédé au fil des ans.

Peut-être aussi que l'avenir passera par la machine à fusion de Philo Farnsworth, l'un des inventeurs méconnus de la télévision. La bataille judiciaire qu'il a subie sur ce point avec RCA l'a rendu presque fou. Un peu plus tard dans son existence, Farnsworth s'est intéressé à la conception d'un petit dispositif capable de libérer des neutrons par fusion. Son « fusor » est constitué de deux grandes sphères concentriques de treillis métallique, la première chargée positivement, la seconde négativement. Des protons injectés à travers ce treillis sont donc repoussés par le treillis extérieur et attirés par le treillis intérieur. Au centre de ces sphères est disposée une cible riche en hydrogène, sur laquelle les protons se fracassent, ce qui crée une réaction de fusion et un jaillissement de neutrons.

L'idée est tellement simple que de modestes lycéens ont réussi là où Richter, Pons et Fleischmann avaient échoué : produire des neutrons. Il reste toutefois improbable qu'un dispositif de ce type puisse un jour délivrer de l'énergie utilisable : le nombre de protons accélérés est extrêmement faible, et l'énergie dégagée infime.

En fait, il est aussi possible de créer une réaction de fusion avec un accélérateur de particules. Certes un plus compliqué que le fusor, cet instrument permet lui aussi d'accélérer des protons qui iront ensuite frapper une cible riche en hydrogène. Mais, là encore, le nombre de protons qui fusionnent est si ridiculement petit que l'opération reste sans portée pratique.

Futur lointain (2070 à 2100)

L'ère du magnétisme

Le siècle précédent fut celui de l'électricité. La maîtrise de l'électron a ouvert la voie à une série de technologies qui ont permis l'avènement de la radio, de la télévision, des ordinateurs, de l'IRM, etc. Mais c'est au cours de notre siècle que les physiciens trouveront probablement leur Graal : les supraconducteurs à température ambiante. Cette découverte instaurera une ère nouvelle, celle du magnétisme.

Nous pourrons alors monter dans une voiture magnétique qui se déplacera à plusieurs centaines de kilomètres à l'heure, en planant au-dessus du sol, sans utiliser de carburant ou presque. Les trains et même les personnes se transporteront dans les airs par la bonne grâce du magnétisme.

On oublie souvent que l'essence consommée par nos voitures sert pour l'essentiel à lutter contre la friction. En théorie, un voyage de San Francisco à New York ne nécessite presque aucune énergie. En pratique, il faut dépenser des centaines de dollars en carburant pour vaincre le frottement des pneus sur le bitume et la résistance de l'air. Mais si la route était couverte de glace, par exemple, nous pourrions, en glissant, voyager à un coût bien plus réduit. De la même manière, c'est parce qu'elles filent dans le vide que les sondes spatiales n'ont guère besoin que de quelques litres de carburant pour dépasser Pluton. Et si une voiture magnétique flottait au-dessus du sol, il suffirait d'un souffle pour la déplacer.

L'émergence de cette technologie dépend essentiellement de la supraconductivité. Depuis 1911, on sait que le mercure, quand il est refroidi à 4 kelvins (environ – 270 °C), perd toute résistance électrique. En d'autres termes, comme plus rien ne l'arrête, le passage du courant ne subit aucune perte. (Normalement, les électrons qui se déplacent dans un câble perdent de l'énergie en se cognant aux atomes. Mais à une température voisine du zéro absolu, ces atomes sont presque immobiles, de sorte que les électrons parviennent à glisser facilement sur eux, sans déperdition d'énergie, selon un mécanisme complexe.)

Ces supraconducteurs jouissent de propriétés aussi étranges que merveilleuses, mais présentent aussi l'immense inconvénient de devoir être refroidis à une température proche du zéro absolu, avec de l'hydrogène liquide, ce qui coûte très cher.

En 1986, les chercheurs ont donc été très surpris d'apprendre qu'une nouvelle classe de supraconducteurs avait été découverte, qui ne nécessitait pas un refroidissement aussi extrême. Contrairement aux matériaux étudiés jusque-là, comme le mercure ou le plomb, ces supraconducteurs se classaient parmi les céramiques. L'expérience montrait que ces candidats, peu prometteurs *a priori*, devenaient supraconducteurs à 92 kelvins seulement, une température qui paraissait théoriquement impossible.

Depuis, le record mondial pour ce type de supraconducteurs est monté à 138 kelvins, soit – 135 °C. Cette gamme de température paraît encore assez basse, mais le pas est significatif dans la mesure où l'azote se liquéfie à 77 kelvins (– 196 °C). L'azote liquide, dont le prix équivaut en gros à celui du lait, peut donc être utilisé pour refroidir les céramiques, ce qui réduit drastiquement le coût de la supraconductivité.

La découverte des propriétés supraconductrices de ces céramiques n'a pourtant fait qu'aiguiser l'appétit des physiciens. C'est un pas dans la bonne direction, et même un pas de géant, mais pas une fin en soi. D'abord parce que l'azote liquide, quoique relativement bon marché, nécessite un équipement lourd pour être refroidi. Ensuite parce que les câbles de céramique sont difficiles à fabriquer. Enfin parce la nature des céramiques reste encore déconcertante. Malgré des années de travail, les chercheurs ne les comprennent pas tout à fait. La physique quantique de ce type de matériaux est trop compliquée pour être résolue aujourd'hui, si bien que personne ne sait pourquoi ils deviennent supraconducteurs. Il y a sur cette question un Prix Nobel à gagner.

En dépit de ces difficultés, les physiciens savent que les supraconducteurs à température ambiante sont promis à un bel avenir, et feront probablement naître une nouvelle révolution industrielle. Les supraconducteurs à température ambiante ne nécessiteront aucun équipement de réfrigération, et pourront générer des champs magnétiques permanents d'une puissance inouïe.

Quand l'électricité circule dans une boucle de cuivre, son énergie se dissipe en une fraction de seconde à cause de la résistance du fil. Dans une boucle supraconductrice, elle reste constante des années durant. L'observation suggère que la durée de vie d'un courant électrique circulant dans une bobine supraconductrice pourrait atteindre cent mille ans. Selon certaines théories, cette durée de vie pourrait même atteindre celle de l'Univers lui-même.

Au minimum, de tels supraconducteurs réduiront les pertes dans les câbles à haute tension, et donc le coût de l'électricité. Ces mêmes pertes poussaient par ailleurs les ingénieurs à bâtir les centrales le plus près possible des villes, avec les risques potentiels que cela représente pour la population. Et c'est aussi la raison pour laquelle les éoliennes ne peuvent être utilement dressées dans les zones de vent maximal.

Une centrale électrique perd jusqu'à 30 pour 100 de sa production durant la transmission. L'utilisation de câbles supraconducteurs à température ambiante permettrait donc d'économiser de l'électricité et de limiter du même coup la pollution. Les supraconducteurs auraient aussi un profond impact sur le réchauffement global : la production mondiale de dioxyde de carbone dépend étroitement de la consommation d'énergie, et l'essentiel de cette énergie est perdu à lutter contre les frottements. En entrant dans l'ère du magnétisme, nous réduirons *de facto* notre consommation énergétique et l'émission de dioxyde de carbone.

Trains et voitures magnétiques

Sans le moindre apport supplémentaire d'énergie, les supraconducteurs à température ambiante feront donc office de superaimants, capables de soulever des trains ou des voitures et de les maintenir au-dessus du sol.

Une manipulation de laboratoire assez simple suffit pour visualiser la force de ce pouvoir. Je l'ai moi-même exécutée plusieurs fois devant les caméras de la BBC-TV et de Science Channel. Il faut d'abord se procurer un petit morceau de céramique supraconductrice en passant commande auprès d'une société spécialisée. La chose se présente sous une forme grise et dure de quelques centimètres de diamètre. L'expérience nécessite aussi un peu d'azote liquide, qu'il est par exemple possible d'acheter chez un fournisseur de matériel pour laiteries. Une fois le morceau de céramique disposé dans une assiette en plastique, on verse très doucement l'azote liquide par-dessus. L'azote se met à bouillir furieusement en touchant la surface de la céramique. Attendons la fin de l'ébullition et plaçons un petit aimant sur le morceau de céramique. Et voilà que l'aimant flotte dans les airs comme par magie. Une pichenette sur l'aimant et il commence à tourner sur lui-même… Du fond de cette assiette, l'avenir des moyens de transport vous contemple…

La raison pour laquelle l'aimant se soulève est simple : les lignes de force du champ magnétique ne peuvent pas pénétrer dans le supraconducteur. C'est ce qu'on appelle l'effet Meissner. (Quand un champ magnétique est appliqué à un supraconducteur, un petit courant électrique se forme à sa surface et l'annule, si bien que le champ magnétique est chassé du supraconducteur.) Leur chemin barré, les lignes de champ se resserrent et forment donc un « coussin » qui pousse l'aimant à s'éloigner de la céramique, le faisant ainsi flotter dans les airs.

Les supraconducteurs à température ambiante inaugureront aussi une ère de super-aimants. L'IRM, on l'a vu, est d'une utilité extrême, mais nécessite de puissants champs magnétiques. Les supraconducteurs à température ambiante permettront d'en créer d'énormes à des coûts très faibles. Par la même occasion, les équipements se verront minimisés. Il est déjà possible, en utilisant des champs magnétiques non uniformes, de fabriquer des appareils IRM d'une trentaine de centimètres de haut. Avec les supraconducteurs à température ambiante, il sera possible de les réduire à la taille d'un bouton de culotte.

Dans *Retour vers le futur III*, Michael J. Fox est filmé sur une « aéroplanche », un skateboard qui flotte dans les airs. Avec les supraconducteurs à température ambiante, ce mode de déplacement deviendra parfaitement possible.

Trains et voitures à sustentation magnétique

La supraconduction révolutionnera plus généralement le secteur du transport avec des voitures et des trains qui flotteront au-dessus du sol et se déplaceront sans friction.

Imaginons que nous montions dans une voiture qui exploite la supraconduction à température ambiante. Les routes seront revêtues non pas d'asphalte mais de supraconducteurs. La voiture sera équipée d'un aimant permanent ou générera un champ magnétique par un supraconducteur qui lui sera propre, et elle flottera. Un relâchement horizontal d'air comprimé suffira pour la faire avancer. Et une fois en mouvement, elle se déplacera presque indéfiniment si la route est plate. Un moteur électrique ou un jet d'air comprimé servira à vaincre la résistance de l'air, seule force qui s'opposera encore à elle.

Sans faire usage de la technologie des supraconducteurs, certains pays ont déjà construit des trains à sustentation magnétique, qui lévitent au-dessus de rails contenant des aimants. Les pôles nord repoussant les pôles nord, il suffit d'équiper d'aimants le dessous du train pour le faire flotter sur la voie.

Figure 8. La supraconduction à température ambiante permettra de faire léviter trains et voitures. Ces moyens de transport se déplaceront sans friction sur des rails ou des revêtements supraconducteurs.

L'Allemagne, le Japon et la Chine sont en pointe sur cette technologie. Les trains à sustentation magnétique ont même établi quelques records mondiaux. La première utilisation commerciale du train à sustentation magnétique date de 1984, avec la navette qui relie l'aéroport international de Birmingham à la principale gare de la ville. Avec ses 581 kilomètres à l'heure chronométrés au Japon en 2003, le MLX01 détient le record de vitesse sur ce type de trains. Le coût du train à sustentation magnétique empêche malheureusement son usage généralisé dans le monde. Mais la supraconduction à température ambiante devrait changer la donne. Le rail américain pourrait du même coup retrouver une vigueur nouvelle, ce qui réduirait d'autant les émissions de gaz à effet de serre dus aux avions.

L'énergie du ciel

À la fin du siècle, il devrait aussi être envisageable de produire de l'énergie directement dans l'espace. Un projet de centrale solaire orbitale prévoit par exemple d'envoyer des centaines de satellites spatiaux en orbite autour de la Terre, avec pour mission d'absorber le rayonnement émis par le Soleil et de nous renvoyer cette énergie sous forme d'un rayonnement micro-onde. Les satellites se trouveraient positionnés à 36 000 kilomètres de la Terre, en orbite géostationnaire. Comme il y a huit fois plus de lumière solaire dans l'espace que sur Terre, cette option présente un intérêt certain.

Les projets de centrales solaires spatiales ont déjà une longue histoire derrière eux. Les difficultés à vaincre sont plus d'ordre économique et technique que proprement scientifique. Disons simplement qu'en 2009 le ministère japonais du Commerce a lancé une étude de faisabilité sur un projet de ce type. Mitsubishi Electric et d'autres compagnies japonaises vont participer à un programme de 21 milliards de dollars, qui débouchera peut-être sur le lancement d'une centrale solaire orbitale d'une puissance de un milliard de watts. Ses cellules solaires couvriront près de 4 kilomètres carrés couverts, une superficie gigantesque.

« On dirait de la science-fiction, mais, avec la disparition des carburants fossiles, la production d'énergie solaire dans l'espace représentera peut-être une source d'énergie alternative significative dans un siècle », résume Kensuke Kanekiyo, de l'Institut des économies d'énergie, un organisme de recherche gouvernemental[1].

Vu la démesure du projet, le gouvernement japonais campe sur une prudente réserve. Le groupe de recherche passera d'abord quatre années à étudier la faisabilité économique et scientifique du projet. En cas de conclusions positives, le ministère du Commerce et l'Agence d'exploration spatiale prévoient alors de lancer un petit satellite pour tester l'émission d'énergie à partir de l'espace.

Mais le principal obstacle restera d'ordre économique. Selon Hiroshi Yoshida, un expert de la compagnie Excalibur KK, une société de conseil spatial à Tokyo, « les dépenses doivent être baissées au centième des estimations actuelles[2] ». Plusieurs problèmes se posent. D'abord, ces satellites doivent être placés à 36 000 kilomètres de la Terre, bien plus haut que les satellites d'orbite basse à 480 kilomètres, de sorte que les pertes dues à l'acheminement seront potentiellement importantes.

Le coût des fusées, surtout, fait grimper la note. Les projets de retour sur la Lune et d'exploration de Mars ont buté sur la même difficulté. Tant que les coûts de lancement ne seront pas significativement réduits, ces projets seront tranquillement enterrés.

Au mieux, le projet japonais pourrait être opérationnel au milieu du siècle. Mais étant donné la conjoncture économique, il attendra plus probablement la fin du siècle, quand de nouvelles générations de fusées auront fait baisser les coûts de lancement. Et dès lors une question vient immédiatement à l'esprit : le coût du voyage spatial nous permettra-t-il un jour d'atteindre les étoiles ?

---

1. *International Herald Tribune*, 2 septembre 2009, p. 14. Voir aussi Shigeru Sato et Yuji Okada, « Mitsubishi, IHI to Join $21 Bln Space Solar Project », 31 août 2009, www.bloomberg.com/apps/news?pid=newsarchive&sid=aJ529lsdk9HI.

2. Shigeru Sato et Yuji Okada, *ibid.*

6

L'AVENIR DE LA CONQUÊTE SPATIALE
En route vers les étoiles

Nous nous sommes suffisamment attardés sur les rivages de l'océan cosmique. Nous sommes enfin prêts à mettre la voile vers les étoiles.

Carl Sagan

En 2100, l'humanité entrera dans une nouvelle phase de la conquête spatiale : celle qui la mènera jusqu'aux étoiles. Ces astres qui paraissent si proches la nuit et qui restent pourtant si éloignés devraient en effet se trouver dans la ligne de mire des ingénieurs à la fin du siècle.

Mais le parcours qui conduira à la construction des vaisseaux interstellaires est semé d'embûches. Au fond, l'humanité se trouve dans la position d'une personne à qui il suffit de lever les bras pour atteindre les étoiles, mais qui patauge, les pieds désespérément collés dans la boue. D'un côté, nous vivons un nouvel âge de l'exploration spatiale automatisée, avec le lancement de sondes destinées à localiser des planètes semblables à la Terre, explorer les satellites de Jupiter ou prendre des photos de l'Univers à ses tout débuts. D'un autre côté, l'exploration spatiale habitée, pour laquelle se sont passionnées tant de générations de rêveurs, de poètes et de visionnaires, continuera de charrier son lot de désillusions.

Futur proche (aujourd'hui à 2030)

Planètes extrasolaires

L'exploration robotisée, l'un des plus grands succès du programme spatial, a considérablement élargi l'horizon de l'humanité. À l'avenir, ce type de missions visera avant tout la quête de planètes semblables à la Terre, capables d'accueillir la vie. En octobre 2013, les télescopes terrestres avaient déjà découvert un peu plus de 1 000 planètes confirmées en orbite dans des systèmes solaires distants, tandis que de nouvelles sont détectées toutes les semaines ou presque. À l'heure actuelle, toutefois, nos instruments ne peuvent souvent repérer que des planètes gigantesques, de la taille de Jupiter par exemple, sur lesquelles la vie telle que nous la connaissons est impossible.

Pour dénicher des planètes, les astronomes cherchent de minuscules vacillements dans le mouvement d'une étoile. Ces systèmes extraterrestres sont comparables à un haltère en rotation. À l'une des extrémités, le poids qui représente l'étoile est clairement visible au télescope ; à l'autre, le poids qui représente une planète de la taille de Jupiter est environ un milliard de fois moins brillant. Quand l'étoile et la planète tournent autour du centre de l'haltère, les télescopes parviennent à détecter un vacillement. Si cette méthode a mis en évidence des centaines de géantes gazeuses, elle reste toutefois trop grossière pour détecter de petites planètes comme la Terre.

La plus petite des planètes découvertes par les télescopes terrestres est trois à quatre fois plus massive que la Terre. Cette « superterre », identifiée en 2010, est aussi la première qui se trouve dans la zone habitable de son soleil, c'est-à-dire à une distance qui lui permet d'accueillir de l'eau sous forme liquide.

Le champ de recherche a pris une dimension nouvelle avec le lancement du satellite COROT, en 2006, et du télescope spatial Kepler, en 2009. Ces sondes recherchent de minuscules fluctuations dans la lumière des étoiles, causées par les petites planètes qui passent devant elles. En analysant avec attention des milliers d'étoiles, elles pourront peut-être détecter des centaines de planètes semblables à la nôtre. Une fois identifiées, un complément d'enquête permettra de déceler rapidement la présence éventuelle d'eau liquide, le bien sans doute le plus précieux de l'espace. L'eau est le solvant universel, le creuset au sein duquel s'est probablement forgé le premier ADN. La découverte d'océans d'eau liquide sur de telles planètes modifierait notre perception de la vie dans l'Univers. La devise des journalistes qui enquêtent sur des scandales est de « suivre l'argent » ; celle des astronomes en quête de vie extraterrestre est plutôt de « suivre l'eau ».

Kepler sera à son tour remplacé par d'autres satellites, plus sensibles. Le *Terrestrial Planet Finder* (« Détecteur de planètes telluriques ») était un bon candidat, mais la mission a été finalement annulée après que sa date de lancement eut été reportée plusieurs fois.

Pour trouver nos planètes sœurs, le *Terrestrial Planet Finder* devait être équipé d'une optique bien supérieure à celle de son prédécesseur. D'abord par son miroir, quatre fois plus grand et cent fois plus sensible que celui du télescope spatial Hubble. Ensuite par l'apport de capteurs infrarouges qui, en diminuant l'intense rayonnement émis par une étoile de facteur un million, aurait permis de révéler la présence plus sombre de la planète en orbite autour d'elle. (Ce filtrage dans l'infrarouge est obtenu en combinant soigneusement deux ondes du rayonnement émis par l'étoile.)

Ainsi, dans un avenir proche, nous devrions disposer d'une base de données riche de plusieurs milliers de planètes, dont peut-être quelques centaines seront similaires à la Terre du point de vue de la dimension et de la composition. Cette moisson, en retour, suscitera l'envie d'envoyer un jour une sonde vers ces lointaines planètes. Il faudra consentir un effort important pour savoir si ces sœurs jumelles de la Terre portent des océans d'eau liquide et émettent des ondes radio produites par des formes de vie intelligentes.

Le satellite Europe

Une cible bien tentante se trouve même à l'intérieur de notre système solaire. On a longtemps pensé que la vie autour du Soleil ne pouvait exister que dans une zone dite de « Boucles d'or », où, pour reprendre l'expression du conte bien connu, il ne ferait « ni trop chaud, ni trop froid ». L'eau liquide se vaporise en effet sur une planète comme Mercure, trop proche du Soleil, et gèle sur une planète comme Jupiter, qui en est trop éloignée. Comme l'ADN et les protéines se sont d'abord probablement formés dans l'eau liquide, un consensus voulait que seules la Terre, et peut-être Mars, puissent abriter la vie.

Mais les astronomes se trompaient. Grâce à la sonde *Voyager*, il est clairement apparu que la vie pouvait s'épanouir ailleurs, et notamment sous la glace des satellites de Jupiter. L'un d'entre eux, Europe, découvert par Galilée en 1610, focalisa particulièrement l'attention des astronomes. Une couche de glace recouvre certes toute sa surface, mais sous cette glace se cache un océan liquide. Et un océan bien plus profond que ceux de la Terre… On estime que le volume total de l'océan d'Europe est deux fois supérieur à celui des nôtres.

Prendre conscience qu'une source d'énergie abondante existait dans le système solaire en dehors du Soleil a fait l'effet d'un petit choc. Sous la glace, la surface d'Europe est continuellement réchauffée par les forces de marée. Quand Europe tourne autour de Jupiter, la planète massive comprime son satellite dans différentes directions, ce qui crée des frictions très profondes, donc de la chaleur, donc, par la fonte des glaces, un océan d'eau liquide.

Cette découverte montre qu'il existe peut-être des satellites de géantes gazeuses plus intéressants que les planètes elles-mêmes. La vie, que l'on estimait assez rare, pourrait en fait prospérer dans les ténèbres de l'espace sur des satellites de géantes gazeuses lointaines. Le nombre de lieux susceptibles d'accueillir la vie a brutalement explosé.

En conséquence de cette découverte remarquable, le projet *Europa Jupiter System Mission* (ESJM – « Mission Système Jupiter-Europe ») devait quitter la Terre en 2020 pour orbiter autour du satellite et, si possible, se poser à sa surface : faute de budget, le projet a été abandonné en avril 2011. Les chercheurs rêvent toujours d'explorer Europe à plus long terme, en y expédiant une machinerie encore plus sophistiquée. Les spécialistes ont imaginé de nombreuses méthodes pour chercher de la vie sous la glace. L'option du projet *Europa Ice Clipper Mission* (« Mission Coupeur de glace d'Europe ») consiste à lâcher des boules au-dessus la surface gelée[1]. Le panache et le nuage de débris qui résulteraient de l'impact seraient alors analysés avec attention par une sonde accompagnatrice. Un programme plus ambitieux prévoit aussi de larguer un robot sous-marin et de le téléguider sous la couche de glace.

L'intérêt pour Europe a aussi été alimenté par de nouvelles découvertes sous la surface des océans de la Terre. Jusqu'aux années 1970, la plupart des chercheurs pensaient que la vie n'était rendue possible que par l'énergie du Soleil. En 1977, cependant, le sous-marin *Alvin* a montré que des formes de vie nouvelles prospéraient là où nul ne s'attendait à en trouver. Une mission sur la dorsale des Galápagos a en effet révélé l'existence de vers tubulaires gigantesques, de moules, de crustacés, de palourdes, etc. qui vivaient grâce à la chaleur émise par des évents volcaniques. Là où il y a de l'énergie, il peut y avoir de la vie, et de l'énergie, les volcans sous-marins en fournissent dans la noirceur d'encre des fonds sous-marins. En fait, selon certains chercheurs, l'ADN primordial se serait moins probablement assemblé dans un lagon, sur les côtes, que dans les profondeurs de la mer près d'un évent volcanique. Quelques-unes des formes les plus primitives d'ADN (et sans doute les plus anciennes) ont été trouvées au fond de l'océan. Il n'est donc pas exclu que des évents du satellite Europe aient pu délivrer l'énergie nécessaire à la formation de ce qui pourrait ressembler à de l'ADN.

On ne peut que spéculer sur les formes de vie abritées sous la glace d'Europe. Si tant est qu'elles existent, ces créatures nagent probablement et utilisent pour se repérer un sonar plutôt que la lumière, si bien que leur vision de l'univers doit se limiter au « ciel » formé par la glace.

Vols habités

Tandis que des missions spatiales robotisées continueront à ouvrir de nouvelles perspectives, les vols habités devront

1. http://science.nasa.gov/science-news/science-at-nasa/1999/ast02feb99_1.

convaincre de leur utilité. D'abord parce que les missions automatisées coûtent bien moins cher, ensuite parce qu'elles sont plus polyvalentes, qu'elles peuvent explorer des environnements très dangereux, qu'elles ne nécessitent aucune assistance médicale, et surtout parce qu'elles n'ont pas à revenir.

On oublie parfois à quel point le voyage spatial coûte cher, vraiment très cher. Pour chaque livre (américaine) emportée en orbite basse, il faut compter 10 000 dollars, soit en gros le prix d'un John Glenn, le premier américain à voler en orbite, en or massif. Pour atteindre la Lune, il faut multiplier par dix. Et pour Mars, il faudrait compter environ un million de dollars la livre, soit en gros notre poids en diamants !

Plus de trois cents ans après que Newton eut écrit les lois du mouvement, un simple calcul nous barre la route. Pour lancer un objet en orbite basse, il faut lui faire atteindre une vitesse de près de 30 000 kilomètres à l'heure. Pour l'envoyer dans l'espace lointain, par-delà le champ de gravitation de la Terre, il faut le propulser à 40 000 kilomètres à l'heure. (Et pour atteindre ce nombre magique, il suffit d'exploiter la troisième loi de Newton : à chaque action correspond une réaction opposée. En d'autres termes, la fusée avance parce qu'elle rejette des gaz chauds à l'arrière, exactement comme un ballon de baudruche vole à travers la pièce quand on le relâche après l'avoir gonflé.) Le coût d'un voyage spatial se calcule donc très simplement à partir des lois de Newton. Aucune loi physique ne s'oppose à ce que nous visitions le système solaire, le seul problème est financier…

Et le pire, c'est que les fusées doivent transporter leur propre carburant, ce qui ajoute à leur poids. Les avions s'affranchissent partiellement du problème en tirant de l'air l'oxygène qu'ils brûlent dans leurs moteurs. Mais comme il n'y a pas d'air dans l'espace, la fusée doit porter ses propres réservoirs d'oxygène et d'hydrogène.

Annulation du programme lunaire

Les coûts exorbitants du voyage spatial rendent aujourd'hui l'avenir du vol habité incertain. L'ancien président George W. Bush avait présenté un programme clair et ambitieux. D'abord, la navette spatiale devait être remisée en 2010 et remplacée en 2015 par un nouveau lanceur appelé *Constellation*. Le retour sur la Lune aurait été ensuite prévu pour 2020, avec pour objectif la construction d'une base habitée. Ces opérations auraient enfin ouvert la voie à une mission habitée vers Mars.

Mais les budgets des missions spatiales ont depuis lors beaucoup souffert de la récession de 2008. La commission Augustine, dans son rapport remis au président Obama en 2009, a conclu que la conjoncture économique rendait impossible la réalisation du programme précédent. En conséquence, Obama a annulé en 2010 le remplacement de la navette spatiale qui devait jeter les fondations du retour vers la Lune. À court terme, la NASA sera obligée de se reposer sur les Russes pour les vols habités. Parallèlement, cette démission de la NASA dégage la route à l'entreprise privée. Les partisans du nouveau plan y voient le début d'une ère prometteuse ; ses opposants craignent que la NASA ne devienne une agence qui n'aille plus nulle part.

À l'assaut d'un astéroïde

La commission Augustine préconisait par ailleurs ce qu'elle appelle un chemin adaptable, marqué par une succession d'objectifs modestes, qui ne requièrent que très peu de carburant. Une idée, par exemple, consistait à se poser sur un astéroïde proche de la Terre qui filerait vers les satellites de Mars. L'astéroïde en question, était-il précisé, ne serait pas nécessairement l'un de ceux déjà recensés aujourd'hui ; il pourrait aussi s'agir d'un astéroïde vagabond à découvrir dans le futur. Comme les champs de gravité des astéroïdes et des satellites de Mars sont très peu intenses, ce type de missions exigerait un apport énergétique plus faible.

Le rapport Augustine évoquait également la possibilité de se rendre sur les points de Lagrange, ces lieux de l'espace où l'attraction terrestre et l'attraction lunaire s'annihilent mutuellement. (Ces points forment une sorte de poubelle cosmique où des débris de l'enfance du système solaire se sont accumulés.

Les astronautes pourraient y découvrir des roches susceptibles de nous éclairer sur la formation du système Terre-Lune.)

Une opportunité de se poser sur un satellite s'offrira avec le passage d'Apophis en 2029. Son diamètre mesure environ 300 mètres et, d'après les premières observations, il aurait dû frôler de si près la Terre qu'il serait passé sous certains de nos satellites ; depuis, sa trajectoire calculée l'éloigne quelque peu de notre planète. Selon les perturbations que cette trajectoire subira quand il nous approchera, il pourrait de nouveau nous rendre visite en 2036. Il existait même initialement une petite probabilité (quelque chose comme une chance sur 100 000) qu'il nous heurte. Si par malheur cela se produisait, la violence du choc suffirait à détruire une zone grande comme la France, avec tout ce que cela suppose aussi de tempêtes, d'ondes de choc et de débris enflammés. (En comparaison, un objet bien plus petit, probablement de la taille d'un immeuble, est tombé en 1908 dans la Toungouska en Sibérie. D'une puissance équivalant à environ 1 000 bombes d'Hiroshima, sa chute a anéanti 2 500 kilomètres carrés de forêt et a créé une onde de choc ressentie à des milliers de kilomètres de là. L'explosion a aussi provoqué une étrange lueur observée en Asie et en Europe, suffisamment forte pour que les Londoniens puissent lire le journal en pleine nuit.)

Puisque Apophis passera à proximité de la Terre, la NASA économiserait sur le voyage proprement dit, mais il resterait encore à se poser. Ou plus exactement à s'amarrer, compte tenu de la faiblesse du champ de gravité de l'astéroïde. Comme il tournera probablement très irrégulièrement sur lui-même, la manœuvre demandera des calculs très précis. Il faudrait aussi étudier de près la solidité de l'astéroïde, car cette question ne fait pas encore l'unanimité. Certains pensent en effet qu'il pourrait être constitué d'un ensemble de roches faiblement liées entre elles par gravité et non d'un seul bloc. Cette analyse prendrait aussi toute son importance si nous devions un jour utiliser l'arme atomique pour le faire disparaître. S'il n'était pas pulvérisé, l'astéroïde pourrait en effet se scinder en quelques gros morceaux, et le remède se trouverait pire que le mal. Si ce risque de scission existait, il vaudrait sans doute mieux songer à le dévier avant qu'il n'approche la Terre de trop près.

À l'assaut d'un satellite de Mars

Même si la commission Augustine ne plaide pas en faveur d'un vol habité vers Mars, une idée surprenante consisterait à envoyer des astronautes sur ses satellites Phobos et Déimos. Outre une économie de coût due à la faiblesse de leur champ gravitationnel – ils sont bien plus petits que la Lune –, cette solution présenterait plusieurs autres avantages.

1. Ces satellites serviraient de stations spatiales à partir desquelles des études attentives de Mars se conduiraient à moindres frais.
2. À terme, il serait très facile de se rendre sur la planète rouge. Le voyage depuis Phobos ne prendrait que quelques heures.
3. Il existe peut-être sur ces satellites des cavernes qui protégeraient une base habitée des radiations et des météorites. Sur Phobos, en particulier, la taille importante du cratère Stickney montre que le satellite a probablement été heurté par un énorme météore qui l'a presque fait voler en éclats. Même si la gravité a lentement recollé les morceaux, cette collision a probablement laissé de nombreuses grottes et anfractuosités.

Le retour sur la Lune

Le rapport de la commission Augustine mentionnait aussi un programme de retour sur la Lune, *Moon First* (« La Lune d'abord »), mais qui, pour voir le jour, nécessiterait de dégager un budget supplémentaire d'au moins 30 milliards de dollars sur dix ans. Comme l'affaire semble peu probable, le programme lunaire est de fait annulé, au moins pour les années à venir.

Constellation, le précédent projet, comprenait plusieurs composantes principales. D'abord le lanceur, de la famille des *Ares*, les premières grosses fusées américaines depuis l'abandon de la série des *Saturn* dans les années 1970. Au sommet du lanceur devait être perché le module *Orion*, d'une capacité de six astronautes pour un voyage à destination de la station spatiale, ou de quatre à destination de la Lune. Venait ensuite *Altaïr*, le module d'alunissage, auquel eût incombé la tâche de se poser sur la Lune.

L'ancienne navette spatiale, placée sur le côté du lanceur, souffrait d'un certain nombre de défauts de conception. En 2003, lors d'une mission de *Columbia*, un morceau de mousse s'est détaché du lanceur au décollage et a provoqué un trou dans une aile de la navette. Lors de l'entrée dans l'atmosphère, le gaz chaud s'est engouffré dans la coque et a soufflé l'appareil, tuant sur le coup sept malheureux astronautes. Le programme *Constellation* contournait le problème par l'installation du module de l'équipage au sommet de la fusée.

Ce projet avait été qualifié par la presse de « programme *Apollo* sous stéroïdes », car il ressemblait beaucoup au programme lunaire mis en œuvre dans les années 1970. Le lanceur *Ares I* devait mesurer presque 100 mètres de haut, une taille comparable aux 110 mètres de *Saturn V*. Il était censé transporter le module *Orion* dans l'espace et remplacer la navette spatiale. Pour les charges très lourdes, la NASA prévoyait d'utiliser l'*Ares V*, d'une hauteur de 115 mètres environ, capable d'emporter une cargaison de 207 tonnes dans l'espace. Les fusées *Ares V* auraient dû constituer l'ossature de toute mission vers Mars. (Malgré l'annulation du projet, certains tentent encore d'en sauver des composantes.)

Base lunaire permanente

Bien qu'il ait sonné le glas du programme *Constellation*, le président Obama a laissé la porte ouverte à quelques options. Le module *Orion*, prévu pour ramener les astronautes de la Lune, est entre autres choses considéré comme une capsule de secours pour la Station spatiale internationale. À un certain moment dans le futur, quand l'économie sera repartie à la hausse, une administration différente pourrait décider de repartir sur la Lune, et même, qui sait, d'y construire une base permanente.

Un établissement de longue durée sur la Lune suppose de vaincre plusieurs difficultés. D'abord le bombardement des micrométéorites. Comme la Lune ne jouit pas de la protection d'une atmosphère, des roches spatiales la frappent sans cesse. Pour le constater, il suffit d'observer sa surface grêlée par les impacts, dont certains remontent à des milliards d'années.

Une solution possible consiste à établir la base en sous-sol. En raison de l'activité volcanique ancienne de la Lune, les astronautes trouveront peut-être un conduit, laissé par une coulée de lave, qui plonge profondément dans la Lune. En 2009, les astronomes ont débusqué une cheminée aux dimensions d'un gratte-ciel qui pourrait éventuellement convenir.

Cette grotte naturelle protégerait aussi à moindres frais les astronautes du rayonnement cosmique et des éruptions solaires. Un simple vol entre New York et Los Angeles nous expose déjà à une dose de 10 microsieverts de rayonnement par heure, soit l'équivalent d'une radiographie des dents. En fait, faute d'un bouclier atmosphérique, les radiations sont si intenses sur la Lune que, pour éviter de vieillir prématurément ou de développer des cancers, les astronautes devront sans doute nécessairement vivre dans des bases souterraines.

L'apesanteur pose aussi un problème particulier, et spécialement pour les missions de longue durée. Il se trouve que j'ai eu la chance de visiter le centre d'entraînement de la NASA à Cleveland, dans l'Ohio, où les astronautes s'endurcissent en suivant une batterie de tests intensifs. Dans l'un de ceux auxquels j'ai assisté, le sujet était suspendu à un harnais parallèlement au sol et devait courir sur un tapis roulant disposé verticalement : c'est ainsi que les spécialistes de la NASA simulent un état d'apesanteur tandis qu'ils étudient l'endurance du sujet.

En discutant avec les médecins de la NASA, j'ai appris que l'apesanteur était plus dangereuse qu'il n'y paraissait. Des dizaines d'années d'études menées sur les astronautes américains et russes ayant connu des expériences d'apesanteur prolongée montrent que les muscles, les os et le système cardio-vasculaire subissent des dégradations significatives. Notre corps a évolué pendant des millions d'années dans le champ gravitationnel terrestre. Placés dans un champ plus faible pendant de longues périodes de temps, nos processus biologiques font ce qu'ils peuvent pour fonctionner.

Après un séjour de près d'une année dans l'espace, les astronautes russes reviennent sur Terre dans un tel état de faiblesse qu'ils peinent à marcher. Malgré un entraînement spatial quotidien, leurs muscles s'atrophient, leurs os perdent du calcium et leur système cardio-vasculaire commence à faiblir. Certains astronautes mettent des mois à se rétablir, et les dommages causés se révèlent parfois irréversibles. Un voyage sur Mars, qui prendrait deux ans, pourrait donc affaiblir ses participants au point de les empêcher d'accomplir leur mission une fois sur place. (Une solution à ce problème consiste à créer une gravitation artificielle en faisant tourner le vaisseau spatial sur lui-même. Mais elle est très onéreuse en raison du poids de l'énorme machinerie qui assurerait cette rotation. Souvenons-nous que chaque livre de matériel supplémentaire coûte 10 000 dollars de plus à la mission.)

De l'eau sur la Lune

La situation a évolué avec la découverte de glace sur la Lune, probablement laissée par de multiples impacts cométaires anciens[1]. En 2009, la sonde de la NASA baptisée *Lunar CRater Observation and Sensing Satellite* (LCROSS – « Satellite de détection et d'observation de cratères lunaires ») et son lanceur *Centaur* se sont écrasés à proximité du pôle sud de la Lune. Ils ont heurté sa surface à une vitesse de 9 000 kilomètres à l'heure, créant ainsi un panache d'un kilomètre et demi de hauteur et un cratère de 18 mètres de diamètre. Même si certains téléspectateurs ont été déçus par l'impact, jugé moins spectaculaire qu'annoncé, cette collision a permis de recueillir une profusion de données scientifiques. Environ 90 litres d'eau furent trouvés dans le panache. Un peu plus tard, en 2010, les chercheurs ont fait sensation en annonçant que l'eau se trouvait à proportion de 5 pour 100 dans les retombées, ce qui rendait la Lune plus humide que certaines parties du Sahara.

Ce résultat est important, car les futurs astronautes pourraient utiliser la glace lunaire comme carburant (en séparant l'hydrogène de l'eau), pour se protéger (car l'eau absorbe les radiations) ou même pour s'abreuver (après purification). Des

1. http://lcross.arc.nasa.gov.

millions de dollars se verraient ainsi économisés sur chaque mission lunaire.

Moyen terme (2030 à 2070)

Mission habitée vers Mars

En 2010, lors de son déplacement en Floride pour annoncer l'annulation du programme lunaire, le président Obama a évoqué la possibilité de le remplacer par une mission vers Mars. Il se disait favorable au financement d'un lanceur lourd, non spécifié, capable d'emmener des astronautes loin dans l'espace, très au-delà de la Lune. Il rêvait de voir un jour, peut-être vers le milieu des années 2030, l'homme fouler le sol martien. Certains astronautes, comme Buzz Aldrin, ont été enthousiasmés par ce projet, précisément parce qu'il évite le retour sur la Lune. Comme nous y avons déjà posé le pied, m'a-t-il confié un jour, l'aventure ne commence vraiment qu'avec Mars.

De toutes les planètes du système solaire, hormis la Terre, Mars est la plus susceptible d'abriter une certaine forme de vie. L'eau y coulait jadis en abondance. La planète présente aujourd'hui l'apparence d'un désert glacé, dénué de toute trace biologique, ce qui n'empêche pas que des microbes aient pu s'y épanouir, il y a des milliards d'années, et même survivre depuis en sous-sol, près de sources chaudes.

Une fois la décision fermement prise, il faudra encore compter une vingtaine ou une trentaine d'années pour se rendre sur Mars. La difficulté de cette mission dépasse en effet sensiblement celle du retour sur la Lune. Parallèlement, les programmes robotisés successifs ont déjà fourni d'innombrables renseignements sur la planète rouge, minorant l'intérêt d'une mission habitée.

C'est en juillet 2009 que des chercheurs de la NASA avaient présenté les grandes lignes d'une telle aventure : les astronautes mettraient six mois ou plus pour atteindre Mars, leur séjour durerait huit mois, et il faudrait encore compter six mois pour le voyage de retour.

L'équipement pèserait en tout environ 700 tonnes, soit un poids supérieur à celui de la Station spatiale internationale, qui a coûté 100 milliards de dollars. Pour économiser sur l'eau et la nourriture, les astronautes devraient recycler leurs déchets et les employer pour fertiliser des végétaux durant le voyage et le séjour. Air, terre, eau, tout devrait être apporté. Sur Mars, pas d'oxygène, pas d'eau liquide, pas d'animaux, pas de plantes. Une atmosphère de dioxyde de carbone presque pur, à une pression près de deux cents fois plus faible que celle que nous connaissons. Toute déchirure dans la combinaison spatiale entraînerait une dépressurisation et une mort immédiate.

La complexité de la mission nécessiterait de la diviser en plusieurs étapes. Pour limiter les frais de transport du carburant du vol retour, une première fusée devrait être envoyée pour recharger le réservoir. (Sauf si une quantité suffisante d'oxygène et d'hydrogène pouvait être extraite de Mars et exploitée comme carburant.)

Une fois sur Mars, il faudrait des semaines aux astronautes pour s'acclimater à la planète. L'alternance du jour et de la nuit se compare à peu près à celle de la Terre – un jour martien compte 24,6 heures –, mais une année dure à peu près deux fois plus longtemps. La température sur Mars ne monte jamais au-dessus du point de congélation de l'eau. Le sable de Mars a la consistance du talc, et les tempêtes de sable y sont féroces – certaines couvrent même la planète entière.

Terraformage de Mars

En supposant que des astronautes se rendent sur Mars au milieu du siècle pour y établir un avant-poste, on pourrait ensuite envisager de terraformer la planète, c'est-à-dire de la transformer pour la rendre plus habitable. Cette opération commencerait à la fin du siècle au plus tôt, ou plus probablement au début du prochain.

Les chercheurs ont étudié plusieurs méthodes de terraformage. La plus simple consiste sans doute à injecter du méthane dans l'atmosphère martienne : comme c'est un gaz à effet de serre encore plus efficace que le dioxyde de carbone, il pourrait, en piégeant le rayonnement solaire, augmenter la température de la planète au-delà du point de fusion de la glace.

Avec l'augmentation de la température, le pergélisol souterrain commencerait alors à dégeler, pour la première fois depuis des milliards d'années. Les lits des rivières se rempliraient progressivement d'eau, puis des lacs et des océans finiraient par se former en même temps que l'atmosphère s'épaissirait. Le processus relâcherait du dioxyde de carbone, ce qui enclencherait une boucle de rétroaction positive.

On a découvert en 2009 que du méthane s'échappait naturellement de la surface martienne. La source de ce gaz demeure mystérieuse, d'autant que le robot *Curiosity* a depuis montré, grâce aux données acquises courant 2012 par le spectromètre TLS (pour *Tunable Laser Spectrometer*, « spectromètre à absorption laser réglable »), que la concentration actuelle du méthane dans l'atmosphère martienne est infime – inférieure à 1,3 partie par milliard. Sur Terre, le méthane provient essentiellement de la décomposition des matériaux organiques. Sur Mars, il doit être produit par quelque mécanisme géologique. La localisation de la source de ce méthane, si son existence est confirmée, permettrait peut-être d'augmenter son débit et, ainsi, de modifier l'atmosphère de la planète.

Une autre possibilité consiste à diriger une comète dans l'atmosphère martienne. Une petite pichenette donnée par une fusée, une collision avec une sonde ou même la gravité d'un vaisseau spatial pourrait suffire à en détourner une. Ces objets célestes sont principalement composés d'eau et se rencontrent régulièrement dans le système solaire. (Le noyau de la comète de Halley, par exemple, est une sorte de cacahuète, principalement constituée de glace et de roche, d'une trentaine de kilomètres de long environ.) En s'approchant progressivement de la surface de Mars, le frottement de l'atmosphère désintégrerait lentement la comète, qui relâcherait son eau sous forme de vapeur.

Si aucune comète ne se présentait, on pourrait envisager de dévier l'un des satellites de glace de Jupiter ou peut-être un astéroïde qui en abriterait, comme Cérès, dont on pense qu'il est constitué à 20 pour 100 d'eau. (Il serait plus difficile de dévier des objets de ce type car ils se déplacent en général sur une orbite stable.) Et plutôt que de faire en sorte que la comète, le satellite ou l'astéroïde relâchent doucement de la vapeur d'eau dans l'atmosphère, on pourrait manœuvrer de façon à ce qu'ils heurtent les calottes glacées de Mars. Les régions polaires de Mars sont couvertes de dioxyde de carbone gelé, qui disparaît durant les mois d'été, et de glace. Le choc de l'objet sur cette calotte dégagerait une quantité faramineuse de chaleur qui vaporiserait la glace sèche (ou carboglace). Comme le dioxyde de carbone est un gaz à effet de serre, l'opération épaissirait l'atmosphère et contribuerait à l'accélération du réchauffement global de la planète. Et comme le réchauffement qu'elle induirait contribuerait à son tour à relâcher du dioxyde de carbone, elle enclencherait une boucle de rétroaction positive.

On pourrait aussi envisager de faire exploser des bombes nucléaires directement sur les calottes glaciaires. Cette solution présente certes tous les inconvénients de la radioactivité. Ou construire un réacteur à fusion. Ces centrales fonctionnent à l'eau, et de la glace se trouve à profusion sur Mars.

Avec l'augmentation de la température de l'atmosphère, des mares d'eau commenceraient à se former, et certaines algues qui prospèrent sur Terre en Antarctique pourraient être introduites sur Mars. Elles pourraient s'épanouir naturellement dans une atmosphère martienne constituée à 95 pour 100 de carbone, mais leur développement pourrait être aussi optimisé par génie génétique. Ces étendues d'algues accéléreraient le terraformage en convertissant le dioxyde de carbone en oxygène, d'une part, et en assombrissant la surface, d'autre part, ce qui la ferait ainsi absorber plus efficacement la chaleur du Soleil. En outre, comme ces algues se développent de façon autonome, leur emploi pour modifier l'environnement de la planète se montrerait relativement économique. Et elles serviraient à l'alimentation. À plus long terme, les algues se transformeraient en sol gorgé de nutriments, favorable au développement d'une végétation qui en retour accélérerait la production d'oxygène.

Les chercheurs ont aussi étudié la possibilité d'entourer la planète de satellites artificiels qui, en réfléchissant la lumière du Soleil, réchaufferaient l'atmosphère jusqu'au point de fusion de l'eau. Une fois ce résultat obtenu, le pergélisol commencerait à fondre et la planète continuerait à se réchauffer d'elle-même.

Jokers

Les coûts rédhibitoires du voyage spatial poussent à la recherche de solutions différentes, de sorte que, vers le milieu du siècle prochain, les chercheurs et les ingénieurs auront peut-être perfectionné de nouvelles technologies qui nous propulseront dans l'espace à moindres frais.

Le physicien Freeman Dyson a recensé les quelques moyens de transport expérimentaux qui permettront un jour, qui sait, au citoyen lambda d'accéder à l'espace[1]. Quoique parfois très osées, ces idées feraient sans doute sensiblement chuter le prix du voyage.

La première piste explorée est celle de la propulsion par laser, dont le principe consiste à braquer un puissant faisceau laser vers l'arrière humidifié de la fusée et à tirer régulièrement, ce qui, par les ondes de choc dues à la vaporisation de l'eau, la fait avancer. Le grand avantage de ce mode de propulsion tient au fait que l'énergie utilisée reste sur Terre. (Une fusée traditionnelle gaspille l'essentiel de ses forces à porter son carburant dans l'espace.)

Cette idée a déjà fait quelques pas en dehors des cartons à dessins. Leik Myrabo, de l'Institut polytechnique de Rensselaer (New York), a notamment construit des prototypes destinés à montrer la faisabilité du système. Une de ses premières fusées mesurait 15 centimètres de diamètre et pesait 56 grammes. Un laser de 10 kilowatts en illuminait périodiquement l'arrière, la poussant ainsi à 2 *g* dans un bruit de mitraillettes. (Soit deux fois l'accélération de la gravité terrestre, ou 19,6 mètres par seconde au carré.) Ses engins à propulsion laser se sont élevés jusqu'à 30 mètres dans les airs, ce qui correspond à peu près aux performances des premières fusées à carburant liquide de Robert Goddard dans les années 1930.

---

1. Dyson, Freeman J. *The Sun, the Genome, and the Internet: Tools of Scientific Revolutions*. New York: Oxford University Press, 1999, pp. 88-99.

Dyson rêve déjà du jour où la propulsion par laser révolutionnera le voyage spatial en expédiant de lourdes charges utiles en orbite, au prix de 10 dollars le kilo. Un laser gigantesque de 1 000 mégawatts, soit en gros la puissance d'une centrale nucléaire typique, propulserait une fusée de 2 tonnes dans l'espace. Ce poids se répartirait de façon égale entre la charge utile et, au-dessous, un réservoir qui laisserait lentement filtrer de l'eau par de minuscules pores. Le faisceau laser, en touchant le bas de la fusée, vaporiserait l'eau immédiatement, ce qui créerait une série d'ondes de choc qui la pousserait. Il suffirait de six minutes pour atteindre une accélération de 3 *g* et échapper à la gravité terrestre.

Comme la fusée ne transporte pas de carburant, le danger d'explosion catastrophique en vol est supprimé. Les fusées chimiques traditionnelles, malgré une cinquantaine d'années de développement, connaissent encore un taux d'échec de 1 pour 100. Et ces revers sont d'autant plus spectaculaires que le mélange volatil d'oxygène et d'hydrogène utilisé explose en une énorme boule de feu, qui fait pleuvoir des débris tout autour du site de lancement. Ce nouveau mode de propulsion, à l'inverse, est d'un fonctionnement simple et sûr. Comme il ne demande que de l'eau et un laser, le compte à rebours peut en outre être très bref et les cadences de lancement très rapides.

Cet avantage permettrait d'ailleurs à terme au projet de s'autofinancer. En assurant 500 000 décollages par an pour divers opérateurs privés, par exemple, la propulsion laser gagnerait largement de quoi amortir ses coûts d'exploitation et d'investissement. Dyson, cependant, a bien conscience que ce rêve ne deviendra pas réalité avant plusieurs décennies. La recherche fondamentale sur des lasers aussi titanesques nécessite des fonds qui dépassent les capacités d'une université. À moins de se voir soutenue par de grandes entreprises ou par un gouvernement, la propulsion laser ne verra jamais le jour.

D'autres systèmes de propulsion ont aussi été étudiés, mais ils présentent différents risques. L'un d'entre eux serait constitué d'un énorme canon à gaz qui éjecterait un projectile, un peu comme dans *De la Terre à la Lune*, le roman de Jules Verne. La poudre à canon, contrairement à ce qui est présenté dans le livre, ne suffirait pas à expédier un projectile à la vitesse de 11 kilomètres par seconde, le minimum pour s'affranchir de la gravité terrestre. Mais un gaz hautement comprimé dans un long tube peut souffler des projectiles à une telle vitesse. Le regretté Abraham Hertzberg, de l'université de Washington à Seattle, avait construit un prototype de canon à gaz de 9 mètres de long et 10 centimètres de diamètre, fonctionnant avec un mélange de méthane et d'air comprimé à 25 fois la pression atmosphérique. Quand le gaz était enflammé, la charge utile accompagnait l'explosion en encaissant 30 000 g, une accélération telle qu'elle aplatit la plupart des objets métalliques.

Hertzberg a prouvé que l'idée du canon à gaz fonctionnait. Mais expédier une charge utile dans l'espace nécessiterait un tube d'environ 230 mètres de long et l'emploi de plusieurs étages de différents gaz.

Un lancement par canon à gaz reviendrait peut-être moins cher qu'un lancement par propulsion laser, mais les périls seraient plus grands. Et seules des charges utiles solides, capables de résister à une accélération intense, pourraient être ainsi expédiées dans l'espace.

Un troisième procédé expérimental, le « slingatron », repose quant à lui sur le principe de la fronde : on fait tourbillonner la charge utile avant de la projeter dans les airs.

Derek Tidman a construit un petit prototype capable d'éjecter un objet à près de 100 mètres en quelques secondes. Son slingatron est constitué d'un tube de 2,5 centimètres de diamètre recourbé en un cercle de un mètre de diamètre. De petits moteurs poussent une petite bille d'acier qui roule dans le tube jusqu'à atteindre une vitesse incroyable.

Pour éjecter une charge utile dans l'espace, un slingatron devrait mesurer des dizaines, voire des centaines de mètres de diamètre. La capsule quitterait le tube à une vitesse de 11,2 kilomètres par seconde et avec une accélération de 1 000 *g*, suffisante, là encore, pour aplatir la plupart des objets. Il reste encore de nombreux problèmes techniques à résoudre, et notamment celui de la minimisation du frottement de la capsule sur le tube.

Ces trois systèmes de lancement demandent encore des dizaines d'années d'études pour être mis au point. Et encore faudrait-il pour cela que ces projets soient financièrement soutenus par le public ou le privé.

Futur lointain (2070 à 2100)

Ascenseur spatial

À la fin du siècle, les nanotechnologies nous auront peut-être permis de construire un ascenseur spatial. Pour nous rendre par-delà les nuages, nous entrerions alors dans une cabine, appuierions sur le bouton et filerions le long d'une fibre de nanotube de carbone de milliers de kilomètres de long. Ce moyen de transport bouleverserait certainement le marché du voyage spatial.

Dès 1895, le physicien russe Constantin Tsiolkovski, tandis qu'il songeait à la tour Eiffel, alors l'édifice le plus élevé du monde, s'était posé une question très simple : pourquoi ne pas construire une tour qui aille jusqu'à l'espace ? Si elle était suffisamment haute, avait-il calculé, les lois de la physique l'empêcheraient de tomber. Il donna à sa conception le nom de « château céleste ».

De la même façon qu'une balle reste dans une fronde qui tournoie, la force centrifuge empêcherait un câble suffisamment déroulé vers le ciel de retomber au sol. La rotation de la Terre suffirait à le maintenir en position verticale. Et une fois un tel câble tendu vers le ciel, une cabine d'ascenseur pourrait l'utiliser comme guide pour nous emporter dans l'espace.

Sur le papier, l'idée semble prometteuse. Malheureusement, l'application des lois du mouvement de Newton montre que le câble, pour ne pas se rompre, devrait offrir une résistance bien supérieure à celle de l'acier. Pour cette raison, l'idée de l'ascenseur spatial, périodiquement réanimée au fil des années, s'est trouvée non moins régulièrement abandonnée.

En 1957, le chercheur russe Iouri Artsoutanov a proposé de construire l'ascenseur spatial de haut en bas plutôt que de bas en haut. En d'autres termes, un vaisseau aurait été d'abord envoyé en orbite, puis un câble déroulé et ancré au sol. Des écrivains de science-fiction, comme Arthur C. Clarke, en 1979, dans *Les Fon-*

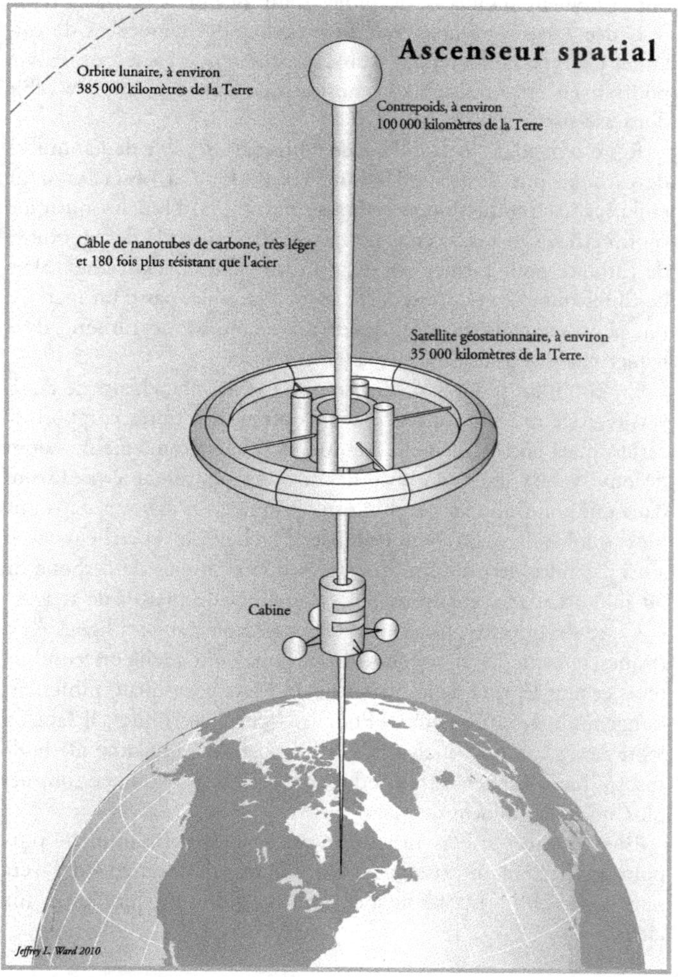

Figure 9. Un ascenseur spatial, mis au point grâce aux nanotechnologies, ouvrira peut-être un jour la route de l'espace à faible coût.

taines du paradis, ou Robert Heinlein, en 1982, dans *Vendredi*, ont également popularisé le projet d'un ascenseur spatial.

L'idée a repris vigueur avec l'émergence des nanotubes de carbone. Ce type de matériau, bien plus solide que l'acier, on l'a vu, pourrait en effet résister à la tension que doit supporter le câble d'un ascenseur spatial.

Reste cependant le problème de fabriquer un câble de nanotubes de carbone pur de 80 000 kilomètres de long. L'obstacle est de taille, car la production ne dépasse pas aujourd'hui les quelques centimètres. On peut certes entrelacer des milliards de nanotubes de carbone pour former un tissu ou un câble, mais il s'agit alors de fibres qui ont été pressées et tissées ensemble, pas d'un matériel pur. Le défi consiste à fabriquer un nanotube de carbone dans lequel chaque atome est correctement placé.

En 2009, un progrès a été accompli par des chercheurs de l'université Rice qui ont annoncé avoir obtenu des fibres composites, certes, mais potentiellement très longues. Par tâtonnement, ils ont découvert que les nanotubes de carbone pouvaient être dissous dans une solution d'acide chlorosulfonique, puis envoyés dans une buse semblable à un pommeau de douche. Ces chercheurs sont ainsi capables de produire des fibres de nanotubes de carbone de 50 micromètres d'épaisseur et de centaines de mètres de long.

Cette découverte aura sans doute un impact sur les lignes électriques puisque les nanotubes de carbone sont meilleurs conducteurs et plus légers que le cuivre. Selon Matteo Pasquali, professeur d'ingénierie à l'université : « Pour les lignes électriques, il faut en fabriquer à la tonne, mais il n'existe actuellement aucune méthode susceptible d'assurer cette production de masse. Nous ne sommes plus qu'à un miracle de là[1]. »

Bien que ces câbles ne soient pas encore suffisamment purs pour guider un ascenseur spatial, ce travail montre qu'il sera sans doute un jour possible d'en tirer un qui nous élève jusqu'aux cieux.

---

1. Katherine Bourzac, « Making Carbon Nanotubes into Long Fibers », *MIT Technology Review*, 10 novembre 2009, www.technologyreview.com/news/416212/making-carbon-nanotubes-into-long-fibers.

En supposant que nous soyons capables à l'avenir de fabriquer de longs fils de nanotubes de carbone pur, il reste encore un certain nombre de problèmes pratiques à régler. L'extrémité supérieure du câble, par exemple, dépassera largement en hauteur l'orbite de la plupart des satellites qui tournent autour de la Terre. Des collisions ne sont donc pas à exclure. Comme la vitesse des satellites atteint facilement 30 000 kilomètres à l'heure, un tel choc aurait des conséquences catastrophiques. Il faudrait donc prévoir que des fusées spéciales puissent déplacer le câble en cas de besoin.

À l'autre extrémité du câble, les ouragans, les orages et les vents violents risqueraient de poser aussi problème. L'ascenseur spatial devra être ancré à la Terre avec une certaine souplesse, peut-être à un porte-avions ou une plate-forme pétrolière dans le Pacifique, pour ne pas être détruit par les forces violentes de la nature.

Bien entendu, il faudrait aussi prévoir un bouton d'arrêt d'urgence et une capsule de sauvetage en cas de rupture du câble. La cabine d'ascenseur et ses passagers doivent pouvoir rapidement retourner sur Terre, en vol plané ou en parachute, par exemple.

Vaisseaux intersidéraux

À la fin du siècle, et malgré les quelques problèmes de financement qui ont récemment affecté les programmes des vols spatiaux habités, des postes avancés auront probablement été établis sur Mars et peut-être même dans la ceinture d'astéroïdes. Ensuite, nous tournerons nos regards vers une vraie étoile. La construction d'une sonde interstellaire, désespérément inenvisageable aujourd'hui, se trouvera peut-être à notre portée d'ici à cent ans.

Il faudra d'abord relever le défi de la propulsion. Avec une fusée conventionnelle, le voyage vers l'étoile la plus proche demanderait soixante-dix mille ans. Pour donner une idée, les deux engins spatiaux *Voyager*, lancés en 1977, qui détiennent le record mondial de l'objet le plus éloigné envoyé dans l'espace, ne se trouvent actuellement qu'à 16 milliards de kilomètres, une paille au regard des distances interstellaires.

Plusieurs idées de systèmes de propulsion ont été envisagées pour le voyage intersidéral :

- la voile solaire ;
- la fusée nucléaire ;
- le statoréacteur à fusion ;
- les nanovaisseaux.

J'ai eu la chance de rencontrer l'un des visionnaires de la voile solaire lors de ma visite à la Plum Brook Station de la NASA, à Cleveland, dans l'Ohio. Les ingénieurs ont construit sur ce site la plus grande chambre à vide du monde, qu'ils utilisent pour vérifier le bon fonctionnement des satellites spatiaux. Avec ses 30 mètres de diamètre et ses 37 mètres de haut, elle pourrait accueillir plusieurs petits immeubles. En y pénétrant, je me suis senti écrasé par son gigantisme. Mais je me suis surtout senti privilégié de pouvoir marcher dans la chambre même où tant de satellites, de sondes et de fusées avaient été testés.

C'est en ce lieu que j'ai rencontré Les Johnson, l'un des plus ardents partisans de la voile solaire. Enfant, m'a-t-il confié, cet amateur de science-fiction rêvait déjà de fabriquer des fusées capables d'atteindre les étoiles. Plus tard, Johnson a rédigé un manuel entier sur les voiles solaires. Bien qu'intimement persuadé qu'un vaisseau intersidéral puisse être construit d'ici à quelques dizaines années, il s'est résigné au fait qu'un tel projet n'arrivera à son terme que bien longtemps après sa mort. Tels les bâtisseurs des grandes cathédrales du Moyen Âge, Johnson a compris que la matérialisation d'un vaisseau capable d'atteindre les étoiles s'échelonnerait sur plusieurs vies humaines.

Le principe de la voile solaire tient à ce que la lumière, bien que de masse nulle, possède une quantité de mouvement et peut donc exercer une pression. Bien que celle-ci soit extrêmement faible, trop faible pour espérer sentir son effet sur nos mains, elle permettrait, le temps faisant, de pousser un vaisseau équipé d'une voile suffisamment vaste. (La lumière solaire est huit fois plus intense dans l'espace que sur Terre.)

Les travaux de Johnson visent à fabriquer, dans l'espace, une voile constituée d'un plastique très fin et très souple. Sa construction achevée, elle tournerait lentement autour du Soleil et gagnerait toujours plus de quantité de mouvement avec le temps. Au terme d'une poignée d'années, la voile, en une spirale de plus en plus large, s'échapperait du système solaire pour partir vers les étoiles. Une telle voile solaire, m'a indiqué Johnson, pourrait transporter une sonde au dixième de la vitesse de la lumière et peut-être atteindre l'étoile la plus proche en quatre cents ans.

Pour écourter la durée du trajet, Johnson a envisagé diverses options. Une possibilité consisterait à placer une énorme batterie de faisceaux laser sur la Lune. En frappant la voile solaire, ce rayonnement augmenterait sa quantité de mouvement, accélérant ainsi sa navigation vers les étoiles.

Il est difficile d'arrêter ou de faire reculer ce type de vaisseaux, puisque la lumière qui les pousse vient du Soleil. Une idée consiste à retourner la voile afin d'utiliser la pression de la lumière de l'étoile d'arrivée en guise de frein. Il est aussi possible de tourner autour de l'étoile d'arrivée et d'exploiter l'effet de fronde que donne sa force de gravité pour le voyage de retour. Une troisième option consisterait à se poser sur un satellite naturel et à y construire une batterie de lasers, ensuite utilisée en complément de la lumière de l'étoile pour revenir vers le Soleil.

La réalité peine encore à se montrer à la hauteur des rêves stellaires de Jonhson. En 1993, les Russes ont bien déplié un réflecteur en Mylar de 18 mètres à partir de la station *Mir*, mais il ne s'agissait que d'un test de déploiement. Une seconde tentative a échoué. En 2004, les Japonais ont réussi à lancer deux prototypes de voile solaire, mais, là encore, sans tester la propulsion. En 2005, la Planetary Society, les studios de production Cosmos et l'Académie des sciences russe ont uni leurs efforts pour déployer une vraie voile solaire. Baptisée *Cosmos 1*, elle fut lancée d'un sous-marin russe. Malheureusement la fusée *Volna* a raté son départ et n'a pas atteint son orbite. En 2008, une équipe de la NASA a voulu expédier sa propre voile en orbite, la *NanoSail-D*, mais elle fut perdue avec le décollage raté de la fusée *Falcon 1* qui l'emportait.

En 2010, finalement, l'Agence d'exploration aérospatiale japonaise est parvenue à lancer *IKAROS*, le premier vaisseau à se servir d'une voile solaire pour voguer dans l'espace interplanétaire[1]. En

1. http://fr.wikipedia.org/wiki/IKAROS.

l'occurrence, la surface carrée de 20 mètres de diagonale l'a aisément propulsé vers Vénus. Les Japonais espèrent maintenant expédier un autre vaisseau de ce type vers Jupiter.

Fusée nucléaire

En 1953, avec le projet Rover, la commission de l'Énergie atomique des États-Unis avait commencé une série d'études sur les fusées à réacteur nucléaire. Dans les années 1950 et 1960, les expériences en ce sens se sont principalement soldées par des échecs. Les fusées souffraient d'instabilité et leur manipulation se révélait trop complexe. De plus, comme un calcul le montre assez facilement, un réacteur à fission ordinaire ne suffit pas à produire l'énergie nécessaire pour gagner les étoiles.

Dès les années 1950, cependant, des chercheurs avaient proposé de remplacer le réacteur par des bombes. Le projet Orion, par exemple, prévoyait qu'un vaisseau soit poussé par l'onde de choc qu'il engendrerait en larguant une succession de bombes atomiques derrière lui.

En 1959, les physiciens de la General Atomics estimaient qu'un modèle avancé d'Orion pourrait mesurer 400 mètres de diamètre, peser 8 millions de tonnes et se faire propulser par 1 000 bombes à hydrogène.

Le physicien Freeman Dyson s'était montré très enthousiaste sur ce projet : « Pour moi, Orion ouvrait le système solaire à la vie. Il aurait pu changer le cours de l'histoire[1]. » Le projet aurait aussi permis de se débarrasser commodément des bombes atomiques.

Statoréacteur à fusion

Un autre concept de fusée nucléaire a été proposé par Robert W. Bussard en 1960. Le moteur à fusion qu'il avait imaginé était similaire dans son principe au moteur à réaction d'un avion ordinaire.

---

1. Nicholas Dawidoff, « The Civil Heretic », *New York Times*, 25 mars 2009, www.nytimes.com/2009/03/29/magazine/29Dyson-t.html.

En aéronautique, l'air qui s'engouffre dans un statoréacteur est mélangé à un carburant, puis enflammé, ce qui crée une explosion, qui elle-même produit une poussée. Plutôt que de se servir de l'oxygène de l'air, le statoréacteur à fusion de Bussard utiliserait l'hydrogène qui se trouve partout dans l'espace. Des champs électriques et magnétiques comprimeraient et chaufferaient cet hydrogène jusqu'à ce qu'il fusionne en hélium, en relâchant du même coup une énorme quantité d'énergie. Cette fusion créerait une explosion qui elle-même produirait une poussée. Comme l'hydrogène spatial est inépuisable, le statoréacteur à fusion pourrait fonctionner éternellement ou presque.

La forme d'un statoréacteur à fusion rappelle celle du cornet de glace. L'extrémité évasée capte l'hydrogène, qui est ensuite envoyé dans le réacteur proprement dit. Bussard a calculé qu'un statoréacteur de 1 000 tonnes qui pourrait assurer une accélération de 1 *g* (la gravité ressentie sur Terre, pour mémoire) atteindrait près de 77 pour 100 de la vitesse de la lumière en un an seulement. Comme l'autonomie d'un statoréacteur à fusion frise l'éternité, notre engin pourrait théoriquement atteindre la galaxie d'Andromède, située à 2 millions d'années-lumière de la Terre, en 23 années mesurées par les astronautes dans la fusée. (Comme Einstein l'a établi avec sa théorie de la relativité, le temps passe plus lentement dans une fusée en mouvement rapide, de sorte que les astronomes n'auront vieilli que de 23 ans quand des millions d'années se seront écoulées sur Terre.)

Pour voir le jour, le statoréacteur à fusion doit surmonter divers obstacles. D'abord, l'hydrogène dans l'espace se trouve sous la forme de simples protons, dont la fusion ne produit pas une énergie des plus considérables. (Il existe de nombreuses façons de fusionner l'hydrogène. Sur Terre, on considère généralement la fusion du deutérium et du tritium comme étant d'un bon rendement énergétique.) Mais Bussard a montré que l'ajout de carbone, qui agirait en catalyseur, libérerait une quantité d'énergie suffisante pour propulser un vaisseau interstellaire.

Ensuite, pour collecter de l'hydrogène en quantité suffisante, il faudrait que l'extrémité évasée du cornet de glace soit proprement gigantesque, de l'ordre de 160 kilomètres de diamètre. Cette partie devrait donc être assemblée dans l'espace.

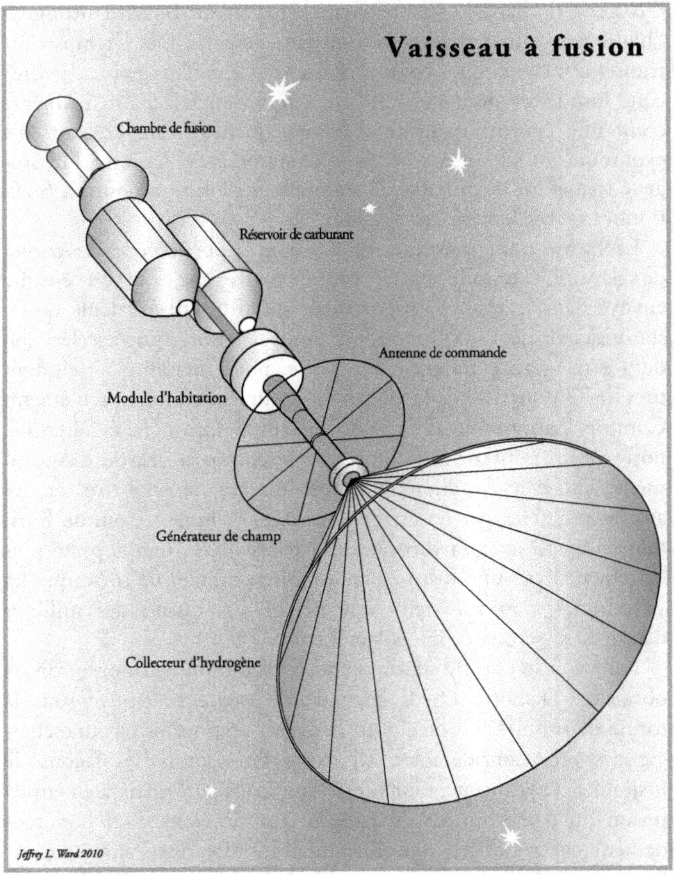

Figure 10. Un statoréacteur à fusion, en tirant l'hydrogène de l'espace interstellaire, est en théorie susceptible de fonctionner éternellement.

Un autre problème n'a pas encore trouvé de solution. En 1985, deux ingénieurs, Robert Zubrin et Dana Andrews, ont montré que la traînée, due à la résistance que rencontre le vaisseau quand il se déplace dans un champ d'atomes d'hydrogène, l'empêcherait d'accélérer jusqu'à atteindre une vitesse proche de celle de la lumière. Il est aussi vrai que leur calcul s'appuyait sur certaines hypothèses que ne vérifieront peut-être plus les futurs statoréacteurs à fusion.

Dans les circonstances actuelles, et tant que nous ne maîtriserons pas mieux le processus de fusion (ainsi que les effets de traînée), le statoréacteur à fusion restera un candidat de second choix. Mais que ces problèmes d'ingénierie soient un jour résolus, et le voilà qui déboulerait en tête de liste.

Fusées à antimatière

L'antimatière, la plus grande source d'énergie de l'Univers, pourrait aussi assurer la propulsion d'un vaisseau interstellaire. Une particule d'antimatière est semblable à une particule de matière mais avec une charge électrique opposée. L'électron, par exemple, est chargé négativement, alors que son antiparticule, l'antiélectron ou positron, est chargée positivement. Quand elle entre en contact avec la matière, l'antimatière s'annihile dans un formidable dégagement d'énergie. De fait, un doigt d'antimatière suffirait à détruire la ville de New York et sa banlieue. Et contrairement à une bombe à hydrogène, efficace à hauteur de 1 pour 100 seulement, une bombe d'antimatière convertirait 100 pour 100 de la matière en énergie, en vertu de la fameuse équation d'Einstein $E = mc^2$.

En théorie, l'antimatière servirait donc de carburant idéal à un vaisseau interstellaire. Gerald Smith, de l'université d'État de Pennsylvanie, estime qu'il suffirait de 4 milligrammes d'antimatière pour nous transporter vers Mars, et peut-être d'une centaine de grammes pour nous mener aux étoiles les plus proches. À masse égale, l'antimatière relâche un milliard de fois plus d'énergie que le propergol, le carburant qui alimente les fusées traditionnelles. Dans l'idée, le fonctionnement d'un moteur à antimatière est assez simple. Il suffit de laisser tomber un flot continu de particules d'antimatière dans une chambre, où, en se combinant à la matière usuelle, elles provoqueraient des explosions titanesques. Les gaz d'explosion seraient alors expulsés à une extrémité de la chambre, créant ainsi une poussée qui ferait avancer le vaisseau.

Nous sommes pourtant encore très loin d'une telle réalisation. À ce jour, les physiciens sont tout juste capables de créer des antiélectrons et des antiprotons, ainsi que des atomes d'antihydrogène, constitués d'antiélectrons qui circulent autour d'antiprotons. Ce type d'exploit est accompli au CERN, près de Genève, en Suisse, ou jadis au Fermilab, près de Chicago, dans le Tevatron fermé en septembre 2011 – c'était le deuxième plus grand accélérateur de particules du monde après le LHC, le grand collisionneur de hadrons du CERN. Pour fabriquer des atomes d'antihydrogène, les physiciens projettent un faisceau de particules hautement énergétiques sur une cible, ce qui provoque une pluie de débris, parmi lesquels se trouvent des antiprotons. L'antimatière est ensuite séparée de la matière à l'aide de puissants aimants. Ces antiprotons sont alors ralentis et mélangés à des antiélectrons, ce qui crée des atomes d'antihydrogène.

Dave McGinnis, un chercheur du Fermilab, a longtemps travaillé sur les aspects pratiques de l'antimatière. Debout à côté du Tevatron, il m'a expliqué le contexte économique particulier de la production d'antimatière. La seule façon connue d'obtenir des quantités régulières d'antimatière, me disait-il, c'est d'utiliser un accélérateur de particules. Or ces machines coûtent très cher, et la récolte est infime. En 2004, par exemple, l'accélérateur de particules du CERN a produit quelques milliers de milliardièmes de grammes d'antimatière pour une dépense qui avoisinait les 20 millions de dollars. À ce prix, l'économie de la planète entière ne suffirait pas à produire assez d'antimatière pour propulser un vaisseau. Sur un plan conceptuel, concluait-il, le moteur à antimatière tire logiquement parti des lois de la physique, mais le coût de sa construction restera prohibitif dans les années à venir.

Ce prix très élevé de l'antimatière tient pour partie aux sommes phénoménales requises pour bâtir les accélérateurs de particules. Il reste que ces instruments servent plusieurs buts, et ne sont pas spécifiquement conçus pour produire de l'antimatière. Ce sont des outils de recherche plutôt que des outils commerciaux. Il paraît donc concevable que de nouveaux accélérateurs, spécialement étudiés et fabriqués en série, permettent à l'avenir de produire des quantités importantes d'antimatière à un tarif beaucoup plus abordable. Selon Harold Gerrish, un expert de la NASA, le prix du microgramme d'antimatière pourrait ainsi chuter jusqu'à 5 000 dollars le microgramme.

Une autre option consisterait à trouver une météorite d'antimatière dans l'espace : l'énergie fournie par un tel objet suffirait pour propulser un vaisseau interstellaire. Le satellite PAMELA (*Payload for Antimatter Exploration and Light-Nuclei Astrophysics* – « Charge utile pour l'exploration de l'antimatière et l'astrophysique des noyaux légers ») a précisément été lancé en 2006 pour détecter de l'antimatière présente naturellement dans l'espace. S'il s'en trouvait en quantité importante, on pourrait imaginer la collecter avec d'immenses filets électromagnétiques.

Ainsi, même si la construction de vaisseaux interstellaires à antimatière est parfaitement envisageable du point de vue de la physique, il faudra sans doute attendre la fin du siècle pour qu'elle le devienne du point de vue financier. Et une fois ce temps venu, la fusée à antimatière se retrouvera sans doute elle aussi en tête de liste des options possibles.

Nanovaisseaux

Avec en mémoire les formidables effets spéciaux de films comme *Star Wars* ou *Star Trek*, nous imaginons spontanément que le futur nous réserve d'énormes vaisseaux, pourvus de toutes sortes de gadgets high-tech. Il se pourrait pourtant que l'avenir de l'exploration spatiale passe par l'utilisation des nanotechnologies et la conception de minuscules vaisseaux interstellaires, de la taille d'un dé à coudre, d'une tête épingle ou même bien plus petits. Qu'un vaisseau doive être aussi énorme que l'*Enterprise* et capable comme lui d'emporter un équipage d'astronautes relève au fond du préjugé. Après tout, les nanotechnologies assurent la miniaturisation des fonctions essentielles d'un vaisseau. Nous pourrions alors en lancer par millions vers les étoiles du voisinage, quitte à ce qu'une petite fraction d'entre eux seulement y parvienne effectivement. Et une fois sur place, ces vaisseaux pourraient se poser sur une planète ou un satellite naturel pour y construire une usine et fabriquer un nombre illimité de copies d'eux-mêmes.

Vint Cerf, l'un des fondateurs d'Internet, que j'ai déjà évoqué, imagine sans peine que de minuscules vaisseaux dépassent les limites du système solaire pour mettre le cap vers d'autres étoiles : « L'exploration du système solaire gagnera en efficacité avec la construction d'engins nanométriques, petits mais puissants, faciles à expédier et à disséminer dans l'atmosphère, à la surface ou sous la surface des planètes et satellites des alentours… Ces possibilités s'extrapolent même à l'exploration interstellaire[1]. »

Dans la nature, les mammifères donnent naissance à quelques petits seulement, mais s'assurent que tous survivent. À l'inverse, les insectes produisent une descendance importante, qui pour une large part disparaît rapidement. L'une ou l'autre de ces stratégies a permis aux espèces concernées de survivre durant des millions d'années. De la même façon, plutôt que d'envoyer vers les étoiles un unique vaisseau, imposant et très cher, on pourrait en lancer des millions, minuscules, à un cent l'unité, qui ne consommeraient que très peu de carburant.

Cette idée reprend à son compte une stratégie fructueuse élaborée par la nature : l'essaimage. Certains oiseaux ou les abeilles, par exemple, volent en nuées ou en essaims. Pas seulement pour la sécurité qu'apporte le nombre, mais aussi parce que l'essaim agit comme un formidable système d'alerte. En cas de perturbation dangereuse en un certain point, comme une attaque de prédateur, le message est rapidement relayé à l'ensemble de la population. Ce système est aussi efficace sur le plan énergétique. Quand les oiseaux volent en escadrille, en affectant la forme caractéristique d'un V, ils profitent du sillage et de la turbulence créés par leurs prédécesseurs.

Les biologistes qualifient un essaim de « superorganisme », soit une entité qui acquiert une intelligence propre, indépendante des capacités de chaque individu. Les fourmis, par exemple, qui possèdent un système nerveux très simple et un cerveau minuscule,

1. Vint Cerf, « One Is Glad to Be of service », *in* Denning, *op. cit.*, pp. 229-230.

parviennent ensemble à construire des fourmilières d'une incroyable complexité. Les chercheurs espèrent donc tirer parti de certaines des leçons données par la nature en concevant des essaims de nanorobots qui partiraient un jour explorer les planètes et les étoiles.

Ce projet est très similaire dans son principe à celui de « poussière intelligente », étudié par le Pentagone, qui verrait des milliards de particules équipées de minuscules capteurs flotter dans les airs. Chaque poussière ne brillerait pas en elle-même d'une intelligence redoutable, ce qui n'empêcherait pas que collectivement elles fassent remonter quantité d'informations utiles. Le Pentagone, par l'intermédiaire du DARPA, finance cette recherche en vue d'éventuelles applications militaires, comme la surveillance des forces ennemies sur un champ de bataille. En 2007 et 2009, l'Air Force a rendu public un certain nombre de rapports sur les projets à venir de ces prochaines décennies. Ils esquissaient les grandes lignes des versions avancées du drone *Predator* (4 millions de dollars l'exemplaire de nos jours) jusqu'aux essaims de minuscules capteurs coûtant moins de un cent l'unité[1].

Les scientifiques s'intéressent aussi à ce concept. Le saupoudrage de poussière intelligente servirait à surveiller en direct des milliers de positions durant les orages, les ouragans, les éruptions volcaniques, les tremblements de terre, les inondations, les feux de forêt et autres phénomènes naturels. Le film *Twister*, par exemple, présentait un groupe de courageux chercheurs qui, au péril de leur vie, s'acharnaient à placer un certain nombre de capteurs assez volumineux au cœur d'une tornade. Leur procédé manquait cruellement d'efficacité. La dissémination de poussière intelligente garantirait la mesure de la température, de l'humidité et de la vitesse du vent au cours d'une éruption volcanique ou durant une tornade, en des milliers de points différents simultanément et sur des centaines de kilomètres. Ces données, convenablement traitées par un ordinateur, nous fourniraient une information en temps réel et en trois dimensions sur l'évolution de l'ouragan ou de l'éruption. Des partenariats ont déjà été noués pour commercialiser

1. Scott A. Dickson, « Enabling Battlespace Persistent Surveillance: The Form, Function, and Future of Smart Dust », avril 2007 (Blue Horizon Paper, Center for Strategy and Technology, Air War College).

de minuscules capteurs de ce type, dont certains ne dépassent pas les dimensions d'une tête d'épingle.

Les nanovaisseaux offrent également l'avantage de ne requérir que très peu de carburant pour être envoyés dans l'espace. Plus besoin avec eux de grosses fusées de lancement qui doivent péniblement atteindre 11,2 kilomètres par seconde pour s'arracher à la gravitation terrestre… Il est assez facile d'expédier des objets minuscules dans l'espace à des vitesses incroyables. En fait, il est même très facile d'envoyer des nanoparticules chargées à une vitesse proche de la lumière en se servant de champs électriques ordinaires pour les accélérer.

Plutôt que de mobiliser des ressources énormes pour envoyer de multiples sondes vers de multiples planètes ou de multiples satellites, une sonde unique pourrait aussi s'autorépliquer en construisant une base et une usine quelque part. Une fois assemblées, ces nouvelles sondes autoréplicatives décolleraient pour explorer d'autres mondes. (Tout le problème consiste à fabriquer la première nanosonde autoréplicative, ce qui ne paraît pas réalisable avant longtemps.)

En 1980, la NASA a organisé une conférence à l'université de Santa Clara sur les sondes automatisées autoréplicatives. L'une des pistes explorées par les chercheurs consistait à envoyer un petit robot autoréplicateur sur la Lune, qui une fois sur place aurait exploité les ressources du sol pour se dupliquer en un nombre d'exemplaires potentiellement illimité.

L'essentiel du rapport concernait la construction d'une usine chimique capable de traiter le constituant du terrain lunaire (appelé régolithe). Le robot, par exemple, aurait pu se poser sur la Lune, se désassembler puis se reconstituer, à la manière des célèbres *Transformers*, en une forme plus adaptée à la construction de l'usine. Il aurait pu fabriquer de grands miroirs paraboliques pour concentrer la lumière solaire et faire fondre le régolithe. Avec de l'acide fluorhydrique, il en aurait extrait des minéraux et des métaux, ces derniers servant à la construction d'une base. Le robot aurait ensuite monté une petite usine lunaire pour se reproduire.

Sur la base de ce rapport, l'Institut des concepts avancés de la NASA a débloqué à partir de 2002 une série de financements pour soutenir divers projets en rapport avec les robots autoréplicateurs. Mason Peck, chercheur à l'université Cornell, a ainsi pu examiner en détail le concept de vaisseau interstellaire miniature.

J'ai eu la chance de rendre visite à Peck dans son laboratoire, lequel grouille de composants qui seront peut-être un jour envoyés dans l'espace. Un peu à part, une petite pièce propre, aux murs tapissés de plastique, sert de lieu d'assemblage des satellites.

Sa vision de l'exploration spatiale diffère notablement de la représentation qu'en donnent les films hollywoodiens. Dans son esprit, un vaisseau mesurera un centimètre, pèsera un gramme et se servira d'un effet de fronde pour accélérer jusqu'à atteindre le dixième de la vitesse de la lumière. La manœuvre, telle qu'elle a déjà été mise en usage à la NASA sur certains projets, consiste à faire tourner le vaisseau autour d'une planète pour augmenter sa vitesse, exactement comme une pierre dans une fronde.

Peck envisage cependant d'utiliser des forces magnétiques, et non la gravité. Son minuscule vaisseau spatial pourrait être expédié dans le champ magnétique de Jupiter, 20 000 fois supérieur à celui de la Terre. Dans nos accélérateurs de particules, le même principe suffit à porter des corpuscules subatomiques à des milliers de milliards d'électronvolts.

Peck m'a présenté le prototype d'un microvaisseau qui partira peut-être un jour pour Jupiter. Il s'agit d'une pièce carrée, plus petite qu'un ongle, bourrée d'électronique. L'une des faces porte une cellule photovoltaïque qui fournira l'énergie nécessaire à la communication. Un émetteur radio, une caméra et divers autres capteurs sont disposés de l'autre côté. Comme la propulsion de ce microvaisseau sera assurée par le champ magnétique de Jupiter, aucun moteur ne vient compléter le dispositif. (L'Institut des concepts avancés de la NASA, qui soutenait financièrement le projet, et de nombreuses autres études innovantes depuis 1998, a malheureusement été fermé en 2007 pour des raisons budgétaires.)

La vision de Peck sur le voyage spatial diffère donc assez sensiblement de celle qui est habituellement présentée en science-fiction, où d'énormes vaisseaux, pilotés par des équipages d'astronautes, progressent lourdement dans l'espace. En établissant une base sur un satellite de Jupiter, par exemple, une multitude de puces minuscules pourraient être lancées en orbite autour de la planète géante. Si une batterie de canons laser était aussi construite sur ce satellite, les puces pourraient être accélérées en les visant avec des faisceaux lumineux. Leur vitesse atteindrait ainsi une fraction sensible de celle de la lumière.

J'ai alors demandé à mon interlocuteur s'il était envisageable d'utiliser les nanotechnologies pour réduire ces puces jusqu'à l'échelle moléculaire. Plutôt que d'utiliser le champ magnétique de Jupiter, on pourrait alors envisager de construire un accélérateur à particules sur notre propre satellite, la Lune, pour les lancer dans l'espace à une vitesse proche de celle de la lumière. Il jugea spontanément l'idée intéressante, mais ne l'avait toutefois pas étudiée en détail.

Nous prîmes donc une feuille de papier et nous nous jetâmes dans les équations du problème. (C'est ainsi que nous autres, chercheurs, interagissons les uns avec les autres, en allant au tableau noir ou en sortant une feuille de papier pour poser et résoudre les équations du problème.) Nous écrivîmes les équations des forces de Lorentz, que Peck utilisait pour accélérer ses puces autour de Jupiter, mais nous réduisîmes celles-ci à des dimensions moléculaires et les plaçâmes dans un accélérateur imaginaire, semblable au LHC du CERN. Nous pûmes ainsi rapidement nous rendre compte qu'un accélérateur de particules standard, basé sur la Lune, suffirait pour que ces nanovaisseaux parviennent à une vitesse proche de celle de la lumière. Le fait de passer de la taille d'un ongle à celle d'une molécule permettait de passer d'un accélérateur de particules de la taille de Jupiter à celle d'un accélérateur classique. L'idée paraissait donc réellement prometteuse.

Mais après avoir analysé attentivement les équations, nous nous accordâmes aussi sur le fait que la stabilité de ces nanovaisseaux risquait de poser problème. Les accélérateurs n'allaient-ils pas les démanteler ? Comme une balle qui tourne attachée à une ficelle, ces molécules subiraient une force centrifuge lors de la phase d'accélération. De plus, étant électriquement chargées, elles pourraient être démantibulées par les forces électromagnétiques. Nous conclûmes donc tous deux que, aussi intéressante que pût paraître l'idée des nanovaisseaux, il faudrait encore des dizaines d'années de recherches pour leur assurer une solidité suffisante.

Le grand rêve de Mason Peck consiste donc à envoyer un essaim de puces vers l'étoile la plus proche, en espérant que certaines d'entre elles parviendront à destination. Mais que feront-elles ensuite ?

C'est à ce stade que les travaux de Pei Zhang prennent le relais. Ce chercheur de l'université Carnegie Mellon a conçu une flotte de minuscules hélicoptères qui tournoieront peut-être un jour au-dessus d'une autre planète. Les engins ressemblent à des jouets, mais il faut dépasser cette impression trompeuse. Pei Zhang m'a fièrement montré la puce sophistiquée, bourrée de circuits électroniques, qui se distingue au centre de chacun d'eux. En l'espace d'un instant, il lâcha quatre de ses robots dans les airs, qui évoluèrent dans toutes les directions, échangeant mutuellement de l'information. Je fus bientôt environné par ce petit essaim bourdonnant.

Ces groupes de robots volants, m'a-t-il précisé, sont conçus pour apporter une aide vitale dans des situations d'urgence, du type incendies ou explosions, par des missions de reconnaissance et de surveillance. À terme, des essaims de robots pourront être équipés de caméras et de capteurs mesurant la température, la pression, la direction du vent ou toute autre information pertinente. Des milliers de robots pourraient être lâchés au-dessus d'un champ de bataille, d'un incendie, ou, pourquoi pas, d'un territoire extraterrestre. Ils communiqueraient aussi entre eux. Quand l'un d'entre d'eux rencontrerait un obstacle, par exemple, il enverrait l'information aux autres.

L'avenir du voyage spatial passera donc, qui sait, par des milliers de petites puces, jetables et peu coûteuses, conçues par des personnes comme Mason Peck, qui seront lancées vers une étoile voisine à une vitesse proche de celle de la lumière. La poignée de puces qui aura atteint sa destination déploiera alors ses ailes et ses pales pour reconnaître le territoire extraterrestre, à la manière de la flotte de Pei Zhang. Et une fois que des planètes prometteuses auront été découvertes, d'autres générations d'essaims y seront envoyées pour monter des usines, des usines qui construiront de nouveaux robots, qui s'envoleront à leur tour vers l'étoile suivante. Le processus pourra alors continuer indéfiniment.

L'exode ?

En 2100, il est probable que nous aurons envoyé des astronautes vers Mars et la ceinture d'astéroïdes, que nous aurons exploré les satellites de Jupiter et que nous nous préparerons à expédier des sondes en direction des étoiles.

Mais l'humanité ? En 2100, aurons-nous établi des colonies spatiales afin de remédier à une surpopulation mondiale ? L'espèce humaine commencera-t-elle à quitter la Terre ?

Non. Au vu des sommes en jeu, même en 2100 et plus tard, la majorité des humains n'aura pas embarqué dans un vaisseau pour se rendre sur d'autres planètes. Certains astronautes auront créé de petits avant-postes ici ou là, mais l'humanité elle-même restera encore coincée ici-bas.

Alors comment va évoluer la civilisation ? Comment la science affectera-t-elle notre mode de vie, nos métiers, et notre société ? Comment la science, ce moteur de la prospérité, redistribuera-t-elle la richesse et quels contours donnera-t-elle à la civilisation ?

7

L'AVENIR ÉCONOMIQUE
Les gagnants et les perdants

Au XXIe siècle, la technologie et l'idéologie vont ébranler les fondations du capitalisme. Avec les techniques nouvelles, la compétence et le savoir deviennent l'unique source d'avantage stratégique durable.

Lester Thurow

À en juger par la mythologie, l'essor et le déclin des civilisations dépendent de la force et de la stratégie des armées en présence. Les grands généraux de l'Empire romain ne manquaient pas de se recueillir au temple de Mars, le dieu de la guerre, avant toute campagne militaire décisive. Les exploits légendaires de Thor poussaient les Vikings à se lancer dans les batailles héroïques. Nos ancêtres bâtissaient des temples et des monuments dédiés aux dieux pour commémorer les victoires sur leurs ennemis.

L'étude objective de la dynamique des grandes sociétés dévoile pourtant une tout autre réalité.

Imaginons un Martien qui se serait rendu sur Terre en l'an 1500 pour étudier les principales civilisations de l'époque. Laquelle aurait-il vue dominer le monde ? La réponse est simple : toutes sauf l'Europe.

À l'est se déployait l'immense civilisation chinoise, plusieurs fois millénaire, à laquelle l'humanité doit une liste d'inventions incomparables : le papier, la presse à imprimer, la poudre à canon, le compas, etc. Les savants chinois sont alors les meilleurs de la planète ; le gouvernement est unifié ; le pays vit en paix.

Au sud, notre Martien aurait trouvé l'Empire ottoman. Outre l'invention de l'algèbre et l'attribution de noms aux étoiles, cette grande civilisation musulmane a accouché de multiples progrès en optique et en physique. En 1500, les arts et les sciences y fleurissent ; sa grande armée ne rencontre aucune opposition crédible ; Istanbul est l'un des plus grands centres d'enseignement scientifique du monde.

Notre extraterrestre aurait constaté ensuite la triste situation des pays européens, en proie au fanatisme religieux, subissant les foudres de l'Inquisition. En déclin précipité depuis l'effondrement de l'Empire romain un millier d'années auparavant, l'Europe occidentale en est réduite à importer sa technologie. Elle vit un trou noir médiéval. L'essentiel du savoir légué par les Romains a depuis longtemps cédé la place à un dogme religieux étouffant. L'opposition et la dissidence ne rencontrent guère que l'écho de la torture, quand ce n'est pis. Et pour ne rien arranger, les villes-états de l'Europe se battent presque continuellement les unes contre les autres.

Alors que s'est-il passé ensuite ? Les Empires chinois et ottoman sont tous deux entrés dans une longue phase de stagnation technologique, tandis que l'Europe prenait un envol scientifique sans précédent.

La science et la technologie sont les moteurs de la prospérité. On peut toujours, bien sûr, ignorer la marche du progrès, mais gare alors aux conséquences ! Ce n'est pas la lecture de textes religieux qui fait tourner le monde... Et si vous ne maîtrisez pas les dernières avancées scientifiques, croyez bien que vos concurrents s'en chargeront pour vous.

La maîtrise des quatre forces

D'un point de vue historique, avec le déclin du féodalisme, la montée en puissance de la classe marchande et les vents favorables de la Renaissance, l'Europe post-1500 était sans nul doute mûre pour un grand changement. Les physiciens préfèrent toutefois analyser le franchissement de cette étape marquante à la lumière des quatre forces fondamentales. Si divers changements sociaux ont incontestablement joué un rôle, il n'en reste pas moins, *in fine*, que c'est leur maîtrise qui a propulsé l'Europe à la tête des puissances mondiales.

La première de ces forces est la gravité, qui nous retient sur la Terre, empêche le Soleil d'exploser et les planètes de s'échapper. La deuxième est la force électromagnétique, qui illumine nos villes et fait fonctionner nos ordinateurs. Les deux dernières sont les forces nucléaires – la forte et la faible – qui assurent la cohésion du noyau des atomes et font briller les étoiles dans le ciel. Toutes ont été découvertes en Europe, et toutes ont changé le cours de l'histoire.

En voyant une pomme tomber alors qu'il songeait à la Lune, Isaac Newton s'est posé une question qui a changé pour toujours le sort de l'humanité : est-ce que la Lune tombe aussi ? En un éclair de génie, ce jeune homme de vingt-trois ans a compris que la force qui agissait sur la pomme était identique à celle que subissaient les planètes et les comètes plus haut dans les cieux. Cette révélation lui permit d'appliquer le calcul différentiel, une nouvelle technique mathématique qu'il venait d'inventer, à la détermination de la trajectoire des planètes et des satellites. Newton a percé le mystère des mouvements célestes. En 1687 il publia les *Principia*, son chef-d'œuvre, un traité scientifique qui se classe sans doute parmi les plus importants qui aient jamais été écrits, un des livres qui ont le plus influencé l'histoire des hommes.

Et plus important encore, Newton a introduit une nouvelle façon de penser, une mécanique par laquelle il devenait possible de déterminer le mouvement des corps soumis à des forces. Nous ne vivions plus dans un monde soumis aux caprices des esprits, des démons ou des fantômes. Les objets se déplaçaient en raison de forces bien définies, mesurables, exploitables. Armés de la mécanique newtonienne, les savants purent ensuite prédire avec précision le comportement des machines, ce qui, en retour, a ouvert la voie à l'usage de la vapeur. Grâce aux lois de Newton, la dynamique intriquée d'une machine à vapeur complexe pouvait se décomposer de manière systématique, boulon après boulon, manette après manette. La description de la gravité par Newton a ainsi contribué à l'avènement de la Révolution industrielle en Europe.

Dans les années 1800, toujours en Europe, Michael Faraday, James Clerk Maxwell et d'autres sont alors partis à la conquête de la deuxième grande force, l'électromagnétisme, sur laquelle s'est fondée la grande révolution suivante. Thomas Edison, en délivrant pour la première fois de l'électricité dans un quartier, grâce à ses générateurs de la Pearl Street Station au sud de Manhattan, a marqué le début de l'électrification de la planète tout entière. En observant la Terre depuis l'espace, et ses continents illuminés la nuit, un extraterrestre comprendrait immédiatement que les Terriens maîtrisent l'électromagnétisme. Rien ne permet mieux de mesurer notre dépendance à cette deuxième force qu'une panne d'électricité. En un instant, nous voilà rejetés cent ans en arrière, sans cartes de crédit, sans ordinateurs, sans lumière, sans ascenseurs, sans télévision, sans radio, sans Internet, etc.

Enfin, les forces nucléaires, elles aussi apprivoisées par des savants européens, bouleversèrent tout autour de nous. Grâce à elles, non seulement nous avons compris comment brillent les étoiles, mais nous savons aussi démêler les mystères de notre espace intérieur, par l'usage de l'IRM, de la tomographie par émission de positons, de la tomodensitométrie, de la radiothérapie et, plus généralement, de la médecine nucléaire. Comme ces forces régissent l'immense puissance emmagasinée dans les atomes, elles déterminent en définitive le destin de l'humanité, que nous prospérions en exploitant la puissance illimitée de la fusion ou que nous disparaissions à tout jamais dans les feux d'un enfer nucléaire.

Futur proche (aujourd'hui à 2030)

Les quatre étapes de la technologie

La maîtrise des quatre forces, dans un contexte social favorable, a propulsé l'Europe au premier plan des nations. Mais les technologies s'inscrivent dans une dynamique en perpétuel mouvement : elles naissent, s'élèvent et sombrent. Pour distinguer l'avenir d'une technologie spécifique, il est utile de remarquer que les théories obéissent à certaines lois d'évolution.

Le développement des technologies de masse, comme le montrent les exemples du papier, de l'eau courante, de l'électricité ou de l'informatique, passe généralement par quatre stades. À l'étape I, les produits de la technologie présentent une telle valeur qu'ils nécessitent une surveillance rapprochée. En Égypte, jadis, le moindre rouleau de papyrus était placé sous la garde d'une nuée de prêtres. Cette humble technologie, forme première du papier avant son détour par la Chine il y a quelques milliers d'années, a contribué à mettre en branle la civilisation antique.

Le papier est ensuite entré en phase II, vers 1450, avec l'invention de la presse à caractères mobiles par Gutenberg. Cette découverte a rendu possible la notion d'« exemplaire personnel » : tout un chacun ou presque pouvait désormais posséder un livre contenant le savoir de centaines de rouleaux. Avant Gutenberg, 30 000 livres seulement circulaient dans toute l'Europe. Dès 1500, ce chiffre était monté à 9 millions, levant avec lui les germes intellectuels qui allaient s'épanouir à la Renaissance.

Le papier a atteint la phase III vers 1930, quand le coût de la feuille est passé sous la barre du penny. Tout un chacun ou presque pouvait désormais posséder une bibliothèque personnelle, riche de centaines de livres. Le papier est devenu une marchandise ordinaire vendue à la tonne. Il est aujourd'hui partout et nulle part, invisible et omniprésent. En phase IV, nous nous en servons comme élément décoratif : nous parons le monde avec des papiers de toutes les couleurs, de toutes les formes et de toutes les dimensions. Le papier constitue actuellement la principale source de déchets en milieu urbain. Il est ainsi passé du statut de denrée précieuse, solidement gardée, à celui de denrée jetable, sans valeur propre.

Le même processus s'applique à l'eau courante. Jadis, en phase I, l'eau était si précieuse qu'un seul puits se partageait entre tout un village. Cette situation a perduré pendant des milliers d'années, jusqu'au début des années 1900, quand la plomberie a graduellement été introduite dans les foyers, faisant entrer l'eau courante en phase II. Après la Seconde Guerre mondiale, devenue bon marché et accessible à une classe moyenne grandissante, elle a accédé à la phase III. Aujourd'hui en phase IV, l'eau sert aussi à décorer, qu'elle jaillisse des fontaines ou autrement.

L'électricité est aussi passée par ces quatre étapes. Avec les travaux pionniers de Thomas Edison et de quelques autres, chaque usine s'est d'abord partagé une simple ampoule et un unique moteur électrique. Après la Première Guerre mondiale, les ampoules et les moteurs se sont retrouvés à la disposition de tous. Aujourd'hui l'électricité a disparu, en ce sens qu'elle est à la fois partout et nulle part. Nous supposons implicitement qu'elle se tient à disposition derrière nos murs, fidèle et omniprésente. C'est tout juste si le mot « électricité » fait encore partie du vocabulaire. Et à Noël, bien sûr, nous décorons nos maisons avec des centaines de lumières clignotantes. L'électricité est aujourd'hui un élément d'ornement qui illumine Broadway et le monde entier.

En atteignant la phase IV, l'électricité et l'eau courante ont acquis le statut de service public. Nous en payons la consommation non pas au coup par coup, mais à la quantité employée, mesurée par des compteurs. Et la facture est somme toute assez minime.

L'ordinateur a suivi la même voie. Les sociétés informatiques qui ont intégré ce schéma à leur stratégie de développement ont prospéré, les autres ont frôlé la faillite. Dans les années 1950, en phase I, IBM dominait largement le marché avec ses ordinateurs centraux. Très onéreuses, les machines de ce type étaient partagées entre une centaine de chercheurs et d'ingénieurs. Mais, faute d'avoir su appréhender la loi de Moore, IBM a frôlé la banqueroute, dans les années 1980, lors de l'entrée de l'informatique en phase II, avec l'émergence de l'ordinateur personnel.

Cela dit, les fabricants d'ordinateurs individuels se sont eux-mêmes trop reposés sur leurs lauriers. Leur vision idéale du monde se réduisait à un ordinateur autonome posé sur chaque bureau. Ils ont donc été pris de court par l'arrivée de la phase III, c'est-à-dire d'Internet, qui permettait de relier entre eux tous les ordinateurs de la planète. Aujourd'hui les ordinateurs autonomes ne trouvent plus place que dans les musées.

L'ordinateur va finir par entrer en phase IV, c'est-à-dire qu'il va disparaître pour se fondre dans le décor. Nous parerons le monde d'informatique. Le mot « ordinateur » lui-même disparaîtra progressivement du vocabulaire. La plus grande source de déchet en milieu urbain ne sera plus le papier, mais la puce. À terme, l'ordinateur va disparaître et se transformer en service public, vendu comme l'électricité et l'eau courante. Les ordinateurs vont disparaître à mesure que les calculs se feront « dans les nuages » (le *cloud*).

L'avenir de l'ordinateur ne réserve donc aucune surprise et suit le chemin bien balisé de ses prédécesseurs, comme le papier, l'eau courante et l'électricité.

Car l'ordinateur et Internet évoluent encore… L'économiste John Steele Gordon, à qui il était demandé si cette révolution informatique était achevée, a répondu sans hésiter : « Dieu du ciel, non ! Il s'en faut encore d'une centaine d'années avant qu'elle ne se déploie pleinement, exactement comme jadis la machine à vapeur. Nous en sommes aujourd'hui avec Internet au point où en était le chemin de fer en 1850. Au début[1]. »

Il convient aussi de reconnaître que toutes les technologies ne passent pas par les phases III et IV. Considérons par exemple le cas de la locomotive. Ce moyen de transport mécanique est entré en phase I au début des années 1800 : une centaine de personnes se partageaient alors une seule locomotive à vapeur. Nous sommes entrés en phase II avec l'avènement de la « locomotive personnelle », autrement connue sous le nom de voiture, au début des années 1900. Mais la locomotive et la voiture (essentiellement une boîte sur roues) ne se sont plus guère transformées avec les années. Les modifications tiennent davantage du raffinement, comme des moteurs plus puissants et plus efficaces, ou des systèmes plus astucieux. Les technologies qui n'accéderont pas aux phases III et IV se verront simplement enrichies – par l'adjonction d'une puce, ce qui les rendra intelligentes… Certaines technologies évoluent jusqu'à la phase IV, comme l'électricité, l'ordinateur, le papier et l'eau courante, alors

1. William J. Holstein, « To Gauge the Internet, Listen to the Steam Engine », *New York Times*, 26 août 2001, www.nytimes.com/2001/08/26/business/business-to-gauge-the-internet-listen-to-the-steam-engine.html.

que d'autres restent coincées à un palier intermédiaire, où elles continuent malgré tout à évoluer.

Des bulles et des krachs

Suite aux récessions qu'a connues le monde ces dernières années, certaines voix se sont élevées pour nous mettre en garde contre les bienfaits trompeurs du progrès, pour dénoncer un système fondamentalement vicié et pour prêcher un retour à des jours plus simples.

L'histoire sur le long terme montre que des phases violentes d'expansion et de récession économiques surgissent inopinément, sans véritables raisons apparentes. Leur caractère aléatoire paraît tenir autant des aléas de la destinée que de la folie des hommes. Historiens et économistes se sont longuement essayés à expliquer le krach de 2008 en examinant une variété de causes possibles, telles que la nature humaine, la cupidité, la corruption, le manque de régulation, la faiblesse des contrôles, etc.

Chaussé de mes lunettes de physicien, j'évalue cette récession avec un regard qui m'est propre. Il me paraît très clair que, sur le long terme, la science est le moteur de la prospérité. L'*Oxford Encyclopedia of Economic History* (« Encyclopédie d'Oxford de l'histoire économique »), par exemple, mentionne des études qui « attribuent 90 pour 100 de l'accroissement des revenus en Angleterre et aux États-Unis après 1780 à l'innovation technologique, et non à la simple accumulation du capital[1] ».

Sans la science, nous vivrions comme il y a dix mille ans. Mais la marche de la science n'est pas uniforme, elle progresse par vagues. Une avancée majeure (comme l'invention de la machine à vapeur, de l'ampoule électrique ou du transistor) déclenche souvent une cascade d'inventions secondaires, qui, à leur tour, produisent une avalanche d'innovations et de progrès. Comme ces vagues suscitent de vastes quantités de richesses, elles doivent se refléter dans l'économie.

La première grande vague s'est formée avec la découverte de la force de la vapeur, qui a mené à la construction de la locomotive.

1. Virginia Postrel, « Avoiding Previous Blunders », *New York Times*, 1er janvier 2004, www.nytimes.com/2004/01/01/business/01scene.html.4.

La machine à vapeur est à l'origine de la Révolution industrielle qui a renversé la société. La vapeur a créé une richesse fabuleuse. Mais en système capitaliste, la richesse ne stagne jamais, et doit aller quelque part. Les capitalistes cherchent inlassablement le rouleau suivant, et investissent leur richesse pour investir dans des schémas toujours plus spéculatifs, avec des conséquences parfois catastrophiques.

Au début des années 1800, les bénéfices dégagés par la force de la vapeur et la Révolution industrielle ont été massivement réinvestis sur le rail à la Bourse de Londres. Une bulle spéculative a commencé à se former, alimentée par l'introduction sur le marché d'un nombre croissant de sociétés liées à l'avènement de la locomotive. Selon Virginia Postrel, journaliste économique pour le *New York Times*, « il y a un siècle, les compagnies ferroviaires représentaient la moitié des titres listés à la Bourse de New York[1] ». Comme l'exploitation du train démarrait tout juste, cette bulle ne pouvait durer très longtemps. Son explosion en 1847 a provoqué l'un des plus grands krachs boursiers de l'histoire du capitalisme. Des crises moins importantes ont ensuite émaillé la plupart des décennies suivantes, toutes dues au surcroît de richesse apporté par la Révolution industrielle.

L'ironie du sort voulut que le chemin de fer connaisse son apogée quelque temps plus tard, dans les années 1880 et 1890. Ainsi le krach de 1847 doit-il son origine à une fièvre spéculative et aux richesses créées par la science, alors même que la conquête du rail – la vraie construction des voies ferrées tout autour du monde – demandait encore plusieurs dizaines d'années avant de se déployer dans toute sa force.

Selon Thomas Friedman : « Au XIXe siècle, l'Amérique a connu un boom, une bulle et un krach ferroviaire… Mais quand bien même la bulle a explosé, elle a laissé l'Amérique avec une infrastructure ferrée qui a rendu le voyage et le transport de marchandises transcontinental nettement plus facile et à moindre coût[2]. »

Loin de tirer les leçons de cette crise capitaliste, les acteurs du marché boursier ont vécu un cycle similaire très peu de temps

1. *Ibid.*

2. Thomas L. Friedman, « Green the Bailout », *New York Times*, 28 septembre 2008, p. WK11, www.nytimes.com/2008/09/28/opinion/28friedman.html.

après. Une deuxième grande vague technologique a déferlé avec le développement de l'électricité, initié par Edison, et celui de l'automobile, lancé par Ford. L'électrification des usines et des foyers, ainsi que la production en masse des Ford T, ont une fois de plus accouché de richesses fabuleuses. Et comme toujours, les bénéfices ont dû circuler. Dans ce cas, ils ont été réinvestis sur le marché boursier américain, ce qui a entraîné la formation d'une bulle spéculative sur les actions liées aux infrastructures de service public et à l'automobile. Oublié le krach qui avait eu lieu quelque quatre-vingts ans plus tôt, autant dire dans un lointain passé… De 1900 à 1925, le nombre de constructeurs automobiles a augmenté jusqu'à atteindre les 3 000, un chiffre qui dépassait tout simplement les capacités du marché[1]. Cette fois encore, la bulle ne pouvait enfler éternellement. Elle a finalement éclaté en 1929, marquant ainsi le début de la grande dépression.

Et l'ironie du sort a voulu que l'électrification et le développement des réseaux routiers de l'Amérique et de l'Europe ne se produisent pas avant la fin de cette longue période de crise, dans les années 1950 et 1960.

Plus récemment, nous avons assisté à la montée en puissance de la troisième grande vague scientifique, celle de la high-tech, avec le développement des ordinateurs, des lasers, des satellites spatiaux, d'Internet ou, plus généralement, de l'électronique. Les richesses fabuleuses engendrées par la high-tech ont bien dû aller quelque part. Elles furent cette fois réinvesties dans l'immobilier, ce qui à nouveau a conduit à l'émergence d'une énorme bulle sur ce marché. L'augmentation faramineuse des prix des habitations a conduit leurs propriétaires à les utiliser comme des tirelires, en les proposant comme garantie pour des demandes de prêts, ce qui a contribué d'autant à faire gonfler la bulle. Des banquiers sans scrupule ont alimenté ce mouvement en accordant hypothèques sur hypothèques. Une fois encore, les leçons des deux krachs précédents, qui avaient eu lieu cent soixante et quatre-vingts ans auparavant

1. Steve Lohr, « New Economy; Despite Its Epochal Name, the Clicks-and-Mortar Age May Be Quietly Assimilated », *New York Times*, 8 octobre 2001, www.nytimes.com/2001/10/08/business/new-economy-despite-its-epochal-name-clicks-mortar-age-may-be-quietly.html.

grosso modo, n'avaient pas encore été tirées. Cette nouvelle bulle a fini par exploser, et nous avons connu le crash de 2008 et la récession qui s'ensuivit.

Ainsi que Thomas Friedman l'a écrit : « Le début du XXIe siècle a connu un boom, une bulle et maintenant un krach liés aux services financiers. Mais je crains que tout cela ne laisse guère plus que des quantités absurdes d'appartements vides en Floride, des jets privés d'occasion que leurs propriétaires n'ont plus les moyens d'entretenir, et des contrats sur des produits dérivés incompréhensibles au commun des mortels[1]. »

Et l'ironie du sort voudra que le câblage et la vraie mise en réseau du monde ne se produisent qu'après le krach de 2008. Car l'apogée de la révolution de l'information reste encore à venir…

Ce raisonnement conduit immanquablement à la question suivante : quelle forme prendra la quatrième vague ? Personne ne peut l'assurer. Sans doute un mélange d'intelligence artificielle, de nanotechnologies, de télécommunications et de biotechnologies… Comme lors des cycles précédents, il faudra peut-être encore patienter quatre-vingts ans avant que ces technologies n'entraînent un raz de marée de richesses fabuleuses. Et vers 2090, qui sait, certaines leçons auront été retenues…

Moyen terme (2030 à 2070)

Emplois perdus, emplois créés

L'évolution technologique et ses conséquences en matière économique débouchent sur d'importantes reconfigurations sociales. Toute révolution connaît ses gagnants et ses perdants. La question se posera avec une acuité particulière au milieu du siècle. Il n'y a plus aujourd'hui ni forgerons ni charretiers dans chaque village, et personne ne regrette vraiment la plupart de ces métiers disparus. Demeure tout de même une question lancinante : quels métiers vont s'épanouir au milieu du siècle ?

1. *Ibid.*

Quel sera l'impact de l'évolution de la technologie sur notre rapport au travail ?

Une réponse partielle à ce problème passe par cette autre interrogation : quelles sont les limites des robots ? Comme nous l'avons vu, l'intelligence artificielle bute au moins sur deux écueils : la reconnaissance de formes et le sens commun. Les métiers qui résisteront le mieux se compteront donc, pour l'essentiel, parmi ceux qui requièrent ces deux capacités.

Chez les cols bleus, les grands perdants seront les ouvriers qui exécutent des tâches parfaitement routinières (comme ceux qui travaillent encore sur les chaînes de montage). Les robots excellent à ce genre de travaux répétitifs. Même s'ils laissent parfois l'impression de posséder une certaine intelligence, les ordinateurs ne savent en réalité qu'additionner des millions de fois plus vite que nous. Ce ne sont que des machines à calculer sophistiquées, qui donnent la pleine mesure de leur efficacité dans l'exécution réitérée de procédures bien cadrées. C'est d'ailleurs la raison pour laquelle les ouvriers des chaînes de montage d'automobiles ont été parmi les premiers à pâtir de la révolution informatique. Et cela signifie aussi que tout travail d'usine réductible à une suite de mouvements répétitifs finira par disparaître.

De manière surprenante, pourtant, une large gamme de métiers facilement accessibles survivra à la révolution informatique et connaîtra même un développement florissant. L'avenir appartient aux emplois non routiniers qui nécessitent la reconnaissance des formes. Les éboueurs, les policiers, les ouvriers de chantier, les jardiniers et les plombiers trouveront du travail sans difficulté. Les policiers doivent par exemple analyser une diversité d'infractions dans des situations à chaque fois différentes. Ils doivent de plus comprendre les motivations et les méthodes de ceux qui enfreignent la loi, ce qui dépasse de loin les capacités d'un ordinateur. De la même manière, chaque parc et chaque dessous d'évier sont distincts et nécessitent des aptitudes et des outils différents de la part du jardinier ou du plombier…

Chez les cols blancs, les grands perdants se compteront parmi ceux qui font office d'intermédiaires. En d'autres termes, les agents du bas de l'échelle, les courtiers, les caissiers, les comptables, etc. verront leur métier disparaître petit à petit. Ces emplois sont « la friction du capitalisme », pour reprendre une triste expression. Grâce à Internet, par exemple, il est déjà possible d'acheter un billet d'avion au meilleur prix sans recourir aux services d'une agence de voyages.

La banque d'investissement Merrill Lynch est restée célèbre pour avoir un jour affirmé qu'elle n'adopterait jamais l'usage de la Bourse en ligne. Il faudrait toujours acheter et vendre des actions selon la manière traditionnelle. John Steffens, son responsable du courtage, disait alors : « Le modèle d'investissement à la faites-le-vous-même, centré sur le commerce en ligne, doit être regardé comme une sérieuse menace sur la vie financière américaine[1]. » Ce n'est donc pas sans une certaine humiliation que, cédant aux forces invincibles du marché, elle adopta la vente en ligne en 1999. « Rarement dans l'histoire le leader d'un secteur s'est vu contraint d'opérer une telle volte-face et d'adopter, virtuellement du jour au lendemain, ce qui est essentiellement un nouveau business model », a résumé Charles Gasparino de ZDNet news[2].

L'évolution technologique va aussi considérablement aplanir la structure pyramidale de l'entreprise. Comme les cadres du haut de l'échelle peuvent directement interagir avec les forces de vente de leur champ d'action, le besoin de cadres intermédiaires, chargés de transmettre les ordres, ira en faiblissant. En fait, de telles réductions d'emplois se sont déjà produites quand l'ordinateur a fait son entrée dans les bureaux.

Alors, comment les intermédiaires survivront-ils dans le futur ? Il faudra qu'ils ajoutent de la valeur à leur travail et fournissent un service que le robot ne peut dispenser : le sens commun.

À l'avenir, par exemple, il sera tout à fait possible d'acheter une maison sur Internet grâce à notre montre ou à notre lentille de contact. Mais personne n'effectuera un achat aussi exceptionnel de cette façon. Dans cette circonstance, nous préférerons avoir affaire à un humain qui nous informe sur les zones à plus faible criminalité, la localisation des meilleures écoles, l'état des réseaux

---

1. Charles Gasparino, « Merrill Lynch to Offer Online Trading », *ZDNet News*, 1er juin 1999, www.zdnet.com/news/merrill-lynch-to-offer-online-trading/95883.

2. *Ibid.*

d'égouts, etc. Pour tout cela, nous choisirons de bénéficier de la valeur ajoutée qu'apporte un agent qualifié.

De la même façon, en dépit de la menace que la Bourse en ligne fait incontestablement peser sur leur métier, les courtiers qui donneront de bons conseils d'investissement tireront toujours leur épingle du jeu. En une ère où Internet diminue impitoyablement les coûts, ce type d'agent ne survivra que s'il parvient à monétiser des qualités aussi intangibles que l'expérience, le savoir et l'analyse.

Chez les cols blancs, il faudra donc pouvoir dispenser un sens commun utile, ce qui ouvre grand la porte à tous les métiers centrés sur la créativité – arts divers, écriture de logiciels, analyse, science, politique… – et nécessitant toutes ces qualités qui « font de nous des humains ».

Les artistes ne manqueront pas d'ouvrage en raison de l'appétit insatiable d'Internet. Les ordinateurs excellent à dupliquer des créations et à assister les concepteurs dans leurs travaux, mais ils peinent à imaginer de nouvelles formes. L'art qui inspire, intrigue, émeut ou effraie dépasse la capacité des machines.

Romanciers, scénaristes et auteurs dramatiques ne resteront pas non plus sans travail, car ils devront insuffler une âme à des scènes réalistes, à des conflits humains, aux victoires et aux défaites de héros. La modélisation de la nature des hommes, qui implique nécessairement de comprendre leurs motivations et leurs intentions, dépasse largement, là encore, la capacité des machines. Les ordinateurs sont inaptes à déterminer ce qui nous fait rire ou pleurer, puisqu'ils ne peuvent ni rire ni pleurer eux-mêmes, et comprendre ce qui est drôle ou triste.

Ceux dont le métier demande un sens des relations humaines, comme les avocats, garderont leur travail. Bien qu'un robot juriste puisse répondre à des questions simples, la loi elle-même change perpétuellement et dépend du contexte social de l'époque. Au bout du compte, son interprétation se réduit à un jugement de valeur, un domaine où les ordinateurs ne brillent guère par leur efficacité. Si la loi était nette et son interprétation claire, nul besoin de cours, de juges, d'avocats et de jurés… Un robot ne peut pas remplacer un juré, car un juré représente souvent les mœurs d'un groupe spécifique, et ces mœurs évoluent constamment avec le temps. L'exemple de Potter Stewart, juge à la Cour suprême, est édifiant à cet égard. Tenu un jour de définir ce qu'était la pornographie, il ne put qu'admettre son incapacité en concluant : « Je sais que c'en est quand je la vois. »

Un robot ne pourra sans doute jamais légalement remplacer le système judiciaire en vertu du fait que la loi demande fondamentalement à ce que justice soit rendue par un pair. De ce point de vue purement légaliste, les robots aussi devront laisser du travail aux hommes.

Le charisme verra aussi sa cote augmenter dans le futur. Pour une part, le sens du leadership repose sur une capacité à évaluer les informations disponibles, les points de vue exprimés et les options envisageables, et à choisir la solution la plus appropriée compte tenu de certains objectifs. Mais il faut aussi savoir motiver et servir de guide à des travailleurs humains, qui possèdent leurs propres forces et faiblesses. L'intégration de tous ces facteurs requiert une compréhension sophistiquée de la nature humaine, du marché, etc., qui dépasse, ici aussi, les capacités d'un ordinateur.

Avenir du loisir

Des secteurs entiers, comme celui du divertissement, vont aussi connaître de profonds bouleversements. L'industrie musicale, par exemple, a longtemps été portée par des musiciens itinérants, qui se déplaçaient de ville en ville pour des apparitions en chair et en os. Les artistes étaient constamment sur la route, se produisant ici un jour, et dans la ville d'à côté le lendemain. C'était une vie difficile qui ne rapportait que peu d'argent. Ce modèle a brutalement évolué avec l'invention du phonographe par Edison, et la nouvelle façon d'écouter la musique qu'elle a entraînée. Un chanteur put dès lors enregistrer des disques vendus par millions, avec à la clef des revenus financiers inimaginables auparavant. En une génération à peine, les rock stars sont devenues les nouveaux riches de la société, passant du statut d'humbles serviteurs de la musique à celui d'idoles vénérées par toute une jeunesse.

Malheureusement, l'industrie musicale n'a pas voulu tenir compte des prédictions des chercheurs, qui entrevoyaient déjà le moment où la musique se transmettrait facilement par Internet à la manière d'un courriel. Plutôt que de jeter les fondements d'un système de vente en ligne rentable, l'industrie musicale s'est acharnée à vouloir poursuivre en justice toutes les start-up qui proposaient de la musique sur Internet à un prix bien plus bas qu'en CD. Autant vouloir vider l'océan à la petite cuillère… L'industrie musicale paie aujourd'hui cette erreur au prix fort.

(Grâce à Internet, des chanteurs inconnus atteignent désormais le sommet de la gloire sans devoir affronter la censure préalable des grandes maisons de disques. Par le passé, ces magnats de la musique pouvaient presque décider de la prochaine rock star. À l'avenir, la célébrité d'un musicien sera acquise sur une base plus démocratique, selon un modèle et une technologie ouverts à tous, et non plus par le filtre des cadres financiers des grandes compagnies musicales.)

La presse se trouve confrontée au même problème. Traditionnellement, les journaux pouvaient compter sur le revenu régulier que leur apportaient la publicité et les petites annonces. La part du chiffre d'affaires qui provenait de la vente du journal lui-même restait relativement minime. Mais avec Internet, il est aujourd'hui possible de lire gratuitement les nouvelles du jour et de passer des publicités visibles dans le monde entier. En conséquence, les journaux connaissent une baisse significative de pagination et de diffusion.

Mais ce processus ne durera pas éternellement. Il y a tant de bruit sur Internet, tant de pseudo-prophètes haranguant leur public et tant de mégalomanes avançant toutes sortes d'idées bizarres que nous finirons par chérir une nouvelle marchandise : la sagesse. Une succession de faits aléatoires compte pour peu en matière de clarté d'esprit, et, bientôt fatigués des divagations de blogueurs déjantés, nous nous tournerons vers des sites respectés offrant cette denrée rare.

Selon l'économiste Hamish McRae, « en pratique, la grosse masse de cette “ information ” n'est que fadaise, un équivalent intellectuel du courrier indésirable ». Mais il ajoute : « Un jugement sûr continuera à présenter une grande valeur : les bons analystes financiers sont, en tant que groupe, les chercheurs les mieux payés du monde[1]. »

1. McRae, Hamish. *The World in 2020: Power, Culture, and Prosperity.* Cambridge, MA: Harvard Business School, 1995, p. 175.

Matrix

Et que vont devenir les acteurs hollywoodiens ? Les célébrités du box-office et quelquefois porte-parole de la société pointeront-elles au chômage ? L'imagerie de synthèse appliquée au corps humain a récemment progressé de manière notable. Il devient difficile aujourd'hui de distinguer un acteur réel d'un avatar électronique, au comportement tridimensionnel et doté d'une ombre. Alors les acteurs et les actrices seront-ils bientôt obsolètes ?

Probablement pas. La modélisation d'un visage humain pose un problème fondamental à l'ordinateur. L'homme a acquis au fil de l'évolution une étonnante capacité à différencier un visage d'un autre. Une simple question de survie… En un éclair, il nous fallait reconnaître l'ami de l'ennemi, déterminer l'âge d'une personne, son sexe, sa force et ses intentions. Ceux qui s'en montraient incapables disparaissaient sans transmettre leurs gènes à la génération suivante. Le cerveau humain consacre donc une grande partie de sa puissance de calcul à lire le visage d'autrui. En fait, durant la majeure partie de notre histoire évolutive, avant que nous ne sachions parler, nous avons communiqué avec le corps, et une grande part de notre ressource cérébrale était occupée à observer de subtils signaux du visage. Mais les ordinateurs, qui peinent déjà à reconnaître les objets qui les environnent, éprouvent les pires difficultés à recréer un visage animé de mouvements réalistes. Les enfants savent immédiatement si le visage qu'ils contemplent à l'écran est réel ou de synthèse. (Ce qui nous renvoie au Principe de l'Homme des cavernes… Nous préférerons toujours voir notre acteur favori jouer en chair et en os dans un blockbuster hollywoodien plutôt que son homologue en image de synthèse.)

Le corps, en revanche, est beaucoup plus facile à modéliser par un ordinateur. Quand un studio hollywoodien crée un monstre réaliste ou un personnage de fantaisie, il passe par une étape intermédiaire au cours de laquelle un acteur enfile un costume moulant doté de capteurs aux articulations. Tandis que l'acteur danse ou se déplace, les capteurs émettent des signaux reçus par un ordinateur, qui les traite pour faire exécuter le même mouvement à une image animée. Ce procédé a été employé, par exemple, pour le film *Avatar*.

Il se trouve que j'ai un jour participé à une conférence organisée par le Laboratoire national Lawrence Livermore, le lieu où sont conçues les armes nucléaires, et qu'au dîner j'ai été placé face à une personne qui avait travaillé sur le film *Matrix*. Elle m'a confié que les effets spéciaux époustouflants visibles dans le film avaient demandé un temps de calcul informatique faramineux. L'une des scènes les plus difficiles, m'a-t-elle expliqué, avait nécessité de reconstituer une cité imaginaire comme si un hélicoptère la survolait. Pourvu qu'elle dispose de suffisamment de temps de calcul, cette personne pouvait venir à bout de ce type de tâches, mais, ajoutait-elle, il en allait tout autrement de la modélisation réaliste d'un visage humain. Et cela parce que les rayons de lumière qui heurtent un visage se dispersent, en fonction de la texture rencontrée, dans toutes les directions. Chaque particule de lumière doit être suivie par ordinateur. La description d'un simple point de la peau du visage nécessite donc à elle seule une fonction mathématique complexe, ce qui finit par représenter un véritable cauchemar informatique.

Je remarquai alors que son discours ressemblait fort à ce que j'entendais en physique des hautes énergies, ma propre spécialité. Dans nos accélérateurs de particules, nous créons de puissants rayons de protons qui sont envoyés sur une cible, ce qui provoque une pluie de débris se dispersant dans toutes les directions. Nous introduisons alors une fonction mathématique (appelée facteur de forme) décrivant chaque particule.

En plaisantant à demi, j'ai demandé à mon interlocuteur s'il y avait une relation entre le visage humain et la physique des hautes énergies. Oui, m'a-t-il répondu. Les spécialistes des images de synthèse se servent du même formalisme qu'en physique des hautes énergies pour représenter les visages qui apparaissent au cinéma ! Je n'avais jamais pris conscience que les formules absconses que nous, physiciens théoriciens, utilisions pourraient un jour servir à résoudre le problème de la modélisation du visage humain. Le fait que nous puissions reconnaître un visage se compare donc à la façon dont les physiciens analysent les particules subatomiques !

Futur lointain (2070 à 2100)

Impact sur le capitalisme

L'effet des nouvelles technologies évoquées tout au long de ce livre est si puissant qu'il influencera, d'ici à la fin du siècle, la marche du capitalisme lui-même. Même si la loi de l'offre et de la demande n'a pas évolué en tant que tel, l'apport grandissant de la science et de la technologie a profondément remanié le capitalisme d'Adam Smith, depuis la manière dont les biens sont distribués jusqu'à la nature de ces biens eux-mêmes. Voici quelques-uns des changements les plus immédiats.

- **Capitalisme parfait.** Le capitalisme d'Adam Smith est fondé sur la loi de l'offre et de la demande : plus un objet est rare et recherché, plus son prix augmente. Mais les producteurs et les consommateurs n'ont qu'une vue partielle et incomplète de l'offre et de la demande, de sorte que les prix varient considérablement d'une place à une autre. Ce défaut du capitalisme traditionnel va progressivement se résorber dans le futur. Le capitalisme est qualifié de « parfait » quand les producteurs et les consommateurs connaissent la totalité du marché, ce qui signifie que les prix sont parfaitement déterminés. À l'avenir, par exemple, grâce à leurs lentilles de contact connectées à Internet, les consommateurs pourront acquérir un savoir comparatif illimité sur les performances et les prix d'un produit. Cette pratique finira par s'étendre à tous les produits vendus dans le monde. Que ce soit par l'intermédiaire de leurs lunettes, de leurs écrans muraux ou de leur téléphone portable, les consommateurs sauront tout d'un bien proposé. Dans une épicerie, par exemple, ils scanneront divers produits en rayon, et, après un détour sur Internet via leurs lentilles de contact, ils évalueront immédiatement la pertinence de l'affaire. L'avantage passera au consommateur, qui pourra instantanément connaître tous les paramètres d'un produit – son histoire, ses performances, son prix par rapport aux autres, ses forces et ses faiblesses. Le producteur répliquera certainement par l'usage du *data mining* (« exploitation des données »), qui lui servira à mieux comprendre les désirs et les besoins des consommateurs, et par l'adaptation de ses prix au plus juste grâce au recours à Internet. Mais pour l'essentiel, c'est le consommateur qui tirera le plus grand avantage de la situation. Le producteur devra perpétuellement réagir à la demande sans cesse mouvante du client.

- **Personnalisation de la production en série.** Dans le système actuel, les biens sont fabriqués en série. Le constructeur de voitures Henry Ford est resté célèbre pour avoir lancé un jour que ses clients pourraient acheter le modèle T dans la couleur de leur choix, pourvu que cette couleur soit le noir. La production de masse tire drastiquement les prix vers le bas, et, du point de vue de l'efficacité, remplace avantageusement l'ancien système de corporations et de biens faits main. Les progrès informatiques vont de nouveau renverser le mouvement. Aujourd'hui, quand un consommateur trouve un vêtement de style idéal, de la couleur désirée, mais à une autre taille que la sienne, l'achat ne se finalise pas. Mais à l'avenir, nos mensurations tridimensionnelles seront stockées sur notre carte de crédit ou quelque part ailleurs dans notre portefeuille, et si un habit n'est pas disponible dans la bonne taille, un courriel portant nos mensurations sera envoyé à l'usine qui le confectionnera immédiatement. Dans le futur, tout nous ira. La personnalisation de masse se heurte encore aujourd'hui à un prix de revient trop élevé, mais quand toute la chaîne, usine comprise, passera par Internet, ce coût ne manquera pas de baisser.
- **La technologie de masse comme service public.** Quand une technologie se diffuse largement, comme l'eau courante ou l'électricité, elle finit par se transformer en service public, c'est-à-dire sans nous soucier de sa provenance : nous la payons au prorata de notre consommation. L'informatique prend un tel chemin. Le *cloud computing*, qui reporte vers Internet un nombre grandissant de fonctions informatiques, gagnera de plus en plus de terrain. Cette délocalisation réduit le calcul informatique à un service, un service que l'on paie seulement quand on s'en sert, un service auquel on ne pense pas quand on ne s'en sert pas. Nous n'en sommes pas encore tout à fait là aujourd'hui, alors que la plupart d'entre nous utilisons encore notre propre ordinateur pour écrire, dessiner ou nous connecter pour chercher de l'information. À l'avenir, nous supprimerons

petit à petit ces intermédiaires et accéderons directement à nos informations sur Internet, pour un prix qui ne tiendra compte que du temps passé. Le calcul deviendra alors un service mesurable, comme l'eau ou l'électricité. Nous vivrons dans un monde où nos appareils, nos meubles, nos habits, etc. seront connectés, et avec lequel nous communiquerons en cas de besoin de service spécifique. Des fenêtres sur le réseau se cacheront partout, et les claviers se matérialiseront en cas de besoin. Par une ironie du sort curieuse, la révolution informatique aura fait disparaître l'ordinateur individuel.

- **Ciblage du consommateur.** Les sociétés placent traditionnellement des publicités dans les journaux, à la radio, à la télévision, etc., souvent sans la moindre idée de leur impact. Tout juste peuvent-elles évaluer leur efficacité par le résultat sur les ventes. Mais à l'avenir, les sociétés sauront en temps réel ou presque combien de personnes téléchargent ou visualisent leurs produits. Il est très facile, par exemple, de compter le nombre d'auditeurs d'une émission de radio diffusée sur Internet. À terme, ce type de savoir permettra aux sociétés de cibler très précisément leur public.

Du capitalisme matériel au capitalisme immatériel

À ce stade de notre réflexion, nous nous sommes bornés à étudier la façon dont les progrès technologiques modifieront le fonctionnement du capitalisme. Mais quel sera leur impact sur la nature même de ce dernier ? Toutes les turbulences causées par cette révolution se ramènent au fond à un concept : le passage du capitalisme des marchandises au capitalisme des idées.

La richesse, du temps d'Adam Smith, se mesurait en marchandises. Leurs prix ont subi diverses fluctuations mais, en moyenne, ils ont régulièrement baissé ces dernières cent cinquante années. Nous pouvons aujourd'hui nous offrir un petit-déjeuner dont le roi d'Angleterre n'aurait pu se délecter il y a cent ans. Les délices exotiques, en provenance du monde entier, se trouvent désormais facilement dans les rayons des supermarchés. La chute générale des prix résulte de multiples facteurs, parmi lesquels, outre la concurrence, se comptent de multiples progrès en matière de production en série, d'emballage, de transport ou de communication.

Le capitalisme des marchandises se voit petit à petit remplacer par le capitalisme des idées. Ce capitalisme intellectuel se fonde précisément sur ce que les robots et l'intelligence artificielle ne peuvent apporter : la reconnaissance de formes et le sens commun.

Comme le remarque Lester Thurow, économiste au MIT : « Aujourd'hui, la compétence et le savoir sont les seules sources d'avantage comparatif... La Silicon Valley et la route 128 sont ce qu'elles sont parce que c'est là que se trouve l'intelligence. Il n'est besoin de rien d'autre[1]. »

Pourquoi cette transition historique en vient-elle à saper les fondements du capitalisme ? Tout simplement parce que le cerveau humain ne peut être produit en masse et vendu à la tonne. En d'autres termes, le sens commun constituera la vraie monnaie d'échange de demain. S'il est désormais facile de produire des marchandises, la constitution d'un capital intellectuel demande d'entretenir, de cultiver et d'éduquer un être humain pendant de longues années d'efforts soutenus.

Le même phénomène se voit à l'œuvre en informatique, où la valeur du logiciel supplante celle du matériel. Les puces informatiques se vendront par cargaisons entières à un prix qui ne cessera de dégringoler, alors que les logiciels continueront d'être conçus à l'ancienne, par des humains qui réfléchiront, silencieusement assis sur leur chaise. Il ne serait pas surprenant que les fichiers actuellement stockés dans votre ordinateur portable comprennent des plans, des manuscrits ou des données diverses dont la valeur représente des milliers de fois celle de la machine elle-même. Le logiciel, bien sûr, peut facilement être produit en série et dupliqué, mais pas sa conception proprement dite, qui nécessite une réflexion humaine.

Selon Hamish McRae, économiste au Royaume-Uni, « en 1991, la Grande-Bretagne est devenue le premier pays à gagner plus par ses exportations invisibles (services) que par ses exportations visibles[2] ».

---

1. Thurow, Lester C. *Les Fractures du capitalisme.* Trad. J. Fontaine, Paris : Village Mondial, 1997, p. 82.

2. McRae, *op. cit.*, p. 12.

Alors que la part de l'économie américaine qui provient des produits manufacturés a fortement chuté ces dernières dizaines d'années, le secteur qui fait appel au capitalisme intellectuel (films hollywoodiens, industrie musicale, jeux vidéo, informatique, télécommunications, etc.) n'a cessé de grimper. Ce passage du capitalisme des marchandises au capitalisme intellectuel est graduel. Il a commencé au siècle dernier mais s'est accéléré à chaque décennie. Selon Thurow, « le prix des ressources naturelles, corrigés de l'inflation, a baissé de près de 60 pour 100 entre 1975 et 1995[1] ».

Certains pays comprennent la nature de ce changement. Le Japon, par exemple, quoique dénué d'importantes ressources naturelles, possède l'une des meilleures économies du monde. Et il doit cette bonne santé actuelle au caractère et à l'unité de son peuple affichés après la guerre, plus qu'aux richesses qui reposent sous ses pieds.

Mais de nombreux pays, malheureusement, ignorent ce virage fondamental et continuent de se reposer sur un capitalisme des marchandises, sans se préoccuper de l'avenir de leurs citoyens. Les pays riches en ressources naturelles, s'ils ne comprennent pas ce principe, risquent à l'avenir de sombrer dans le dénuement.

Une fracture numérique ?

Certaines voix s'élèvent contre la révolution de l'information au motif qu'elle creuserait un gouffre entre les « numériquement riches » et les « numériquement pauvres », c'est-à-dire entre ceux qui ont accès à la puissance informatique et les autres. Cette révolution, soutiennent ces détracteurs, en créant de nouvelles inégalités et disparités de richesses, fracture la société.

C'est là une vision bien étroite d'un problème très réel. Avec une puissance informatique qui double tous les dix-huit mois, même les enfants pauvres ont accès aux ordinateurs, car la pression sociale et la baisse des prix ont encouragé l'utilisation de l'ordinateur et d'Internet chez les enfants des classes défavorisées. À titre expérimental, il est même arrivé que des fonds soient alloués

1. Thurow, *op. cit.*, p. 81.

à l'équipement d'un ordinateur portable par classe. Cette initiative reposait sans doute sur de très bonnes intentions, ce qui n'empêche que ce programme a rapidement fait l'aveu de son échec. L'ordinateur est resté inutilisé dans un coin, d'abord parce que l'enseignant ne savait pas toujours s'en servir, et surtout parce que la plupart des élèves, déjà équipés et connectés à leurs amis, s'en passaient fort bien.

Le problème vient moins de l'accès à l'informatique que du marché de l'emploi. Ce dernier connaît un virage historique, et les nations qui sauront le négocier et en tirer avantage prospéreront dans le futur.

Pour les pays en voie de développement, une stratégie consiste à bâtir des fondations saines avec le capitalisme des marchandises et à s'en servir de tremplin vers le capitalisme intellectuel. La Chine, par exemple, a adopté avec succès ce processus en deux étapes. Les Chinois construisent des milliers d'usines qui produisent des biens pour le monde entier, mais réinvestissent leurs bénéfices dans la création d'un secteur de services caractéristique du capitalisme intellectuel. Aux États-Unis, 50 pour 100 des étudiants en doctorat de physique sont nés à l'étranger (principalement parce que leurs pays d'origine sont incapables de former suffisamment d'étudiants qualifiés par eux-mêmes). La plupart de ces étudiants viennent d'Inde ou de Chine. Certains d'entre eux sont retournés dans leur pays natal pour créer des industries entièrement nouvelles.

La fin des emplois non qualifiés

La transition vers le capitalisme intellectuel fera de gros dégâts sur le marché des emplois non qualifiés. Chaque siècle a vu apparaître de nouvelles technologies qui ont bouleversé l'économie et la vie des populations. En 1850, par exemple, 65 pour 100 de la force de travail américaine travaillait à la ferme, contre seulement 2,4 pour 100 aujourd'hui. Et cela restera vrai dans cent ans.

Dans les années 1800, les États-Unis, alors en pleine croissance économique, ont absorbé les nombreuses vagues d'immigrants qui débarquaient. À New York, par exemple, il était facile pour le nouveau venu de trouver un emploi dans le textile ou l'industrie légère. Indépendamment de son niveau d'études, tout travailleur désireux de gagner honnêtement sa vie dénichait un emploi dans cette économie en expansion. L'immigration agissait comme un tapis roulant, qui sortait les plus défavorisés des ghettos et autres quartiers pauvres d'Europe pour les porter dans la classe moyenne en Amérique.

Comme l'a remarqué l'économiste James Grant : « La migration prolongée des mains et des têtes du champ à l'usine, au bureau et à l'école s'est entièrement traduite en accroissement de productivité… Le progrès technologique est le bastion de l'économie moderne. Et cela s'est encore vérifié pendant la majeure partie de ces deux cents dernières années[1]. »

Aujourd'hui, nombre de ces postes ouverts à tous ont disparu. De plus, la nature de l'économie a changé. De multiples emplois sans qualification ont été délocalisés par les grandes entreprises afin de bénéficier d'une main-d'œuvre moins coûteuse. Il y a déjà longtemps que les emplois d'ouvriers en usine ont disparu.

La situation ne manque pas de sel. Pendant des années, beaucoup appelaient à des règles du jeu équitables, sans favoritisme ni discrimination. Mais il est tout aussi juste, à une heure où les emplois peuvent être exportés en un clic de souris, que cette impartialité des règles s'étende à l'Inde ou à la Chine. Les emplois sans qualification, qui faisaient office de grand escalator pour accéder à la classe moyenne, ont donc été exportés. C'est une bonne chose pour les travailleurs des pays étrangers, qui s'assoient désormais à une table de jeu plus équitable, mais l'opération a vidé du même coup des villes entières aux États-Unis.

Le consommateur bénéficie aussi de cet état de fait. Avec une concurrence qui atteint un niveau mondial, les prix des produits et des services baissent, la production et la distribution gagnent en efficacité… Tenter de soutenir des métiers devenus obsolètes ou de surpayer des emplois ne fait qu'accroître le gaspillage et l'inefficacité. Subventionner des industries défaillantes ne sert qu'à

1. James Grant, « Sometimes the Economy Needs a Setback », *New York Times*, 9 septembre 2001, www.nytimes.com/2001/09/09/opinion/sometimes-the-economy-needs-a-setback.html.

retarder l'inévitable, à repousser la douleur de la faillite, à faire empirer la situation.

Et l'ironie ne s'arrête pas là. Bien des emplois du secteur des services, hautement qualifiés, confortablement payés, ne sont pas pourvus, faute de candidats. Dans nombre de cas, le système éducatif ne forme pas suffisamment de personnels compétents, forçant les sociétés à composer vaille que vaille avec une force de travail inadaptée. Même dans une économie déprimée, des places restent à prendre pour des travailleurs de bon niveau.

Mais une chose reste certaine. Dans l'économie actuelle, de multiples postes d'ouvriers ont disparu pour de bon. Périodiquement, il arrive que les économistes jouent avec l'idée de « réindustrialiser l'Amérique », jusqu'à ce qu'ils comprennent que les aiguilles du temps ne tournent jamais à l'envers. Les États-Unis et l'Europe sont passés, il y a des dizaines d'années, d'une phase d'industrialisation importante à une économie de services, et le cours de ce mouvement historique est impossible à renverser. Les beaux jours de l'industrie sont derrière nous pour toujours.

Plutôt que de rêver à des temps anciens qui ne reviendront pas, il vaut mieux porter nos efforts sur la réorientation et le réinvestissement dans les secteurs qui maximisent le capitalisme intellectuel. Les gouvernements du XXIe siècle auront pour mission de mener cette tâche des plus difficiles, sans solution facile et rapide à mettre en œuvre. D'un côté, il faudra remanier en profondeur le système éducatif, afin que les travailleurs puissent se recycler et que les étudiants en fin de cursus n'allongent pas les files des demandeurs d'emploi. Ne croyons pas que le capitalisme intellectuel réserve des postes aux seuls scientifiques et informaticiens. Un large spectre d'activités est concerné, et comprend toutes celles qui nécessitent une certaine créativité, des aptitudes artistiques, le sens de l'innovation, du charisme et de l'analyse, c'est-à-dire *in fine* du sens commun. La force de travail doit être formée pour répondre aux défis du XXIe siècle, pas pour qu'elle s'y noie. Le cursus scientifique, en particulier, doit être régulièrement révisé, et les connaissances des enseignants remises à jour, de façon à ce que l'éducation dispensée s'accorde à l'évolution technologique de la société du futur. (Il est d'ailleurs très triste que l'Amérique ait fait sienne cette vieille devise : « Celui qui sait le faire le fait ; celui qui en est incapable l'enseigne. »)

Comme le remarque Lester Thurow, l'économiste au MIT déjà cité, « le succès ou l'échec d'un pays dépend de sa capacité à réussir la transition vers les activités de l'avenir, fondées sur l'intelligence artificielle. Ils ne dépendent pas de la taille de tel ou tel secteur[1]. »

En d'autres termes, il faut former une nouvelle vague d'entrepreneurs qui tireront parti des innovations technologiques pour donner naissance à de nouvelles industries et de nouvelles richesses. Il faut libérer la créativité et la vitalité de ces dirigeants de demain, et les laisser insuffler une énergie nouvelle dans le marché.

Pays perdants, pays gagnants

Trop souvent, malheureusement, les États n'empruntent pas la route du changement et continuent de se reposer exclusivement sur le capitalisme des marchandises. Comme les prix des biens manufacturés ont eu tendance, en moyenne, à baisser ces 150 dernières années, leur économie va se réduire à une peau de chagrin, tandis que dans le même temps le reste du monde continuera sans eux.

Ce processus de désintégration ne présente pourtant rien d'inévitable. L'exemple de l'Allemagne et du Japon dans les années qui ont suivi la Seconde Guerre mondiale est particulièrement frappant à cet égard. En une génération, ces pays en ruine, sans gouvernement, au bord de la famine, ont su se repositionner en tête de l'économie mondiale. Ou considérons encore la Chine d'aujourd'hui, avec ses 8 ou 10 pour 100 de croissance annuelle, renversant une situation de déclin économique qui a perduré pendant 500 ans. Dans une génération, ce pays jadis surnommé « l'homme malade de l'Asie » aura rejoint le rang des grandes nations développées.

Ces trois sociétés se sont distinguées par leur sens de la cohésion, leur caractère travailleur et leur faculté à proposer des produits sur lesquels s'est rué le monde entier. Elles ont misé sur l'éduca-

1. Thurow, *op. cit.*, p. 86.

tion, sur l'unité du pays et des habitants et sur le développement économique.

Comme McRae, l'économiste et journaliste anglais déjà cité, l'a remarqué : « Les vieux moteurs de la croissance – la terre, le capital, les ressources naturelles – n'ont plus guère d'importance. La terre n'a plus guère d'importance car la hausse des rendements agricoles a permis d'assurer une production de nourriture supérieure aux besoins du monde industrialisé. Le capital n'a plus guère d'importance car il est, à un certain coût, presque indéfiniment disponible sur les marchés internationaux pour des projets rentables… Ces atouts quantitatifs, sur lesquels est traditionnellement bâtie la richesse des pays, se voient remplacés par une série de particularités qualitatives, qui se réduisent à la qualité, l'organisation, la motivation et l'autodiscipline des habitants. Il suffit pour s'en convaincre d'observer la hausse toujours plus importante du niveau de compétence humaine déployé en industrie, dans le secteur privé des services et dans le secteur public[1]. »

Mais, encore une fois, tous les pays ne prennent pas ces considérations en compte. Certains États sont conduits par des leaders incompétents, se déchirent à l'extrême sur des questions ethnoculturelles, et ne produisent aucun bien suscitant l'envie du monde entier. Plutôt que d'investir dans l'éducation, leurs dirigeants assoient leurs privilèges en entretenant et en développant des armées gigantesques qui terrorisent les populations. Plutôt que d'investir dans des infrastructures pour accélérer l'industrialisation de leur pays, ces kleptocrates favorisent la corruption et s'acharnent à rester au pouvoir le plus longtemps possible.

Et ces gouvernements, hélas, dilapident une partie importante des aides accordées par l'Occident, aussi réduites soient-elles. Les futurologues Alfred et Heidi Toffler ont calculé que les nations riches avaient distribué, entre 1950 et 2000, plus de 1 000 milliards de dollars d'aide aux nations pauvres entre 1950 et 2000. Cependant, ajoutaient-ils, « la Banque mondiale nous dit que près de 2,8 milliards de personnes – presque la moitié de la population de la planète – vivent encore avec l'équivalent de deux dollars ou moins par jour. Et parmi elles, près de 1,1 milliard survivent dans

1. McRae, *op. cit.*, pp. 12-13.

des conditions de pauvreté extrême ou absolue, avec moins de un dollar par jour[1]. »

Les pays riches, pour soulager la situation critique des pays en voie de développement, pourraient faire mieux, bien sûr, que de payer pour la forme. Mais en dernier recours, la responsabilité principale du développement doit incomber à la sagesse des gouvernants des pays concernés. Tout tient au fond à ce vieux proverbe : « Donne-moi un poisson, et j'aurai à manger pour un jour ; apprends-moi à pêcher, et j'aurai à manger pour toujours. » Au-delà d'une simple aide financière, il faut fournir à ces pays un ferme soutien sur l'éducation et le développement de nouvelles industries, de façon à ce qu'ils acquièrent leur autonomie.

Les fruits de la science

La révolution de l'information est une grande opportunité à saisir pour les pays en voie de développement. En théorie, ces derniers peuvent même surpasser les pays développés dans de nombreux domaines. Dans le monde développé, par exemple, les compagnies de téléphone ont dû relier chaque foyer ou chaque ferme au prix d'un grand effort humain et financier. Mais il est possible aux pays en voie de développement de sauter cette étape en adoptant directement la téléphonie sans fil, bien adaptée aux zones rurales sans routes ni infrastructures.

Dans un même ordre d'idées, les pays en voie de développement ont au moins pour eux l'avantage de ne pas avoir à composer avec une infrastructure vieillissante. Les galeries du métro à New York ou à Londres, par exemple, datent de plus d'un siècle et nécessitent d'impérieuses réparations. Rénover ces systèmes vieillots coûte plus cher que de repartir de zéro. Pour construire un métro étincelant à la pointe de la technologie, un pays en voie de développement bénéficierait aujourd'hui des énormes progrès effectués en matière de métaux, de techniques de construction et

1. Toffler, Alvin et Toffler, Heidi. *Revolutionary Wealth*. New York: Knopf, 2006, p. 288.

d'informatique. Un réseau de métro tout neuf coûte moins cher qu'il y a cent ans.

La Chine, parmi d'autres pays, a su tirer les leçons de toutes les erreurs commises en Occident en matière de villes nouvelles. En conséquence, Pékin et Shanghai ont été bâtis à un coût sensiblement réduit, comparé à celui d'une grande ville de l'Ouest. Pékin, en investissant récemment dans l'un des métros les plus importants et les plus modernes au monde pour couvrir les besoins de sa population urbaine en expansion galopante, a bénéficié de toute une technologie informatique conçue hors de Chine.

Internet permet aussi aux pays en voie de développement de prendre des raccourcis et d'éviter certaines impasses empruntées ailleurs, et spécialement dans le domaine scientifique. Jadis, par exemple, les chercheurs des pays défavorisés devaient user d'un antique système postal pour se faire délivrer les journaux scientifiques, qui arrivaient ainsi des mois, si ce n'est des années, après leur publication – et encore fallait-il qu'ils arrivent. Ces journaux hautement spécialisés coûtaient très cher, de sorte que seules les grosses bibliothèques pouvaient s'y abonner. Collaborer avec un chercheur occidental, dans ces conditions, relevait du parcours du combattant. Il fallait disposer d'une fortune personnelle ou brûler d'une ambition extrême pour obtenir un poste dans une université occidentale et travailler avec des chercheurs célèbres. Mais aujourd'hui, le plus obscur des chercheurs, presque partout dans le monde, peut prendre gratuitement connaissance d'un article scientifique moins d'une seconde après qu'il a été posté sur le réseau. Et par Internet encore, il est possible de collaborer avec des chercheurs occidentaux que vous n'avez jamais rencontrés.

L'avenir est à prendre

Tout peut encore se jouer. Comme nous l'avons vu plus haut, il est possible que la Silicon Valley, avec la fin de la technologie du silicium et le passage de relais à son successeur, se transforme en un grand cimetière d'emplois. Alors quels pays mèneront la danse dans le futur ? Durant la guerre froide, seules les superpuissances pouvaient exercer une influence militaire sur la Terre entière. Mais avec la dislocation du bloc soviétique, il apparaît que l'avenir appartiendra aux pays qui auront veillé à bâtir une économie solide, ce qui dépendra en amont du soin et de la place accordés au développement de la science et de la technologie.

Quels seront donc les leaders de demain ? Les pays qui auront pris ce taureau par les cornes. Les États-Unis, par exemple, ont réussi à maintenir leur position dominante en science et en technologie alors même que les étudiants américains se classent bons derniers dans les matières scientifiques. Des résultats de tests d'aptitude ont montré en 1991 que les élèves américains de treize ans pointaient à la quinzième position en maths et à la quatorzième en science, à peine au-dessus de leurs homologues jordaniens, dix-huitièmes dans les deux catégories. (Il convient aussi de remarquer que ce classement reflète en gros le nombre de jours que les élèves passent à l'école. Ceux de Chine, sortis grands vainqueurs de ces tests, se voient en moyenne dispenser 251 jours d'instruction par an, contre seulement 178 pour les Américains.)

Il paraît bien étrange, dans ces conditions, que les États-Unis continuent à tenir leur rang sur la scène scientifique et technologique internationale. Pour dissiper le mystère, il suffit de prendre conscience que la plupart des scientifiques américains sont en réalité d'origine étrangère. Avec leur visa H1B, autrement appelé visa des génies, les États-Unis disposent d'une redoutable botte secrète. Ceux qui peuvent prouver l'existence d'un talent, d'une ressource ou d'un savoir scientifique particulier court-circuitent les files d'attente et obtiennent rapidement un visa H1B. Cette fuite organisée des cerveaux sert à remédier aux besoins en scientifiques. La population de la Silicon Valley, par exemple, est constituée pour moitié de personnes nées à l'étranger, souvent à Taiwan ou en Inde. Au niveau national, 50 pour 100 des étudiants en doctorat de physique sont d'origine étrangère. Dans mon université, à New York, cette proportion est largement supérieure.

Quelques députés ont essayé de supprimer le visa H1B, au motif, prétendaient-ils, que ses bénéficiaires prenaient les emplois des Américains. Ces hommes politiques n'ont tout simplement pas compris la vraie nature du rôle joué par ce visa. La plupart du temps, il n'y a pas d'Américains compétents pour occuper les postes hautement qualifiés de la Silicon Valley, qui restent donc vacants, comme nous l'avons déjà mentionné. L'Allemagne s'est également heurtée à ce type de réflexions quand l'ancien chancelier Gerhard Schroeder a essayé de faire adopter une loi proposant la mise en place d'un visa similaire au H1B. La mesure a aussitôt été jetée aux oubliettes par tous ceux qui assuraient qu'elle limiterait d'autant les emplois des Allemands nés en Allemagne. Là encore, ces opposants n'ont pas compris que, très souvent, aucun Allemand ne possédait les compétences requises pour occuper ces postes. Non seulement les immigrants H1B ne prennent d'emplois à personne, mais ils créent des marchés économiques entièrement nouveaux.

Reste que le visa H1B n'est qu'un pis-aller. Les États-Unis ne pourront pas continuer éternellement à se reposer sur les scientifiques étrangers, d'autant que nombre d'entre eux commencent à retourner en Chine ou en Inde, où l'économie tend à prendre son envol. La fuite des cerveaux ne va donc pas durer. Il faudra que les États-Unis finissent par remanier un système éducatif archaïque et sclérosé. Aujourd'hui, des lycéens mal préparés affluent en masse sur le marché de l'emploi et à l'université. Les employeurs se plaignent sans cesse de devoir passer un an à former leurs nouvelles recrues avant de pouvoir les utiliser à pleine puissance. Et les universités accablées doivent organiser toujours plus de cours de soutien pour compenser le faible niveau du système scolaire.

Par chance, nos universités et nos entreprises effectuent un remarquable travail de réparation… Mais que de gâchis en temps et en talent… Pour assurer la compétitivité future des États-Unis, il faudra instituer des changements majeurs de l'école élémentaire jusqu'au lycée.

Pour être parfaitement honnête, j'ajouterai que les États-Unis gardent encore sous le coude un certain nombre d'atouts significatifs. Lors d'un cocktail organisé au Muséum américain d'histoire naturelle à New York, j'ai rencontré un entrepreneur belge qui œuvrait dans les biotechnologies. Comme je savais que la Belgique disposait d'une vigoureuse industrie dans ce secteur, je lui ai demandé pourquoi il s'était expatrié. Sa réponse a été claire : parce que l'Europe n'accorde presque jamais de seconde chance. Là-bas, tout le monde vous connaît, vous et vos racines, et votre erreur, si vous en commettez une, vous poursuit partout où vous allez. Mais aux États-Unis, m'a-t-il expliqué, vous avez la chance de pouvoir constamment vous réinventer. Les gens se moquent de savoir qui étaient vos ancêtres. Ils s'intéressent uniquement à ce que vous faites pour eux maintenant, aujourd'hui. C'est rafraîchissant, a-t-il conclu, et c'est une des raisons pour lesquelles certains chercheurs européens déménagent aux États-Unis.

Les leçons de Singapour

Là où un Occidental pensera que « la roue qui grince attire la graisse », c'est-à-dire qu'il faut demander pour obtenir, un Oriental considérera que « le clou qui dépasse attire le marteau », c'est-à-dire qu'il importe de rester dans le rang. Avec leur sens aussi diamétralement opposé, ces deux expressions saisissent une distinction essentielle entre la pensée occidentale et la pensée orientale.

En Asie, les étudiants obtiennent souvent de meilleures notes que leurs homologues américains. Mais une grande partie de leur savoir est tirée des livres et fait appel à la mémoire, ce qui fait progresser, mais jusqu'à un certain point seulement. Pour atteindre les niveaux supérieurs que demande véritablement l'exercice de la science et de la technologie, il faut en plus de la créativité, de l'imagination et le goût de l'innovation, autant de qualités que le système extrême-oriental ne valorise pas. Ainsi, bien que la Chine puisse finir par rattraper l'Occident tant qu'il s'agira de construire à bas coût des produits, ou des copies de produits, originalement conçus ailleurs, elle restera pendant de longues années encore à sa traîne pour tout ce qui concerne les processus créatifs inséparables de l'élaboration de nouveaux produits ou de stratégies inédites.

Lors d'une conférence en Arabie Saoudite à laquelle j'étais moi-même invité, j'ai eu le plaisir d'écouter Lee Kuan Yew, qui fut premier ministre de Singapour entre 1959 et 1990. Cet homme fait un peu figure de star dans les pays en voie de développement, car il a beaucoup contribué à la modernisation de l'État de Singapour, qui se classe aujourd'hui parmi les premiers en matière de science. De fait, Singapour est la cinquantième nation la plus riche dans le monde, en termes de produit intérieur brut par personne. Autant dire que le public attendait le discours de cette figure légendaire avec une vive impatience.

L'ancien premier ministre s'est d'abord souvenu de l'immédiat après-guerre, quand le port de Singapour n'évoquait que piraterie, contrebande, marins ivres et autres activités peu recommandables. Un petit groupe, dont il faisait partie, rêvait pourtant du jour où ce modeste port côtier rivaliserait avec l'Occident. Sans ressources naturelles significatives, Singapour pouvait au moins compter sur sa population, laborieuse et moyennement formée. Son parti s'est embarqué dans une aventure formidable, qui, en une génération seulement, a transformé une nation somnolente en puissant poumon scientifique. Cet épisode est peut-être l'un des cas d'ingénierie sociale les plus intéressants de l'histoire.

Ses hommes et lui ont lancé un programme de changement systématique, qui misait presque exclusivement sur l'éducation, la science et les industries de haute technologie. En quelques dizaines d'années à peine, Singapour a fait prospérer un large vivier de techniciens hautement qualifiés, ce qui a permis au pays de se hisser parmi les premiers exportateurs d'électronique, de chimie et d'équipement biomédical.

Des obstacles sans nombre se sont présentés sur la route de la modernisation, avouait volontiers l'ancien ministre. L'ordre social a été instauré au prix de lois draconiennes, qui bannissaient un large éventail d'activités, depuis le crachat dans la rue (passible du fouet) jusqu'à la vente de drogue (passible de la peine de mort). Il avait aussi remarqué que les chercheurs de pointe étrangers, s'ils se voyaient ravis de visiter Singapour, ne montraient pas le même empressement à s'y installer. Un peu plus tard, il avait compris pourquoi : Singapour ne disposait d'aucune infrastructure culturelle, d'aucune attraction. Il a donc délibérément encouragé toutes les initiatives en ce sens (compagnies de ballet, orchestres symphoniques, etc.) afin de pousser les chercheurs de pointe à s'enraciner à Singapour. Presque du jour au lendemain, toutes sortes d'événements culturels ont été organisées pour attirer et garder l'élite scientifique.

Le ministre comprit ensuite que les enfants de Singapour répétaient aveuglément le discours de leurs professeurs, sans remettre en cause leur savoir ni apporter de nouvelles idées. Pour espérer dépasser l'Ouest, il fallait former des scientifiques qui ne soient pas seulement capables de copier les autres. Aussi initia-t-il une réforme dans l'éducation, aux termes de laquelle les étudiants les plus créatifs étaient séparés des autres et autorisés à laisser vagabonder leurs pensées à leur propre rythme. Comprenant qu'un Bill Gates ou un Steve Jobs aurait été broyé par le système éducatif étouffant de Singapour, il demanda aux enseignants de systématiquement repérer les futurs génies, ceux qui, un jour, revitaliseraient l'économie par leur imagination scientifique.

Bien entendu, ce qui vaut pour Singapour ne vaut pas nécessairement pour tous. Singapour est une petite cité-État qui peut être façonnée de manière sensiblement contrôlée par une poignée de visionnaires. Et tout le monde ne voudrait pas risquer le fouet pour un crachat. Mais cet exemple a au moins le mérite de montrer qu'il est possible d'atteindre en un bond les avant-postes de la révolution de l'information.

Les défis du futur

Il se trouve que j'ai aussi eu l'occasion de séjourner à l'Institut d'études avancées de Princeton et d'y déjeuner avec Freeman Dyson. Ce grand savant a commencé par évoquer sa longue carrière en science avant de me faire part d'un fait perturbant. Avant la guerre, du temps de ses premières études au Royaume-Uni, il avait constaté que les plus brillants esprits anglais se détournaient des sciences dures, comme la physique et la chimie, pour embrasser des carrières lucratives, dans la finance et la banque. Alors que la génération précédente, par la construction de centrales électriques ou d'usines chimiques, avait engendré des richesses et inventé de nouvelles machines électromécaniques, la génération suivante s'adonnait à la gestion de la fortune d'autrui. Dyson s'était alors désolé de ce qui était pour lui un signe du déclin de l'Empire britannique. L'Angleterre ne pourrait plus assumer son statut de puissance mondiale sans une base scientifique solide pour la soutenir.

Puis il ajouta quelque chose qui attira particulièrement mon attention : il assistait aujourd'hui pour la seconde fois au même phénomène. Plutôt que de se frotter aux difficiles problèmes de physique et de mathématiques, les esprits les plus prometteurs de Princeton préféraient poursuivre leur carrière dans des secteurs comme l'investissement bancaire. Là encore, Dyson y voyait un signe de déclin. Que devient une société si ses leaders se détournent des inventions et de la technologie qui ont fait sa splendeur ? Il y a là un grand défi à relever.

8

L'AVENIR DE L'HUMANITÉ

La civilisation planétaire

Nous vivons aujourd'hui au cœur de ce qui sera sans doute considéré comme les trois ou quatre siècles les plus extraordinaires de l'histoire humaine.

Julian Simon

Quand il n'y a pas de révélation, le peuple est sans frein.

Proverbes XXIX, 18

Toutes les révolutions technologiques décrites dans ce livre tendent vers un même point : l'avènement d'une civilisation planétaire. L'humanité vit donc potentiellement la période la plus importante de son histoire. En fait, les hommes qui foulent aujourd'hui la surface de la Terre portent sur leurs épaules une responsabilité incomparable : celle de réussir cette transition ou de sombrer dans le chaos. Des 5 000 générations qui se sont succédé depuis l'apparition des premiers humains, en Afrique, il y a environ 100 000 ans, c'est à la nôtre qu'il incombe, en définitive, de décider de l'avenir. À moins d'une catastrophe naturelle ou d'un acte de folie calamiteux, cette phase collective de notre histoire apparaît inéluctable. Et rien de mieux pour s'en convaincre que d'analyser l'histoire de l'énergie.

Classement des civilisations

Les historiens placent souvent les actions et les aspirations des hommes au centre de leurs travaux, c'est-à-dire qu'ils étudient l'histoire à travers les aléas des règnes, la montée des mouvements sociaux et la circulation des idées nouvelles. Les physiciens, de leur côté, procèdent d'une manière sensiblement différente.

Tout, y compris les civilisations humaines, peut se classer en fonction de l'énergie consommée. Et durant un nombre incalculable de millénaires, alors que nous vivions en nomades au sein de petites tribus, que nous quêtions notre pitance dans un milieu dur et hostile, cette dernière n'a pas dépassé 1/5 de cheval-vapeur, soit l'usage de la main nue. Nous menions alors une existence comparable à celle des loups. Point d'écriture, seulement des histoires qui se transmettaient de génération en génération autour du feu. Une vie brève et brutale, d'une durée moyenne de dix-huit ou vingt ans. Point d'autres biens que ceux que nous pouvions porter sur le dos. La douleur quasi perpétuelle d'une faim lancinante. Et la mort venue, plus aucune trace de notre passage sur Terre…

Puis, il y a dix mille ans, se produisit un événement merveilleux qui lança le mouvement de la civilisation : la fin de la glaciation de Würm. Pour des raisons qui ne sont pas encore bien comprises, une période glaciaire de plusieurs milliers d'années prit fin. La route vers l'agriculture s'ouvrit alors à l'humanité, et avec elle l'utilisation des bêtes de trait. Notre énergie consommable atteignit alors le cheval-vapeur, une ressource qui permettait à un homme de cultiver un champ et de dégager de quoi nourrir une population en croissance rapide. Avec la domestication des animaux, l'alimentation des hommes se libéra de la tyrannie de la chasse. Des villages et des bourgs commencèrent à apparaître dans les forêts et sur les vallées…

Le bénéfice de la révolution agraire, pour être conservé et augmenté, donna naissance à de nouveaux savoirs et de nouvelles pratiques. Émergèrent ainsi les mathématiques et l'écriture pour compter et retenir, les calendriers pour savoir quand planter et moissonner, les scribes et les comptables pour inventorier et taxer. Cette richesse toujours croissante a ensuite conduit à la levée de grandes armées, à la constitution de royaumes et d'e pratique de l'esclavage et à l'émergence des civilisations pas

Vint ensuite, il y a environ trois cents ans, la Révolution industrielle. La vapeur, en faisant tourner des outils puissants ou des locomotives, a permis de produire de la richesse dans des usines, des filatures ou des mines, et non plus seulement dans les champs. Les paysans, tant pour fuir les famines endémiques que par lassitude de leur dur labeur, envahirent les villes où ils se constituèrent bientôt en classe ouvrière. Les constructeurs automobiles remplacèrent les forgerons et les charretiers. Avec le moteur à combustion interne, un seul individu put commander à des centaines de chevaux-vapeur. L'espérance de vie a commencé à monter, pour atteindre 49 ans aux États-Unis en 1900.

Survint enfin la troisième vague, celle de l'information. La richesse des nations se mesure désormais à l'aune des électrons qui circulent autour du monde, dans des câbles à fibres optiques ou par l'intermédiaire de satellites, pour finir par danser sur les écrans des ordinateurs de Wall Street et autres capitales financières. La science, le commerce et le loisir voyagent à la vitesse de la lumière et nous apportent, partout et tout le temps, une information illimitée.

Civilisations de type I, II et III

Comment cette croissance énergétique va-t-elle évoluer dans les siècles et millénaires prochains ? Pour les besoins de la cause, les physiciens classent, on l'a dit, les civilisations en fonction de l'énergie qu'elles consomment. Cette méthode fut introduite par l'astrophysicien russe Nikolaï Kardashev, en 1964, alors qu'il s'intéressait à la détection de signaux émis par des civilisations extraterrestres avancées.

Kardashev, qui ne pouvait s'accommoder d'une expression aussi nébuleuse que « civilisation extraterrestre », introduisit une échelle quantitative pour guider le travail des astronomes. Il prit conscience du fait que, si ces sociétés étrangères devaient différer les unes des autres en matière de culture, de règles sociales, de gouvernement, etc., elles n'en obéissaient toutes pas moins aux lois de la physique. Et, depuis la Terre, une quantité qui permettait de les scinder en plusieurs groupes se laissait observer et mesurer : leur consommation d'énergie.

Le savant russe proposa donc une classification théorique en trois types :

– une civilisation de type I est planétaire : elle consomme le ruban de la lumière solaire qui tombe sur sa planète, soit environ 10^{17} watts ;
– une civilisation de type II est stellaire : elle consomme toute l'énergie émise par l'étoile de son système solaire, soit environ 10^{27} watts ;
– une civilisation de type III est galactique : elle consomme l'énergie de milliards d'étoiles, soit environ 10^{37} watts.

Cette classification offre le grand avantage de pouvoir s'en remettre à une quantification mesurable, plutôt qu'à de vagues généralisations plus ou moins bien fondées.

Deux types consécutifs sont séparés par un facteur de 10 milliards : une civilisation de type III consomme 10 milliards de fois plus d'énergie qu'une civilisation de type II (car une galaxie est formée en gros de 10 milliards ou plus d'étoiles), qui elle-même consomme 10 milliards de fois plus d'énergie qu'une civilisation de type I.

Aux termes de cette classification, notre civilisation est aujourd'hui de type 0. Nous n'atteignons pas même le premier barreau de l'échelle, car nous tirons principalement notre énergie de la dégradation de végétaux, sous forme de charbon ou de pétrole, et non du Soleil proprement dit. (Carl Sagan a proposé une généralisation de cette classification, en vue de préciser notre position sur l'échelle cosmique. Selon ses calculs, nous formerions une civilisation de type 0,7.)

Il est aussi possible d'utiliser cette échelle pour classer les civilisations qui apparaissent en science-fiction. Les mondes de Buck Rogers ou de Flash Gordon, par exemple, sont représentatifs d'une civilisation de type I. Toutes les sources d'énergie de la planète sont exploitées, ce qui permet de réguler ou de modifier le climat à …té, d'utiliser la puissance d'un ouragan ou de bâtir des villes … océans. Même si les héros se baladent avec des fusées dans l'espace, la production d'énergie reste essentiellement confinée au foyer d'origine.

La Fédération des planètes unies dans *Star Trek* (sans tenir compte du moteur à distorsion) présente toutes les caractéristiques d'une civilisation de type II. Elle est en état de coloniser 100 étoiles proches environ. Le niveau de technologie qui y règne autorise tout juste à manipuler l'énergie entièrement produite par une étoile.

L'Empire de la saga *Star Wars*, et peut-être la civilisation Borg de la série *Star Trek*, atteignent le type III. De larges parties d'une galaxie, comptant des milliers de systèmes stellaires, sont colonisées. Des voies spatiales galactiques s'y empruntent à loisir. (Bien que l'échelle de Kardashev soit fondée sur les planètes, les étoiles et les galaxies, il faut aussi noter l'éventualité d'une civilisation de type IV, qui tirerait son énergie d'une source extragalactique, comme l'énergie sombre. Cette dernière représente environ 73 pour 100 de la matière et de l'énergie de l'Univers connu, alors que le monde des étoiles et des galaxies ne compte que pour 4 pour 100 de l'univers. Les demi-dieux Q dans la série *Star Trek*, avec leur puissance extragalactique, pourraient former une civilisation de type IV.)

Il est aussi possible d'estimer la durée qu'il nous faudra pour gravir chaque barreau de l'échelle. En supposant que le PIB mondial s'accroisse au rythme de 1 pour 100 par an, une hypothèse raisonnable compte tenu de sa valeur moyenne sur les siècles précédents, passer d'un type de civilisation à un autre prendra en gros 2 500 ans. Avec une croissance de 2 pour 100, cette transition prendra 1 200 ans.

Nous pouvons enfin évaluer la date à laquelle notre planète atteindra le type I. Malgré les aléas des périodes d'expansion et de récession économique, on procède à un calcul qui montre que, étant donné notre taux moyen de croissance, nous devrions accéder au rang de civilisation de type I dans une centaine d'années.

Du type 0 au type I

Il suffit d'ouvrir un journal pour comprendre que nous passons actuellement d'une civilisation de type 0 à une civilisation de type I. Les manchettes se succèdent comme autant de signes annonciateurs d'un accouchement qui va se produire juste sous nos yeux. Soulignons simplement les points suivants.

- L'Internet marque le début d'un système de communication véritablement planétaire. Pour la première fois dans l'histoire, un individu est capable d'échanger une quantité illimitée d'informations avec un individu d'un autre continent. En fait, nous sommes déjà nombreux à nous sentir plus proches d'une personne vivant de l'autre côté de l'océan que de notre voisin de palier. Le réseau ne fera que se développer avec la multiplication des câbles à fibre optique et des satellites de télécommunications. Ce processus est impossible à arrêter. Le président des États-Unis lui-même déciderait d'interdire Internet qu'il ne déclencherait que rires et quolibets. Il existe aujourd'hui plus d'un milliard d'ordinateurs personnels dans le monde, et un quart de l'humanité environ a eu accès à Internet au moins une fois dans sa vie.
- Une petite poignée de langues, en tête desquelles l'anglais puis le chinois, sont en train de se constituer en future langue de type I. Sur le réseau, par exemple, les internautes se connectent à 29 pour 100 en anglais, à 22 pour 100 en chinois, puis à 8 pour 100 en espagnol, 6 pour 100 en japonais et 5 pour 100 en français. L'anglais a *de facto* déjà acquis le statut de langue planétaire en science, en finance, dans les affaires et dans le domaine des loisirs. C'est également la première des secondes langues de la planète. Partout dans le monde où je me suis rendu, j'ai constaté que l'anglais s'imposait comme nouvelle *lingua franca*. En Asie, par exemple, des Vietnamiens, des Japonais et des Chinois qui se rencontrent lors d'une conférence utilisent l'anglais. Il existe actuellement environ 6 000 langues parlées sur Terre, mais, selon Michael E. Krauss, un ancien chercheur du Centre des langues autochtones de l'université d'Alaska, 90 pour 100 d'entre elles devraient s'éteindre dans les décennies à venir. La révolution des télécommunications, en exposant une population toujours plus importante à l'anglais, accélère le processus. Le développement économique s'en trouve du même coup dynamisé puisque des sociétés entières, en accédant à un marché mondial, augmentent leur activité et par là leur niveau de vie.

Certains se désolent que des langues ancestrales ne soient plus parlées… D'un autre côté, la révolution informatique leur assure une certaine pérennité, grâce aux locuteurs autochtones qui les déposent avec leur culture sur Internet, où elles demeureront à jamais.

- Nous assistons à la naissance d'une économie planétaire. La montée en puissance de l'Union européenne (UE) et d'autres blocs commerciaux marque l'émergence d'une économie de type I. Les peuples d'Europe se sont perdus en sanglantes querelles de voisinage pendant les milliers d'années que compte leur histoire. Et aujourd'hui, pourtant, ces rivaux d'antan se sont alliés pour former l'Union européenne, la plus importante concentration de richesses au monde. Par ce revirement soudain, il s'agit pour ces nations de rivaliser avec le mastodonte économique des pays signataires de l'Accord de libre-échange nord-américain (NAFTA ou ALÉNA). L'avenir verra ainsi la formation d'un nombre de blocs économiques croissants, à mesure que les États prendront conscience que l'isolement signera la fin de leur compétitivité. L'analyse de la récession de 2008 prouve cette mondialisation économique de façon très spectaculaire. En quelques jours, l'onde de choc partie de Wall Street a atteint les places financières de Londres, Tokyo, Hong Kong et Singapour. Il est aujourd'hui impossible de comprendre l'économie d'un pays sans tenir compte des tendances qui affectent le monde tout entier.
- Nous assistons à l'émergence d'une classe moyenne mondiale. Des centaines de millions de personnes, en Chine, en Inde et ailleurs, accèdent à un meilleur niveau de vie. C'est là peut-être le mouvement le plus important du dernier demi-siècle. Ce groupe est conscient des directions que prend la planète en matière d'économie, d'éducation et de culture. Cette classe moyenne planétaire ne se focalise pas sur la guerre, la religion ou le respect d'un strict code moral, mais aspire à la stabilité politique et sociale et à la consommation de biens. Les passions tribales et idéologiques de leurs ancêtres ne signifient plus grand-chose pour ceux qui visent désormais un pavillon de banlieue et une seconde voiture. Plutôt que de célébrer comme jadis le jour où leurs enfants partaient à la guerre, ils se pré-

occupent de leur trouver une bonne école. Et ceux qui observent avec envie l'ascension de leurs voisins ne rêvent que du moment où leur tour viendra. Selon Kenichi Ohmae, un ancien associé de McKinsey & Company : « Les gens commenceront inévitablement à regarder autour d'eux et se demanderont pourquoi ils ne peuvent avoir ce que les autres ont. Et tout aussi important, ils se demanderont pourquoi ils n'ont pas pu l'avoir dans le passé[1]. »

- Une superpuissance se juge désormais à ses finances et non plus à son armement. Avec la fin de la guerre froide, il est clairement apparu qu'une puissance mondiale ne pouvait se maintenir en position dominante qu'à travers son économie. Dans la mesure où il est très risqué de déclencher une guerre nucléaire, c'est l'état de santé financier d'une nation qui détermine principalement son destin. L'un des facteurs qui ont le plus contribué à l'effondrement du bloc soviétique tenait justement aux conséquences économiques de la compétition militaire avec les États-Unis. (Comme les conseillers du président Ronald Reagan l'ont un jour révélé, la stratégie des États-Unis a été d'augmenter les dépenses militaires afin que la Russie, si elle voulait tenir la distance, soit acculée à la faillite.) À l'avenir, une superpuissance ne devra la conservation de son statut qu'à sa vigueur économique, qui, à son tour, puise dans le développement de la science et de la technologie.
- Nous assistons également à l'émergence d'une culture planétaire, principalement portée par les jeunes et fondée sur la mode, la musique (rock), le cinéma (blockbusters hollywoodiens), la haute couture (les marques de luxe) et la nourriture (chaînes de fast-foods). Hollywood, par exemple, estime le succès d'un blockbuster potentiel à l'échelle de la planète. Les films les plus rentables présentent des acteurs de renommée internationale dans une thématique transculturelle (histoire d'amour, action, par exemple). En fait, le schéma qui se met en place à l'échelle du globe a déjà été observé aux États-Unis après la Seconde Guerre mondiale. Pour la première fois dans l'histoire, toute

1. Kenichi Ohmae, *The End of the Nation State: The Rise of Regional Economies*. New York: Free Press, 1995, p. 45.

une génération de jeunes gens avait disposé de revenus permettant de peser sur la culture ambiante. Jadis, sitôt la puberté atteinte, les jeunes partaient trimer aux champs avec leurs parents. (Telle est d'ailleurs l'origine des grandes vacances. Au Moyen Âge, les enfants aidaient aux champs durant l'été dès qu'ils étaient en état de le faire.) Mais avec la prospérité économique, la génération née après la guerre, celle du baby-boom, a quitté les champs pour la ville. Aujourd'hui, le même processus se met en œuvre, pays après pays, à mesure que le développement économique apporte à la jeunesse un pouvoir financier plus important. En définitive, quand tous les habitants du monde ou presque auront intégré la classe moyenne, l'augmentation des revenus qui filtrera jusqu'à la jeunesse alimentera la perpétuation de leur culture. Le rock, les films hollywoodiens, etc. montrent en fait comment le capitalisme intellectuel remplacera le capitalisme des marchandises. Les robots, dans les décennies à venir, se montreront incapables de composer de la musique ou de concevoir des films qui fassent frissonner un public international. Ce type de culture planétaire se rencontre aussi dans le secteur de la mode, où quelques marques ont conquis un marché mondial. La haute couture, jadis l'apanage d'une élite extrêmement riche, se répand rapidement dans le monde à mesure qu'une part grandissante de la population accède à la classe moyenne. Le vêtement de marque n'est plus réservé à de rares privilégiés. Cela étant, l'émergence d'une culture planétaire ne signifie pas nécessairement la fin des cultures ou des coutumes locales. Les gens posséderont deux cultures. D'un côté, ils perpétueront les traditions locales (qui survivront éternellement grâce à Internet). La diversité culturelle du monde continuera à se développer dans le futur. De fait, certains aspects méconnus de telle culture locale pourront se répandre et acquérir une audience mondiale par le biais d'Internet. D'un autre côté, il sera facile d'adopter les nouvelles tendances qui affecteront la culture globale. Quand une personne communiquera avec un quidam d'une autre culture, elle utilisera la culture globale. Par le passé, de nombreuses élites de la planète ont déjà connu ce mode de vie, qui consiste à parler la langue et respecter les coutumes locales, tout en utilisant l'anglais et en adoptant des normes internationales pour traiter d'affaires avec des interlocuteurs étrangers. Tel est le modèle de la civilisation de type I en émergence. Les cultures locales continueront à prospérer, tout en coexistant avec une culture globale plus étendue.

- Les informations deviennent planétaires. Avec les satellites de télévision, les téléphones mobiles, Internet, etc., il devient impossible à une nation de retenir ou de contrôler complètement les informations délivrées aux populations. Des images brutes jaillissent de toutes les parties du monde, hors d'atteinte de la censure. Quand des guerres ou des révolutions se déclarent, de tristes images sont diffusées instantanément autour du monde en temps réel. Au XIXe siècle, il était relativement aisé aux grandes puissances d'imposer leurs valeurs et de manipuler l'information. C'est encore possible aujourd'hui, mais de plus en plus difficilement en raison des progrès de la technologie. Avec l'augmentation du niveau scolaire général, le public pour les nouvelles à dimension planétaire devient aussi plus vaste. Les politiciens d'aujourd'hui doivent tenir compte de l'opinion mondiale quand ils pensent aux conséquences de leurs actions.
- Les sports, autrefois fortement associés à l'identité d'une tribu et d'un pays, acquièrent une dimension planétaire. Il en va ainsi du football, par exemple. L'organisation par la Chine des Jeux olympiques de 2008 a par ailleurs été largement considérée comme une volonté de fêter et d'assumer une position culturelle qui revenait de plein droit au pays après des siècles d'isolement.
- Les dangers qui pèsent sur l'environnement sont également débattus à l'échelle du globe. Les États comprennent que la pollution qu'ils engendrent traverse les frontières, avec le risque de précipiter des crises internationales. Cette mondialisation s'est mise en œuvre quand un trou est apparu dans la couche d'ozone au pôle Sud. Les États se sont groupés pour limiter la production et la consommation des chlorofluorocarbones employés dans les réfrigérateurs et divers systèmes industriels. Le protocole de Montréal, signé en 1987, a limité de manière significative le recours à des produits nuisibles à la couche d'ozone. Forts de ce succès international, la plupart des pays du monde ont ensuite adopté le protocole de Kyoto, en 1997, pour répondre

cette fois au danger du réchauffement climatique, une menace encore plus grave qui pèse sur l'environnement.

- Le tourisme est l'une des industries les plus vigoureuses de la planète. Durant la majeure partie de l'histoire de l'humanité, il était courant de vivre toute sa vie à quelques kilomètres de son lieu de naissance. Les peuples entretenaient peu de contacts les uns avec les autres, ce qui permettait à des leaders peu scrupuleux de les manipuler facilement. Mais il est aujourd'hui possible de se déplacer autour du monde pour un prix relativement modeste. Et les jeunes qui voyagent sac au dos aujourd'hui seront les leaders de demain. Certains se désolent du fait que les touristes ne se forgent qu'une compréhension superficielle des cultures locales, mais il faut mesurer le chemin parcouru depuis la situation antérieure, quand les contacts entre civilisations éloignées existaient à peine, excepté durant les guerres, avec les résultats souvent tragiques que l'on sait.
- Dans un même ordre d'idées, la baisse des prix des voyages intercontinentaux, en favorisant les contacts entre différents peuples, facilite la propagation des idéaux démocratiques et rend les guerres de plus en plus difficiles à mener. L'un des principaux facteurs qui poussaient les peuples à se dresser les uns contre les autres tenait à leur méconnaissance mutuelle. Il est généralement très difficile de partir en guerre contre un pays qui vous est familier.
- La nature même de la guerre est en train de changer du fait de cette réalité. L'histoire montre que deux démocraties ne se font presque jamais la guerre. La plupart des conflits se déclarent entre pays non démocratiques, ou entre un pays démocratique et un pays qui ne l'est pas. D'une manière générale, la fièvre de la guerre monte très facilement quand elle est entretenue par des démagogues qui savent diaboliser leur ennemi. Mais en démocratie, avec une presse libre, des partis d'opposition et une classe moyenne relativement aisée qui aurait tout à perdre, le virus est difficile à inoculer. Les va-t-en guerre trouvent rapidement une presse critique et des mères qui demandent à savoir au nom de quoi leurs enfants iraient se faire tuer. Il y aura, bien sûr, encore des hostilités dans le futur. Après tout, comme le militaire et théoricien prussien Carl von

Clausewitz l'a dit un jour : « La guerre est la continuation de la politique par d'autres moyens. » Le monde connaîtra sans doute encore des guerres, mais elles changeront de nature à mesure que la démocratie se répandra autour du globe. (Outre le fait que dans un monde de plus en plus riche les populations auront de plus en plus à perdre, une question démographique tend à freiner l'ardeur au combat. Comme l'a remarqué le politicien Edward Luttwak, les familles comptent moins d'enfants aujourd'hui. Par le passé, un couple pouvait en avoir une dizaine, en moyenne. L'aîné héritait de la ferme, tandis que les autres rejoignaient les rangs de l'Église, de l'armée ou s'en allaient tenter leur chance ailleurs. Une famille typique compte en moyenne 1,5 enfant aujourd'hui, soit une grande perte pour l'Église ou, pour ce qui nous préoccupe, l'armée.)

- Le pouvoir des nations ira en faiblissant mais ne sera pas nul en 2100. Il faudra encore que les États fassent passer des lois et qu'ils résolvent les problèmes locaux. Leur influence, toutefois, va profondément décroître à mesure que les moteurs de la croissance économique prendront une dimension continentale, puis mondiale. Durant la montée du capitalisme, à la fin des années 1700 et au début des années 1800, la constitution d'un État permettait de fixer une langue commune, une monnaie, une fiscalité et des lois régulant le commerce et les brevets. Les lois féodales et les traditions, qui entravaient la marche du commerce, des affaires et de la finance, ont été rapidement balayées par les gouvernements. Ce processus, qui prenait normalement un siècle environ, a été plus rondement mené par Otto von Bismarck, le Chancelier de Fer, quand il a édifié l'État moderne d'Allemagne en 1871. De la même façon, cette marche vers la civilisation de type I change la nature du capitalisme, et le pouvoir se décale progressivement des gouvernements nationaux aux puissances continentales et aux grandes alliances commerciales. Un gouvernement mondial ne verra pas nécessairement le jour pour autant, car une civilisation planétaire peut se présenter sous bien des profils. Il reste clair, cependant, que les gouvernements nationaux perdront de leur autorité. Par quoi et sous quelles modalités ce manque se verra remplacer dépendra pour l'essentiel de tendances nationales historiques et culturelles qui sont difficiles à prévoir.

- L'évolution des maladies sera suivie et régulée à l'échelle de la planète. Dans un passé lointain, le danger que les maladies virulentes faisaient courir à l'ensemble de la population était plus faible qu'aujourd'hui, précisément parce que nous étions moins nombreux. Par une cruelle ironie du sort, le fait que la peste noire ait éliminé jusqu'à la moitié de la population européenne constituait un signe de progrès : la population avait alors atteint un seuil critique favorable au développement d'épidémies, et les voies maritimes reliaient entre elles les villes à travers le monde. La récente percée du virus de la grippe H1N1 mesure aussi à sa façon la marche du progrès. Peut-être originaire de Mexico, la maladie a tiré parti du voyage aérien pour se répandre rapidement tout autour de la planète. Mais, plus important encore, il n'a fallu que quelques mois aux pays du monde pour séquencer le génome du virus et concevoir un vaccin qui a été produit pour des dizaines de millions de personnes.

Terrorisme et dictature

Certains groupes, malgré tout, se refusent instinctivement à suivre cette tendance vers une civilisation de type I, car ils savent que cette société sera libre, progressiste, scientifique, prospère et éduquée. Se comptent parmi eux :

- les terroristes islamistes, qui préféreraient reculer de mille ans, c'est-à-dire revenir au XIe siècle, plutôt que de vivre dans le XXIe. Même s'ils ne formulent pas leur aspiration de cette façon, leurs déclarations montrent qu'ils appellent de leurs vœux une théocratie dans laquelle la science, les relations entre personnes et la politique obéiraient à de stricts édits religieux (en oubliant que la splendeur et les prouesses scientifiques et technologiques de la civilisation islamique correspondent à une période de tolérance à l'égard des idées nouvelles. Ces terroristes ne comprennent pas l'origine réelle de la grandeur du passé islamique) ;

• les dictatures qui, pour se maintenir au pouvoir, dépendent de l'ignorance de leur peuple quant aux richesses et aux progrès du monde extérieur. Saisissant à cet égard est l'exemple de l'Iran, dont le gouvernement, lors des manifestations de 2009, a tenté de bloquer les messages qui émanaient de la foule via Twitter et YouTube.

On disait jadis que la plume était plus forte que l'épée, mais dans le futur, c'est la puce qui en triomphera. Que le peuple de Corée du Nord, l'un des pays les plus pauvres de la planète, ne se révolte pas tient essentiellement à son absence de contacts avec le reste du monde. Les Coréens pensent qu'ailleurs aussi les hommes meurent de faim. Inconscients d'une autre destinée possible, ils endurent des souffrances incroyables.

Civilisations de type II

Quand, des milliers d'années plus tard, une civilisation atteint le type II, elle accède du même coup à l'immortalité. Rien de ce que nous connaissons en science ne peut plus la détruire. Elle a appris depuis longtemps déjà à réguler le climat, ce qui lui permet de modifier ou d'éviter les périodes glaciaires. Il lui est tout aussi loisible de dévier les météorites et les comètes menaçantes. Et si d'aventure son soleil se transformait en supernova, elle pourrait migrer vers une autre étoile, voire empêcher cette explosion cataclysmique.

Pour exploiter la totalité de l'énergie produite par son soleil, une civilisation de type II pourrait construire autour de lui une gigantesque sphère qui absorberait toute sa lumière – une sphère de Dyson.

Parvenue à ce stade, une civilisation vivrait probablement en paix avec elle-même. Compte tenu des difficultés inhérentes au voyage spatial, son statut de type I a dû perdurer durant des siècles, un laps de temps suffisant pour aplanir bien des dissensions sociales. Pour atteindre le type II, cette civilisation aura colonisé non seulement son système solaire mais aussi les systèmes proches, situés à peut-être quelques centaines d'années-lumière. Mais guère plus, compte tenu des contraintes de la vitesse de la lumière.

Civilisations de type III

Une civilisation de type III aura quant à elle exploré la majeure partie de sa galaxie. Pour visiter des centaines de milliards de planètes, une solution très pratique consiste à envoyer des sondes automatiques autoréplicatives dans l'espace – des sondes de von Neumann. La première d'entre elles pourrait par exemple se poser sur un satellite naturel comme notre lune (un milieu sans rouille ni érosion) et construire une usine (en matériau local) destinée à produire d'autres exemplaires, ainsi que nous l'avons évoqué. Ces copies se lanceraient ensuite chacune à l'assaut d'un autre système solaire, où elles assureraient à leur tour la fabrique d'autres milliers de copies. Avec une seule sonde autoréplicative de ce type, on parviendrait rapidement à des milliards de descendants, répartis sur une sphère qui enflerait à une vitesse proche de la lumière et recouvrirait toute la Voie lactée en cent mille ans. Comme l'Univers est âgé de 13,8 milliards d'années, de telles civilisations ont largement eu le temps de se former (et de disparaître).

Mais ce n'est pas la seule possibilité. Une civilisation de type III dispose des ressources énergétiques suffisantes pour sonder l'« énergie de Planck », soit 10^{19} milliards d'électronvolts, l'énergie à partir de laquelle l'espace-temps lui-même devient instable. (L'énergie de Planck est des milliards et des milliards de fois supérieures à l'énergie produite par les plus grands accélérateurs de particules actuels, y compris le LHC construit près de Genève. À ce niveau d'énergie, la théorie de la gravité d'Einstein s'effondre et le tissu de l'espace-temps se déchire, ce qui crée de petites portes susceptibles de conduire à d'autres univers ou, du moins, à d'autres points de l'espace-temps.) Exploiter des ressources énergétiques nécessiterait des machines colossales, d'une échelle inimaginable, mais, le cas échéant, permettrait peut-être d'emprunter des raccourcis dans le tissu de l'espace-temps, soit en comprimant l'espace, soit en passant par des trous de vers. À supposer que cette civilisation vienne à bout de redoutables obstacles théoriques et pratiques, on peut imaginer qu'elle colonise ainsi la galaxie entière.

Toutes ces éventualités sur les civilisations de type III conduisent inévitablement à se demander pourquoi aucune d'entre elles n'est encore venue nous saluer. Où se cachent-elles donc ? demandent les sceptiques.

Il est d'abord possible que la Terre ait été visitée mais que nous ne l'ayons pas remarqué. Les sondes autoréplicatives de von Neumann, très commodes pour explorer la galaxie, ne sont pas nécessairement énormes. Elles pourraient mesurer quelques centimètres de diamètre, compte tenu des possibilités phénoménales offertes par l'avancement des nanotechnologies. Selon toutes probabilités, nos visiteurs se présenteraient sous une forme entièrement automatisée, pour partie électronique, pour partie organique, sans aucune créature extraterrestre à bord. Dans ce cas, plus enclin à rechercher un énorme vaisseau spatial habité, nous pourrions ne pas reconnaître comme tel ce type de sondes. Et quand bien même nous finirions par saluer des extraterrestres, nous risquerions fort d'être surpris par leur apparence : précisément parce que depuis longtemps, sans doute, ils auraient utilisé les ressources de la robotique, des nanotechnologies et des biotechnologies pour la modifier.

Peut-être aussi que les extraterrestres se sont autodétruits… Comme nous l'avons vu, le passage d'une civilisation de type 0 à une civilisation de type I est le plus périlleux de tous, car il faut encore compter avec les effets de la barbarie, du fondamentalisme, du racisme, etc. Peut-être qu'un jour, lors d'une mission d'exploration lointaine, nous découvrirons les vestiges d'une civilisation de type 0 qui aura raté sa transition vers le type I.

Découverte d'une civilisation extraterrestre

À ce jour, nous n'avons pas encore pleinement pris conscience de la marche vers la civilisation de type I. Bien sûr, nous percevons tous, plus ou moins vaguement, qu'un certain processus de globalisation est à l'œuvre, mais, à titre collectif, en tant que population humaine, nous n'avons pas encore compris que nous nous dirigions vers une destination particulière.

La situation évoluerait radicalement si nous trouvions les signes d'une vie extraterrestre intelligente quelque part dans l'espace. Nous situerions alors immédiatement notre niveau technologique par rapport à celui de cette civilisation. Les scientifiques, en particulier, s'intéresseraient de très près aux types de technologies qu'elle serait parvenue à maîtriser.

Bien que rien ne soit certain en la matière, nous détecterons probablement l'existence d'une civilisation avancée d'ici à un siècle. D'abord parce que le nombre de petites planètes rocheuses découvertes en dehors du système solaire augmente sans cesse, ce qui accroît d'autant les cibles sur lesquelles pourra se focaliser notre quête d'émissions extraterrestres intelligentes. Ensuite parce que le projet SETI, précisément chargé de détecter de tels signaux, gagne en efficacité au fil de ses financements. Seth Shostak, le directeur du SETI Institute, m'a même indiqué qu'il s'attendait à établir un contact d'ici à vingt ans. Il pèche peut-être par excès d'optimisme, mais il serait tout de même surprenant que le siècle passe sans que nous ayons rien détecté.

Le jour où nous capterons les signaux d'une autre civilisation marquera l'histoire de l'humanité comme sans doute jamais auparavant. Les films hollywoodiens aiment représenter l'événement par un surgissement de chaos, de prophètes hurlant à la fin des temps, de cultes religieux bizarroïdes, etc.

La réalité se montrerait autrement prosaïque. Notre monde ne connaîtrait pas de panique générale immédiate, puisque cette civilisation pourrait très bien ignorer que nous l'écoutons. Et quand bien même, il serait difficile d'entretenir une conversation directe. Non seulement parce qu'il nous faudrait sans doute des mois, si ce n'est des années, pour décoder complètement son message, puis estimer son niveau de technologie, mais surtout parce qu'elle se situerait à de nombreuses années-lumière de nous, bien trop loin pour dialoguer. Dans un premier temps, nous serions simplement capables d'observer cette civilisation. Il faudrait ensuite construire de gigantesques radiotransmetteurs pour retourner des messages aux extraterrestres. De fait, une communication bilatérale avec cette civilisation ne s'établira vraisemblablement pas avant plusieurs siècles.

Nouvelles classifications

La classification de Kardashev a été introduite dans les années 1960, alors que les physiciens se préoccupaient surtout de la production d'énergie. Cependant, avec la montée en puissance de l'informatique, ces derniers n'ont pas tardé à comprendre que le nombre de bits traités par une civilisation constituait un paramètre complémentaire tout aussi pertinent.

Imaginons, par exemple, qu'une civilisation extraterrestre habite sur une planète à l'atmosphère conductrice, ce qui lui barrerait l'accès à l'informatique – tout dispositif électrique d'une certaine complexité grillerait rapidement sous l'effet de court-circuits. Cette incapacité à produire de grandes quantités d'information ne l'empêcherait pas nécessairement de réussir à exploiter les carburants fossiles et l'énergie nucléaire. Elle pourrait donc gravir l'échelle de Kardashev, même si, sans système de télécommunications planétaire pour soutenir la marche de son développement scientifique et de son économie, elle progresserait lentement et à grand-peine.

Carl Sagan a donc élaboré une échelle basée sur le traitement de l'information. Elle va de A à Z. Une civilisation de type A traite seulement un million d'unités d'information, ce qui correspond en gros à une société orale, qui ne connaît pas encore l'écriture. Avec le milliard d'unités environ que nous a laissé sa florissante littérature, la Grèce antique atteint le type C. En gravissant ainsi l'échelle, il est possible d'estimer que nous nous classons aujourd'hui au rang H. En conjuguant le facteur énergétique et le traitement de l'information, nous trouvons donc que nous appartenons à une civilisation de type 0,7 H.

Ces dernières années, un autre paramètre, lié à la pollution et à la dissipation, a émergé. Et dans la mesure où les rejets non maîtrisés d'une civilisation de type I ou II suffisent à la détruire, la question dépasse un cadre purement académique.

Prenons par exemple une civilisation de type II, qui consomme toute l'énergie fournie par son étoile. Imaginons que l'efficacité de ses moteurs atteigne 50 pour 100, ce qui signifie que la moitié de sa production se perd en chaleur. Un vrai désastre potentiel, puisque la température de la planète augmentera jusqu'à son point de fusion ! Pensez à des milliards de centrales à charbon vomissant des quantités de gaz brûlants qui réchauffent la planète jusqu'à rendre toute vie impossible…

Une civilisation qui laisserait croître sans contrôle sa consommation d'énergie risquerait de courir à sa perte. Il nous faut donc une nouvelle échelle, une échelle qui prenne en compte la chaleur de dissipation et la pollution. Une échelle de ce type est fondée sur l'entropie.

Classification par entropie

Une civilisation idéale augmenterait en énergie et en information, mais avec prudence et sagesse, de manière à ce que ses rejets ne rendent pas invivable la planète qui l'abrite. Il s'agit, au fond, d'éviter la triste conclusion présentée de manière très parlante dans le film *Wall-E* : un futur lointain avec une Terre si polluée et dégradée que nous l'avons tout simplement laissée en plan pour mener une vie de luxe dans des vaisseaux spatiaux.

Souvenons-nous de la deuxième loi de la thermodynamique, déjà rencontrée au chapitre 3. Traduite en mots simples, elle affirme que la quantité totale d'entropie (le désordre ou le chaos) croît toujours. Autrement dit, tout passe, tout casse, tout lâche… (Nous ne voyons jamais l'entropie totale diminuer. Les œufs au plat, par exemple, ne sautent jamais de la poêle pour retomber dans leur coquille. Les cristaux de sucre dans une tasse de café ne se reconstituent pas spontanément en un amas qui jaillit dans la petite cuillère.)

Dès lors, les civilisations se laissent classer en deux types : celles qui « conservent l'entropie », c'est-à-dire qui utilisent tous les moyens à leur disposition pour réguler leurs rejets. Leurs besoins énergétiques augmentent exponentiellement, mais elles comprennent que leur consommation menace radicalement l'environnement de la planète. L'entropie (désordre) totale augmente inévitablement, ce qui n'empêche pas qu'elle puisse décroître localement. Par le recours aux nanotechnologies et aux énergies renouvelables, par exemple, ces sociétés s'emploient à augmenter l'efficacité et diminuer les rejets.

Les civilisations de second type se montrent au contraire « gâcheuses d'entropie ». Elles continuent indéfiniment à augmenter leur consommation d'énergie. Quand une planète devient invivable, elles se transportent sur une autre pour tenter de faire perdurer cette débauche éternellement. Mais l'établissement de ces colonies spatiales a un coût qui limite cette possibilité d'extension. Si l'entropie de cette civilisation croît plus vite que sa capacité à gagner d'autres planètes, elle courra à sa perte.

De la maîtrise à la conservation de la nature

Comme je l'ai déjà mentionné plus haut, nous nous sommes longtemps contentés d'observer passivement la danse de la nature, émerveillés par les mystères qui nous environnaient. Aujourd'hui, tels des chorégraphes, nous sommes capables de la faire jouer sur telle ou telle scène. En 2100, nous nous en serons rendus maîtres et pourrons à loisir déplacer les objets par la pensée, régner sur la vie et la mort, atteindre les étoiles…

Mais avec ce statut quasi divin nous échoira aussi une mission de conservation. Si nous laissions l'entropie augmenter sans limites, nous péririons inévitablement, rattrapés par les lois de la thermodynamique. Il nous faudra donc réguler cette croissance, et, heureusement, nous disposons pour cela d'une certaine marge de manœuvre.

Lors d'une visite au musée, devant les locomotives à vapeur du XIXe siècle, leur chaudière impressionnante et leur vaste réserve à charbon, nous prenons conscience de leur manque d'efficacité, de l'énergie qu'elles gaspillaient, de la chaleur et de la pollution qu'elles rejetaient… En songeant aux trains électriques, lisses et silencieux, nous comprenons que l'énergie s'utilise de manière plus efficace aujourd'hui. Le recours aux énergies renouvelables et à la miniaturisation diminuerait sensiblement l'effet de nos gigantesques centrales à charbon, qui réchauffent et polluent inlassablement l'atmosphère. Les nanotechnologies, par exemple, en réduisant les machines à l'échelle atomique, nous offrent une opportunité sans pareille pour limiter la chaleur dissipée.

De la même façon, la mise au point des supraconducteurs à température ambiante, si elle intervient au cours de ce siècle, modifiera du tout au tout la courbe de nos besoins énergétiques. La réduction drastique de la chaleur perdue sous forme de friction augmentera l'efficacité de nos machines. Comme nous l'avons vu, la plus grande part de notre consommation énergétique, et spécialement en matière de transport, se perd en frottements. C'est pour le vaincre que nous remplissons nos réservoirs d'essence : sans cette résistance, un trajet de New York à Los Angeles ne demanderait presque aucune énergie. Il est tout à fait concevable qu'une civilisation avancée puisse accomplir bien plus que nous en consommant bien moins. Et par la même occasion, il est tout aussi envisageable de poser des bornes numériques à l'entropie produite par une civilisation avancée.

La transition de tous les dangers

Comme je l'ai déjà indiqué, la transition vers une civilisation de type I que nous vivons aujourd'hui est sans doute l'étape la plus importante de toute l'histoire de l'humanité. Elle déterminera notre développement et notre prospérité future ou, au contraire, notre anéantissement. La sauvagerie barbare qui a caractérisé notre lente et difficile ascension la rend particulièrement périlleuse. Sous le vernis de la civilisation, en effet, les forces du fondamentalisme, du sectarisme, du racisme et de l'intolérance œuvrent encore. La nature humaine n'a guère changé ces cent mille dernières années, mais nous disposons désormais des armes nucléaires, chimiques et biologiques pour régler nos vieux comptes.

Cela posé, une fois que nous aurons accédé au rang de civilisation de type I, tous nos différents ne se régleront pas avant des centaines d'années. Comme nous l'avons noté dans les chapitres précédents, compte tenu du coût prohibitif de la colonisation spatiale, il paraît improbable qu'une partie significative de l'humanité soit établie sur Mars ou ailleurs. Tant que des fusées de conception radicalement nouvelle ou que la construction d'un ascenseur spatial n'en diminueront pas le prix, le voyage dans l'espace restera réservé aux organismes gouvernementaux et à quelques privilégiés. La très grande majorité de la population terrestre résidera encore sur Terre quand nous atteindrons le statut de type I. Et cette situation va longtemps perdurer. En d'autres termes, il faudra savoir vivre ensemble pendant des siècles.

La quête de la sagesse

Nous vivons une époque des plus excitantes. La science et la technologie nous portent vers des mondes que nous osions à peine imaginer autrefois. Quand je regarde l'avenir, avec tous ses défis et tous ses dangers, je me sens empli d'un vrai espoir. Dans les années à venir, nous allons en apprendre davantage sur la nature que durant toute l'histoire de l'humanité déjà écoulée – beaucoup plus.

En 1780, Benjamin Franklin, le dernier grand homme d'État scientifique que l'Amérique ait connu, a lancé une prédiction, non pas seulement sur le siècle qui suivait, mais sur tout le millénaire. Après avoir noté avec regret que l'homme se comportait comme un loup pour l'homme, principalement en raison des difficultés à survivre dans un environnement difficile, il ajoutait :

« Il est impossible de prévoir à quel degré sera porté dans mille ans l'empire de l'homme sur la matière. Nous parviendrons peut-être à dégager de grandes masses de leur pesanteur, et à leur donner une légèreté absolue pour en faciliter le transport. Les travaux de l'agriculture pourront être diminués, et leurs produits doublés ; on trouvera peut-être des remèdes pour prévenir, ou même guérir les maux qui affectent l'humanité, sans même en excepter la vieillesse ; et la durée de la vie humaine se prolongera même au-delà de ce qu'elle était avant le déluge[1]. »

---

1. Benjamin Franklin, lettre à Joseph Priestley, 8 février 1780, *Correspondance choisie de Benjamin Franklin*, éd. W. T. Franklin, trad. G. P. F. de La Mardelle, Paris : Treutel et Würz 1817, p. 56.

Franklin écrivait en un temps où les paysans tiraient de la terre une triste pitance, quand des charrettes mues par des bœufs portaient des produits plus toujours très frais au marché, quand la souffrance et la famine faisaient partie de la vie, et que seuls quelques chanceux atteignaient l'âge de quarante ans – à Londres, en 1750, les deux tiers des enfants mouraient avant l'âge de cinq ans. Espérer trouver un remède à ces problèmes de toujours paraissait alors totalement illusoire. Comme Thomas Hobbes l'avait écrit en 1651, la vie était « solitaire, pauvre, désagréable, brutale et courte ».

Aujourd'hui, pourtant, et bien avant la fin de la période de mille ans envisagée par Franklin, toutes ses prédictions sont en voie d'accomplissement.

Cette conviction – que la raison, la science et l'intelligence nous libéreraient un jour de l'oppression – était partagée par le marquis de Condorcet. Dans son *Esquisse d'un tableau historique des progrès de l'esprit humain*, une publication posthume de 1795 que certains tiennent pour l'œuvre de prospective la plus précise et la plus juste qui ait jamais été écrite, le savant français a formulé de nombreuses conjectures, en général assez hérétiques, qui se sont pourtant presque toutes vérifiées. Il a ainsi prédit que les colonies du Nouveau Monde finiraient par se séparer de l'Europe et progresseraient ensuite rapidement grâce à la technologie qu'elles lui auraient empruntée. Il a aussi prédit l'abolition universelle de l'esclavage. Il a prédit l'augmentation qualitative et quantitative de la productivité agricole. Il a prédit que la science avancerait rapidement et bénéficierait à l'humanité. Il a prédit que nous nous soulagerions du poids de la vie quotidienne et que nous disposerions de plus de temps de loisir. Il a prédit le développement général du contrôle des naissances.

En 1795, il paraissait difficile de croire que ces prédictions puissent un jour devenir réalité. Avec le recul, il apparaît que les rapides progrès effectués par le savoir et la technologie ont été à la source d'une richesse et d'une abondance qui ont réussi à tirer des milliards de personnes de la sauvagerie des temps passés. Un regard sur le monde de Franklin et de Condorcet suffit pour prendre conscience qu'aucune réalisation humaine n'a surpassé le développement de la science. Cette activité nous a sortis des profondeurs des marécages pour nous mener jusqu'au seuil des étoiles.

Et la marche de la science va continuer. Comme nous l'avons souligné dans les chapitres qui précèdent, nous disposerons en 2100 de pouvoirs semblables à ceux des dieux de la mythologie, ces dieux que nous avons jadis craints et adorés. Grâce à l'informatique, nous manipulerons la matière par la pensée ; grâce aux biotechnologies, nous taillerons presque la vie sur mesure et allongerons notre existence ; grâce aux nanotechnologies, nous modifierons la forme des objets ou les ferons même surgir du néant… Et tout cela contribuera à l'élaboration d'une civilisation planétaire, une civilisation de type I… ou à notre anéantissement. De ce point de vue, la génération qui vit aujourd'hui porte une lourde responsabilité sur les épaules.

La science, moralement neutre en elle-même, se compare à une épée à double tranchant. D'un côté, la lame lutte contre la pauvreté, la maladie et l'ignorance ; de l'autre, elle peut faire des dégâts. La manière dont cette arme formidable est maniée dépend en définitive de celui qui la porte.

Comme Einstein l'a dit un jour : « La science ne peut que déterminer ce qui est, pas ce qui devrait être ; et au-delà de son royaume, les jugements de valeur demeurent indispensables. » Si la science résout des problèmes, ce n'est que pour en créer d'autres, à un niveau supérieur.

Le monde a été témoin du côté destructeur de la science durant la Seconde Guerre mondiale. Nous avons vu à quel niveau d'horreur, de ruine et de désolation elle pouvait porter avec les gaz toxiques, les mitrailleuses, les destructions de villes entières et la bombe atomique. La sauvagerie et la violence libérées au cours de la première partie du XXe siècle demeurent quasi incompréhensibles.

Mais la science a aussi permis de relever les ruines de la guerre, de reconstruire, de créer une paix durable et d'assurer la prospérité de milliards de personnes. La vraie puissance de la science tient donc à la force et à la capacité qu'elle nous donne – elle nous offre plus d'options. La science magnifie l'innovation, la créativité et l'endurance de l'esprit de l'humanité, aussi bien, malheureusement, que ses tristes travers.

La sagesse comme porte de sortie

Il faudra donc savoir manier l'épée de la science avec sagesse. « La science est un savoir organisé. La sagesse est la vie organisée[1] » affirmait le philosophe Emmanuel Kant. Pour moi, la sagesse se caractérise par la capacité à identifier les problèmes cruciaux de notre temps, à les analyser sous différents points de vue et perspectives, et à choisir ensuite la solution la plus noble.

Dans notre société, la sagesse est difficile à trouver. Isaac Asimov a dit un jour que « l'aspect le plus triste de la vie d'aujourd'hui est que la science accumule du savoir plus rapidement que la société n'acquiert de sagesse[2] ». Contrairement à l'information, la sagesse ne se dispense pas à travers les blogs et les forums Internet. Sa rareté dans le flot de bits qui nous submerge fait d'elle le bien le plus précieux de notre société moderne. Sans elle, une fois le plaisir de la nouveauté de l'information illimitée émoussé, nous serions condamnés à errer sans but, sans raison, avec une sensation de vide et de néant pour tout horizon.

Mais d'où vient la sagesse ? Pour partie de débats démocratiques raisonnés et éclairés entre partis opposés. Une telle discussion tourne souvent au désordre, à l'inconvenance et au tapage, mais du tonnerre et de la fumée émergent aussi de vraies idées. Dans notre société, le débat prend une forme démocratique. Comme Winston Churchill l'a un jour observé, « la démocratie est la pire forme de gouvernement à l'exception de toutes celles qui ont déjà été essayées[3] ».

La démocratie n'est certes pas chose facile. Mais il faut y travailler. Selon la fine remarque de George Bernard Shaw : « La démocratie est un dispositif qui assure que nous sommes gouvernés comme nous le méritons[4]. »

---

1. www.brainyquote.com/quotes/quotes/i/immanuelka163227.html.
2. www.brainyquote.com/quotes/quotes/i/isaacasimo107635.html.
3. www.brainyquote.com/quotes/quotes/w/winstonchu164161.html.
4. www.brainyquote.com/quotes/quotes/g/georgebern137447.html.

Aujourd'hui, Internet, avec tous ses défauts et ses excès, se pose de plus en plus en garant des libertés démocratiques. Les questions qui se débattaient jadis derrière des portes closes sont aujourd'hui disséquées et analysées sur des milliers de sites.

Les dictateurs vivent dans la peur d'Internet, terrifiés à l'idée de ce qui se passerait si leur peuple se liguait contre eux. Aussi, aujourd'hui, le cauchemar de *1984* s'est-il évanoui : d'instrument de terreur, le réseau mondial s'est mué en instrument de démocratie.

De la cacophonie du débat émerge la sagesse. Mais la voie la plus sûre pour assurer au débat sa qualité passe par l'éducation, qui seule peut porter un électorat à prendre des décisions sur les technologies qui détermineront sa destinée. En définitive, il reviendra au peuple de décider des directions vers lesquelles porter la technologie et du niveau à lui faire atteindre, mais il ne prendra ce genre de décisions avec sagesse que s'il est correctement éduqué et informé.

Malheureusement, nombre d'entre nous sommes d'une ignorance crasse quant aux énormes défis à relever dans le futur. Comment faire naître de nouvelles industries pour remplacer les anciennes ? Comment préparer les jeunes au marché de l'emploi de l'avenir ? Jusqu'à quel point devons-nous faire usage du génie génétique sur l'homme ? Comment relever un système éducatif déclinant et défaillant ? Comment gérer le réchauffement global et la prolifération des armes nucléaires ?

Une bonne démocratie nécessite un électorat éduqué, informé et capable de discuter rationnellement, sans passion, des problèmes qui se posent. Mon livre vise précisément à lancer le débat qui décidera de l'avenir du siècle.

Le train en marche

En résumé, l'avenir nous appartient. Rien n'est inscrit dans le marbre. Comme Shakespeare l'a pointé dans *Jules César*, « la faute, cher Brutus, n'est pas dans les étoiles, mais en nous-mêmes… ». Songeons aussi, dans un autre style, à ces mots de Henry Ford : « L'histoire c'est plus ou moins de la foutaise. C'est la tradition.

Nous ne voulons pas de tradition. Nous voulons vivre au présent, et la seule histoire qui vaille un clou est l'histoire qui s'écrit aujourd'hui même[1]. »

L'avenir est semblable à un grand train qui file sur ses rails. À l'intérieur, des milliers de chercheurs inventent le futur dans la sueur et le labeur de leur laboratoire. Le train siffle. On entend distinctement son message : biotechnologies, intelligence artificielle, nanotechnologies, télécommunications… Certains songent : « Je suis trop vieux. Je ne peux pas apprendre ces trucs. » Mais d'autres, plus ambitieux, plus énergiques, plus jeunes, se précipitent : « Hé, je veux monter dans ce train ! Il est mon avenir, là est ma destinée… Je veux conduire ce train ! »

Espérons que les hommes de ce siècle sauront manier l'arme de la science avec sagesse et compassion.

1. Cité dans Rhodes, *op. cit.*, p. 61.

INDEX

REMERCIEMENTS

Je voudrais remercier tous ceux qui ont œuvré à la réussite de ce livre. D'abord mes éditeurs, Roger Scholl, qui en est à l'origine, et Edward Kastenmeier, dont les patientes suggestions et corrections ont grandement contribué à l'améliorer. Merci également à Stuart Krichevsky, qui a été mon agent pendant de longues années et qui m'a toujours encouragé à relever de nouveaux défis.

Et je voudrais bien entendu remercier les plus de trois cents scientifiques que j'ai interviewés ou avec lesquels j'ai discuté. Je les prie aussi de m'excuser d'avoir fait envahir leurs laboratoires par les équipes de la BBC-TV, de Discovery Channel ou de Science Channel ainsi que de leur avoir planté une caméra devant le visage et un micro sous le nez. J'espère au moins que le dérangement en valait la peine.

CRÉDITS

P. 39, 42, 157, 215 (haut), 223, 247, 254 : Jeffrey L. Ward ; p. 53 (haut) : Daniel Mihailescu/AFP ; (bas) : Miguel Alvarez/AFP ; p. 71 (haut) : avec l'aimable autorisation du professeur Yann LeCun ; (gauche) : avec l'aimable autorisation du professeur Ashutosh Saxena ; (droite) : Jason Kempin/WireImage ; p. 107 : Bruno Vincent/Getty Images ; p. 215 (bas) : AFP/Getty Images.

TABLE

Imprimé en France par CPI
en novembre 2020

Dépôt légal : octobre 2016
N° d'édition : L.01EHQN000915.A003
N° d'impression : 161269